21世纪服装专业系列教材

U0891055

立 体 裁 剪

主　编　徐春景

副主编　丁学华　孙志芹

孙　斌　李晓兵

参　编　许崇岫

东南大学出版社

内 容 简 介

本书从应用角度，介绍了立体裁剪的基础知识和应用方法。全书共7章，主要内容包括：立体裁剪概述、立体裁剪的工具与准备、衣身原型的立体裁剪、领的立体裁剪、袖的立体裁剪、下装的立体裁剪、整装的立体裁剪。

本书语言浅显、循序渐近、图文并茂，每一个章节都围绕实例给出完成实例的详细步骤与方法，操作性和实用性强，以培养读者的动手能力为目的。可作为高等学校、高职院校的教材，也可作为服装爱好者的参考书。

图书在版编目（CIP）数据

立体裁剪 / 徐春景主编. 一南京：东南大学出版社，2005.8（2011.1 重印）
ISBN 978—7—5641—0080—3

Ⅰ. 立…　Ⅱ. 徐…　Ⅲ. 服装量裁
Ⅳ. TS941.631

中国版本图书馆 CIP 数据核字（2005）第 078788 号

出版发行　东南大学出版社
社　　址　南京市四牌楼2号　(邮编: 210096)
出 版 人　江建中
策划编辑　史建农
电　　话　(025) 83795993(办公室)，83362442(传真)
经　　销　江苏省新华书店
印　　刷　江苏兴化印刷有限责任公司
开　　本　787mm×1092 mm　1/16
印　　张　13.75
字　　数　345千字
版　　次　2005年8月第1版　2011年1月第3次印刷
印　　数　6001-7500册
书　　号　ISBN 978-7-5641-0080-3/TS·9
定　　价　23.00元

21世纪服装专业系列教材编委会

前　言

服装是人类生活的最基本的需求之一，也是人类文明特有的文化象征。服装文化是一定的社会文化经济发展阶段，人类物质文明和精神文明水平的反映。它不仅反映出人与自然、社会的关系，而且十分鲜明地折射出一个时代的氛围和人们的精神面貌。现在，服装已不再单纯作为生活必需品而存在，服装功能的外延已经向社会文化和精神领域拓展。同时，服装作为商品除了有较强的使用价值，其社会价值、文化价值以及艺术价值越来越突显于人类对服装的基本需求之上。服装作为人类生活不可缺少的一种产品，也成为一种信息载体，体现出一个国家或民族的文化、艺术、经济和科学技术的发展水平。

改革开放以来，我国服装业发展迅速，现已成为世界最大的服装加工生产国和出口国。我国国民经济的持续快速增长，人民的生活水平的日益提升，拉动了劳动力价格的上涨，使劳动密集型的服装加工业逐渐失去优势，同时客观上使服装制造业由低端生产加工向高端自主品牌转移，服装业由“中国制造”向“中国创造”转变。在这种形势下，调整产品结构，强化自主品牌意识成为中国服装业发展的大趋势。新形势对服装人才培养提出新的要求，中国服装教育必须与世界服装教育接轨。而教育出版物是发展教育的基础条件，是决定教育教学质量高低的关键因素。近几年全国各服装院校积极探索教育教学改革研究，产生了许多新思路、新观念、新理论、新方法和新技巧，切实提高了专业教学的针对性、先进性和前瞻性；提高了人才培养的技术应用性、技术高新性；保证了人才的适用性和相应持续发展性。由此，我们汇集教育部服装改试点专业、省级品牌、特色专业的教改成果和经验，组织全国十多所服装院校的专业教师共同编写这套应用型服装系列教材。这套教材既借鉴了国外有益的理论和方法，也弘扬了本民族文化特色；既注重理论的系统性与科学性，更强调实践的应用性和操作性。希望这套教材的出版，能够丰富服装专业的教学内容，在我国服装专业教材建设中起到推动作用。

本套教材可作为高等学校、高等职业教育服装专业教学用书，也可作为服装类职业培训用书。

热忱欢迎本专业师生和服装行业人士选用，同时，真诚地欢迎专家和读者对本系列教材的不到之处提出宝贵意见。

编委会
2005. 6

目　　录

1 立体裁剪概述

目标与任务

· 了解立体裁剪的定义与任务；

· 了解立体裁剪与平面裁剪的关系。

立体裁剪是服装结构设计的一种造型方法，是服装结构设计中十分重要的一门课程。

1.1 历史与发展

自古以来，人们就会利用各种材料制作蔽身的服装，从动物的皮毛到纺织品，已经有数千年的历史了。立体裁剪这一服装的造型手法是随着服装文明的发展而产生和发展的。它源于哥特时期，其后，在服装历史的进程中逐渐得到发展。

在古希腊、古罗马时期，服装是由一块整布在身上直接别合而成的。这个时期服装的共同特点是布料不经裁剪而直接固定或缠绕于身体上。东、西罗马分裂后，东罗马服装受到东方服装文化影响，但西罗马服装受到北欧日耳曼人服装的影响，向功能化、实用化方向发展，开始利用一些简单的平面裁剪方法形成较为合体的服装造型。到了哥特中期，(约 13 世纪)，服饰文化与欧洲的其他艺术一样，受到与古希腊、古罗马的风格截然不同的“哥特式”建筑风格的影响，在整体上多强调纵向的、垂直流线型紧身服饰造型。在裁剪方法上也出现了新的突破，使服装从原来平面的前后两片叠合的二维空间构成方法上彻底脱离出来，确立了欧洲三维空间构成窄衣文化的起点。欧洲服装终于脱离了古代文明的平面造型模式，形成了一种新的独立的服装造型风格和服装造型手法——立体裁剪。

立体裁剪具有代表性的服装是格陵兰长袍(图 1－1)，它的裁剪方法是在左右两侧和前后两面，从袖根到下摆嵌入数条三角形布条，这些不规则的三角形布拼接后在腰身处形成了许多菱形空间，这个空间实际上就是今天我们在制衣中常用的省道。省道的运用使服装更加合乎人体，从而构成了过去衣服上所不曾有过的立体效果，使人体的曲线美得以更好的展现。格陵兰长袍的出现，使东西方的服装在构成形式和观念上有了更加明显的区别。

图 1－1 格陵兰长袍

格陵兰长袍的裁剪方法就是立体裁剪方

法的最初体现。随着服装文化的发展，立体裁剪方法逐渐得到完善，由不规则三角形布条的裁剪和应用发展成为西方女装的主要造型方法，因此，欧洲历史上的哥特时期，也是欧洲服装史上窄衣文化形成的重要时期。

今天，随着东西方文化交流的进一步加深和交融，立体裁剪被越来越多的东方国家采用并进行研究，在理论和操作手法上不断得到完善。很多时装，特别是高级时装的裁剪多采用立体裁剪的方法；所用人体也随着服装产业化的发展，开始采用号型系列中标准尺寸的人体模型来代替人体完成某个服装号型的立体裁剪。

随着人类审美观念和生活水平的不断提高，人们对服装的要求也越来越高，单一的平面裁剪越来越不适应这飞速发展的服装工业，设计师们也逐渐从单一的平面裁剪转向平面裁剪和立体裁剪共同设计的综合过程。

1.2 立体裁剪与平面裁剪的关系

1.2.1 立体裁剪的概念

立体裁剪是以人体或人模为基础进行的服装造型手法，是指直接在人体模型上铺放布料进行款式造型，用大头针固定，确定其轮廓造型，再从人体模型上取下布样，进行修正，并转换成服装纸样再制作成服装的一种操作方法；是区别于服装平面裁剪的一种裁剪方法，是完成服装款式造型的重要手段之一。而平面裁剪是指运用一定的计算方法，对各种服装款式在纸或布料上绘制出平面结构图，再加工成服装的一种操作方法。

1.2.2 立体裁剪与平面裁剪的关系

1）平面裁剪

平面裁剪所用计算公式是实践经验总结后的升华，具有较强的理论性，计算公式较为稳定，比例分配相对合理，具有较强的操作稳定性，因此是一些定型产品，如西装、夹克、衬衫以及职业装等提高生产效率的有效方式，平面结构设计在放松量的控制上，有据可依，裁剪过程一步到位，便于初学者掌握与运用。缺点是以衣为本，就件论件，公式覆盖面较窄，经验数据较多。

2）立体裁剪

立体裁剪是以人台或模特为操作对象，所以具有较高的适体性和科学性。

立体裁剪具有很多的优点：它是一种模拟人体穿着状态的裁剪方法，可以直接感知成衣的穿着形态、特征及放松量等，是最简便、最直接的观察人体体型与服装构成关系的裁剪方法。这种方法不仅适用于结构简单的服装，更适用于款式多变的时装；它不受计算公式的限制，而是根据款式需要在人体模型上直接进行创作，因此更适用于个性化强的品牌时装设计。在操作过程中，可以边设计、边改进，随时观察设计效果、修正问题。对平面裁剪中许多难以解决的造型问题，立体裁剪可迎刃而解。由于立体裁剪与人体的接触几乎为零，因此正确性与成功率都非常高。

立体裁剪的不足是需要一定的操作条件，成本费用高，最终结果的准确性受人体模型的标准程度、操作手法和技巧等因素的影响。

无论是平面裁剪法还是立体裁剪法，都是以人体为依据产生并发展起来的，是人们长期实践经验的总结和不断探求的结果。它们各具特点，各有所长。我们在应用时可以将这两种裁剪方法结合起来，灵活运用。

通过该课程的学习，使学生掌握服装立体结构设计的基本原理和实际操作能力，深入理解服装结构与人体结构的关系，把握不同面料特性与结构设计的关系，灵活运用平面结构设计与立体结构设计，为服装生产和美化生活服务。

2　立体裁剪的工具与准备

目标与任务

- 了解立体裁剪所用工具；
- 了解立体裁剪的技术准备；
- 了解假手臂的制作方法。

2.1　立体裁剪的工具与材料

2.1.1　立体裁剪的常用工具

1）人台

人台又称为人体模型，是作为人体的替代品，是立体裁剪必不可少的工具。

人台因目的和用途的不同，有各种各样的类型，如裸体人台、工业用人台、全身人台、半身人台、特体人台等。我们这里用的是裸体上半身人台。图 2－1－1。

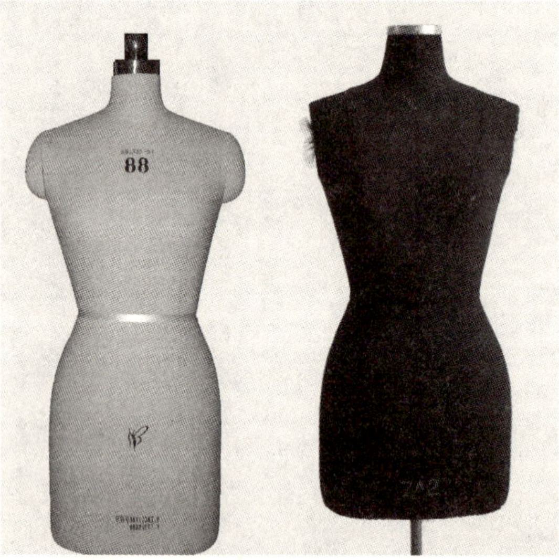

图 2－1－1

2）布料

立体裁剪所用布料大体上分为三种情况：一是成品服装的布料无特殊风格时，可采用门幅为 113 cm 的平布；二是成品服装的布纹有特殊风格，可尽量选择风格相近但价格低廉的布料代替；三是为使立体裁剪做成的造型布纹方向显著，采用经向、纬向都用色线构成的格状平纹布，这样既经济，又能使制成的服装和设计构思尽量保持一致。

为降低成本，立体裁剪多用白坯布作为代用布。在选择代用布时应尽量选择与面料质地相近，以保证最终面料造型的完整性与稳定性。

3）大头针及针插

立体裁剪的专用大头针，针尾为大圆头，针身细长，针长为 3 cm 左右，便于刺透多层次的布料。在教学中为使扎针部位醒目，大圆头颜色可有白、黑、红、蓝、黄等。图 2-1-2。

4）剪刀

由于立体裁剪操作的独特性，剪刀可比裁剪刀小一点，通常以 10 英寸(25 cm)、8 英寸(20 cm)的剪刀为宜。刀背近刀口的造型一侧呈钝角形，这样在剪布料时不伤害人体或人台。图 2-1-3。

图 2-1-2

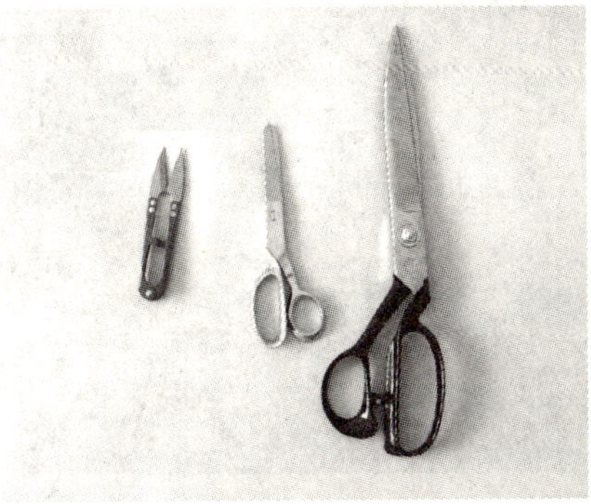

图 2-1-3

5）及时贴

及时贴用于人台上表示线和款式造型线的确定，因其起到标识的作用，所以及时贴的宽度越细越好，最宽不宜超过 0.5 cm。图 2-1-4。

6）其他工具

除了上述的基本工具与材料外，熨斗、笔、划粉、尺、齿状滚轮、补正棉、扎线、牛皮纸等也是必需的。图 2-1-5。

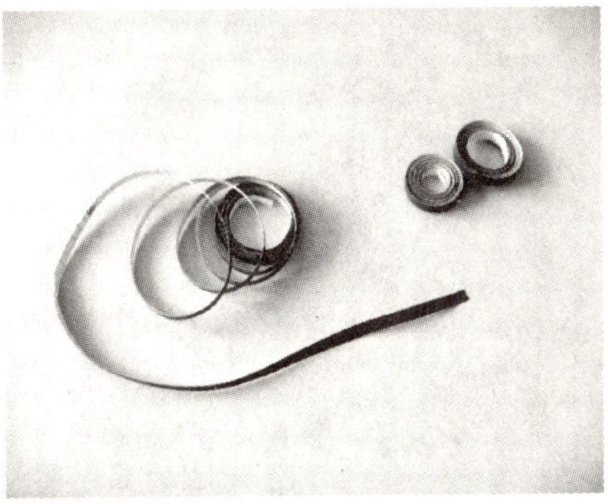

图 2-1-4

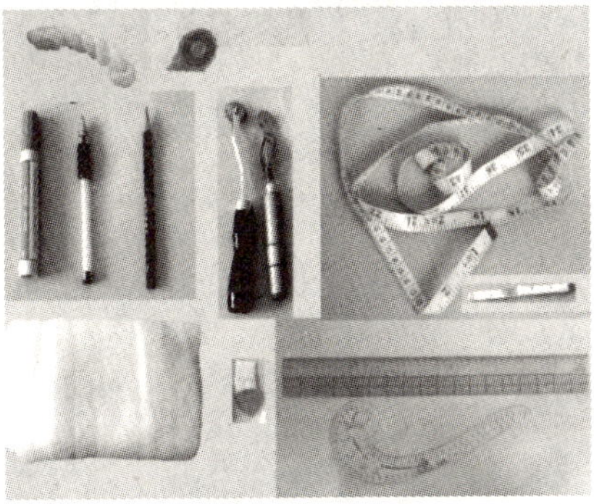

图 2-1-5

2.1.2 大头针的用法

为了操作方便，进展顺利，并得到优美的造型，必须运用适当的针法。

1）固定用的针法

固定前中心、后中心等处或将布料固定在人台上的针法，有单针固定、双针固定。图2－1－6。

2）掐缝针法

将两片布用手指尖掐起，使布紧贴人台用大头针固定布与布之间的抓合，并让针尽量靠近人台，放开手指时无松动。针的位置即为最终缝合的位置。图 2－1－7。

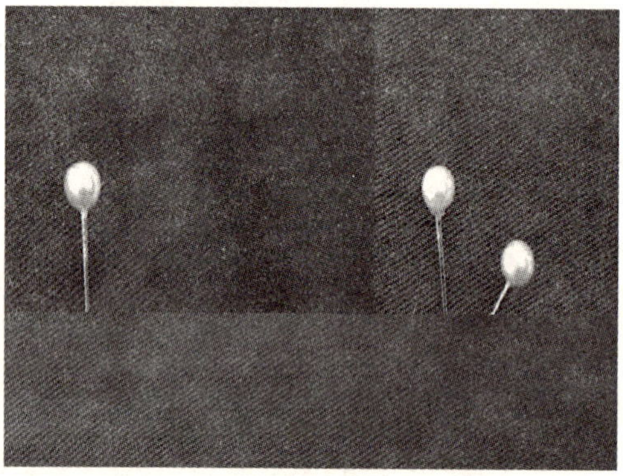

图 2－1－6

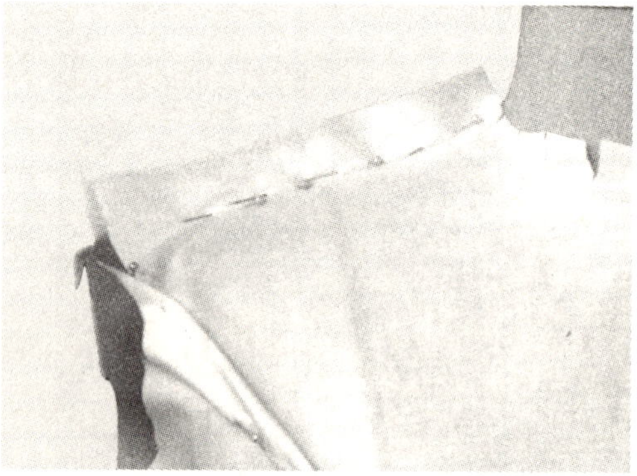

图 2－1－7

3）搭缝针法

两块布不折叠，平搭一部分，将两边布的重叠处用大头针固定，也能确定重叠处的完成线。图 2－1－8。

4）折叠针法

一块布折叠压在另一块布上，用大头针固定，折叠的位置便是完成线。例如肩缝、育克等制作过程中必要的完成线，都采用此类针法。图 2－1－9。

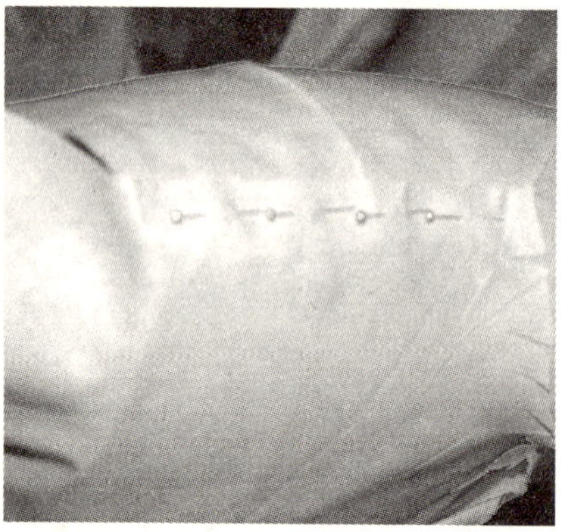

图 2－1－8

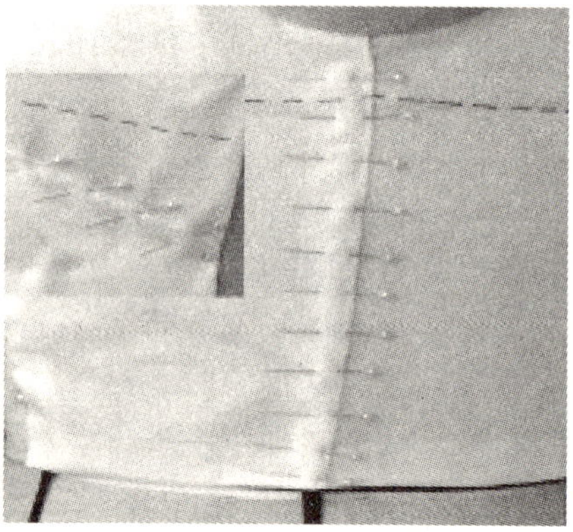

图 2－1－9

5）隐藏针法

针从一块布的折痕线处插入，并挑住另一块布，再回到第一块布的折痕线处的针法。多用于装袖、省道。图 2－1－10。

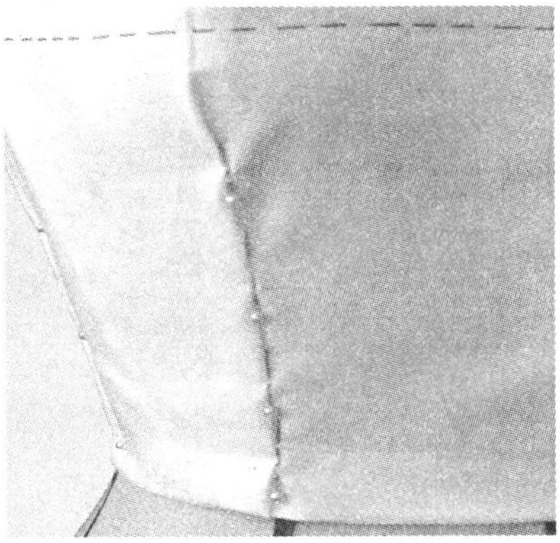

图 2－1－10

2.1.3 布样丝绺的确定

在立体裁剪中，确定布样的丝绺方向是非常重要的，必须丝绺归正，不能错位。由于在制作过程中布样是用大头针固定的，布样自然状态不能充分地体现出来，因此布样丝绺的正确与否是极易被忽视的。如果采用了丝绺歪斜的布样，将此布样取下后覆于正式制作服装的布料上，就会使制成的服装产生丝绺歪斜，以致服装的外形也产生歪斜、形态不稳定的现象。

1）撕开法

（1）布样的取法应采用撕开的方法，以使撕开口的丝绺齐整。图 2－1－11。

（2）有时由于撕拉过度会使布样丝绺歪斜错位，此时应用熨斗熨烫，使丝绺归正，纵横垂直。图 2－1－12。

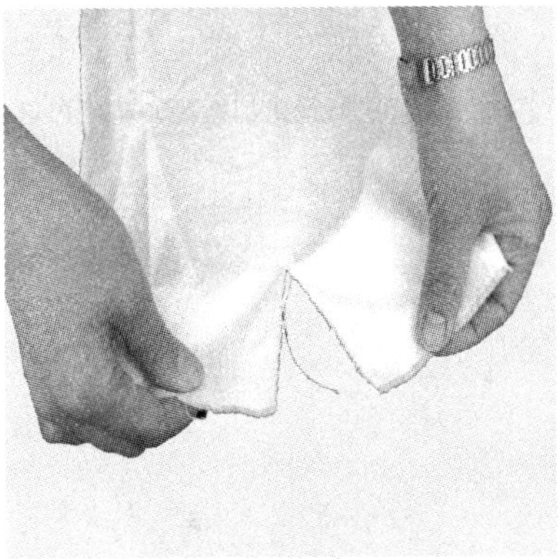

图 2－1－11

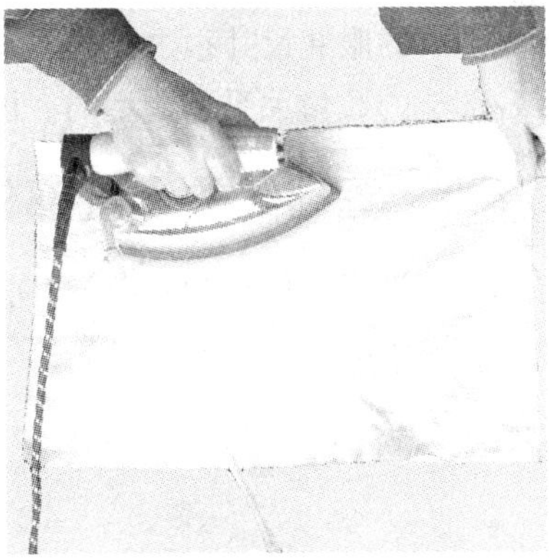

图 2－1－12

2）确定布样丝绺的方法

（1）在布样的边缘确定丝绺的方法

采用拉丝法，即将布样的丝线拉出，直至能将一根纱线完整地从开始端至终止端拉出来。这根纱线方向就是布样的经向。图 2－1－13。

（2）在布的中间确定丝绺的方法

由于笔尖能在两根纱线之间的空隙行走，因此可以采用笔尖画线法确定布样丝绺。如图，将笔尖垂直于布面，轻轻推动笔使笔能沿纱线的方向行走，从而画出经向纱线的方向。图 2－1－14。

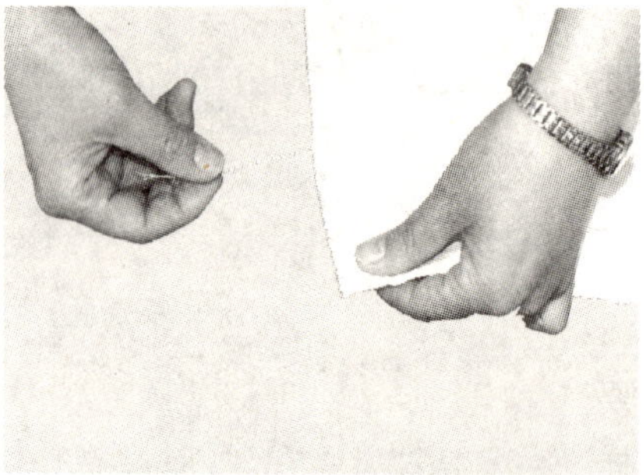

图 2-1-13

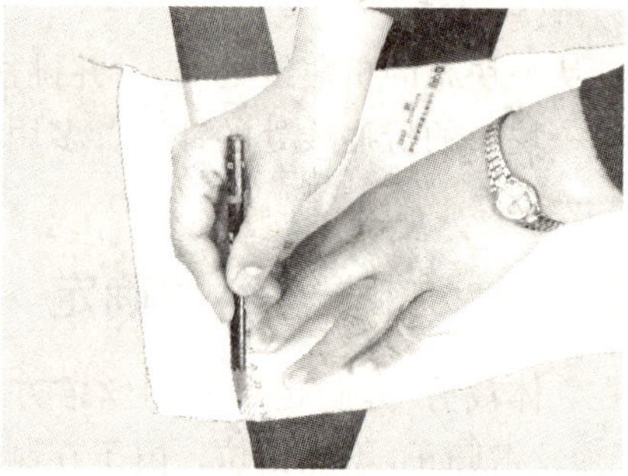

图 2-1-14

2.2　标识线的设置

在进行立体裁剪的实际操作前，要对人台进行必要的技术处理，才能应用得方便。

2.2.1　确定人台的基础线

基础线是立体裁剪过程中的对位线与参考线，是保证纱向正确造型稳定的基础。在立体裁剪时基本的服装尺寸很少用尺去量，大多是依靠人的视觉去观察人台上的基准线，以确定服装各部位的数量关系和造型的。因此基础线就是尺子，它的确立应该是严谨的。

2.2.2　基础线的设置部位

基础线的设置部位分为纵向、横向、斜向。

纵向有前中线(FL)、前公主线、侧缝线、后中线(BNL)、后公主线。前后中心线应保持垂直。图 2-2-1。

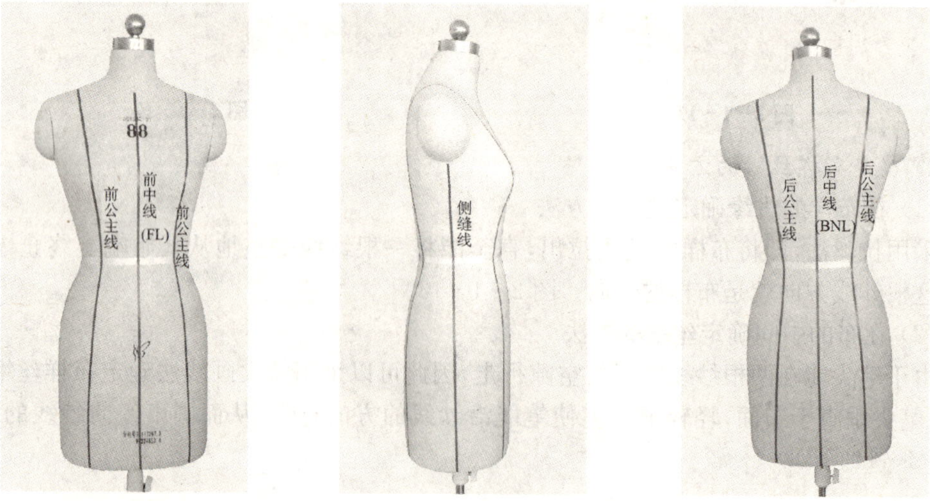

前　　侧　　后

图 2-2-1

横向有领围线、胸围线(BL)、腰围线(WL)、臀围线(HL)。三围线应保持水平。图 2-2-2。

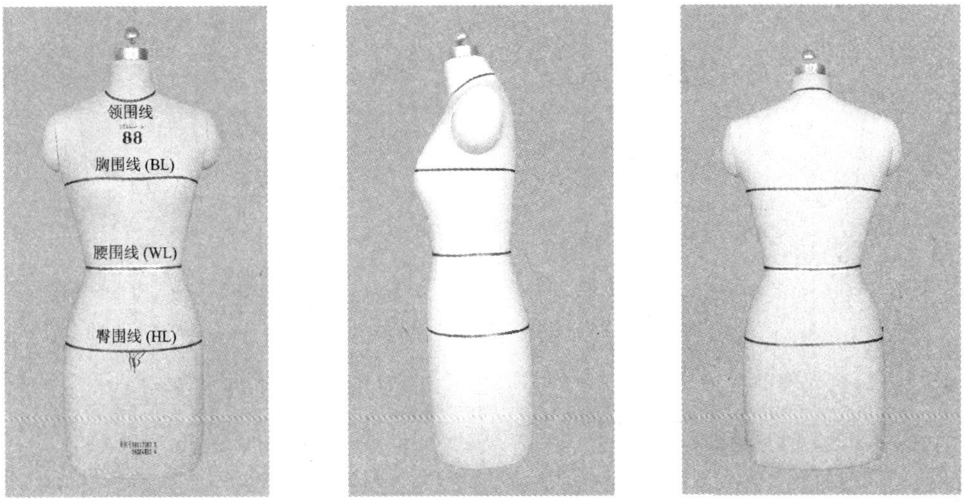

前　　　　侧　　　　后

图 2-2-2

斜向有袖窿弧线、肩缝线。图 2-2-3。

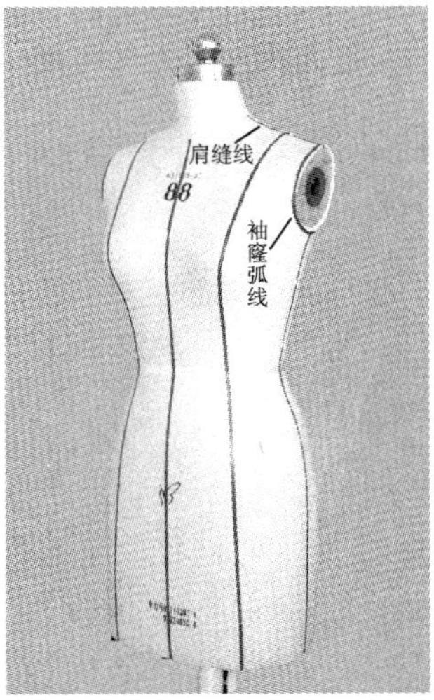

图 2-2-3

2.2.3 设置基准线的要点

(1) 所有纵向线(除公主线外)都应垂直于水平面。方法:用一根线下系重物,将线固定于基准线的起点,这样的线所显示的位置就是垂直于水平面的直线,用及时贴粘贴上。图2-2-4。

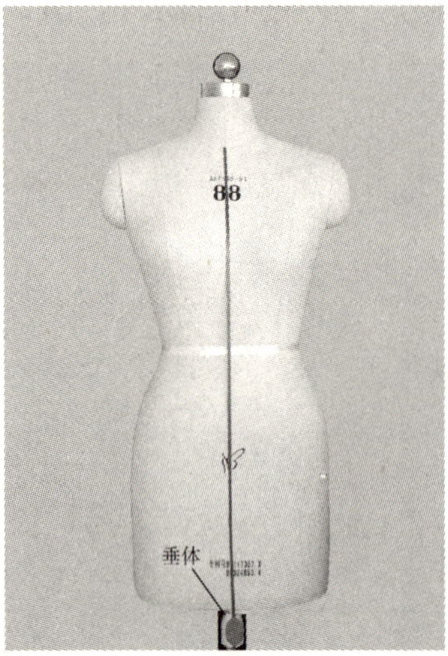

前

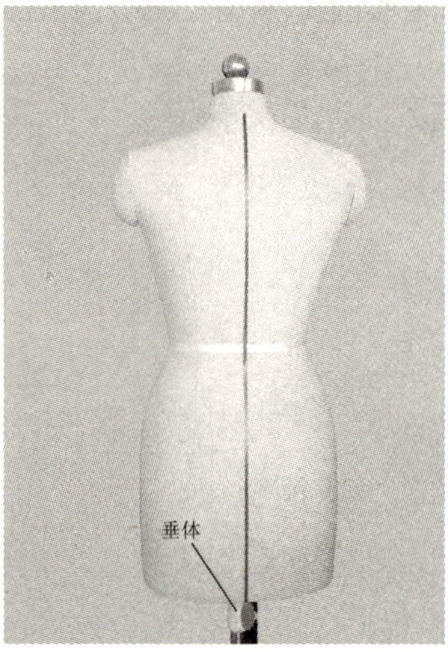

后

图 2-2-4

(2) 公主线的主要功能是装饰,因而应强调人体曲线的美感。在设置公主线时,前、后公主线都应从距领围线 4 cm 处起,前公主线通过胸高点(B·P)、后公主线通过肩胛骨中心,然后斜向腰围线,再向外斜向臀围线直至底部。这样形成左右两侧的公主线在胸围线处距离较宽,在腰围线处变窄,在臀围线处又变宽,从而体现出女性三围尺寸的曲线美。图2-2-5。

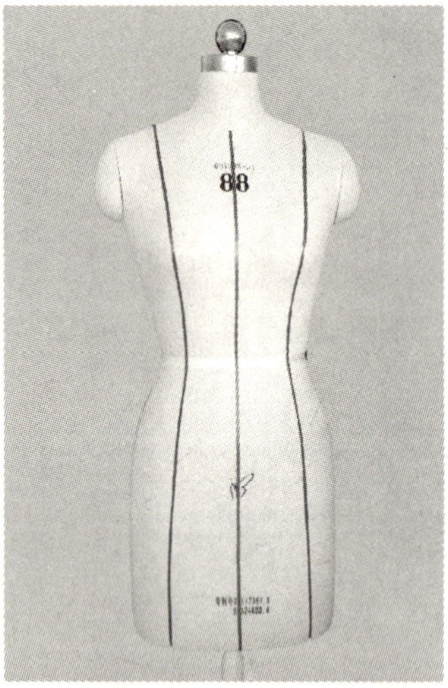

前

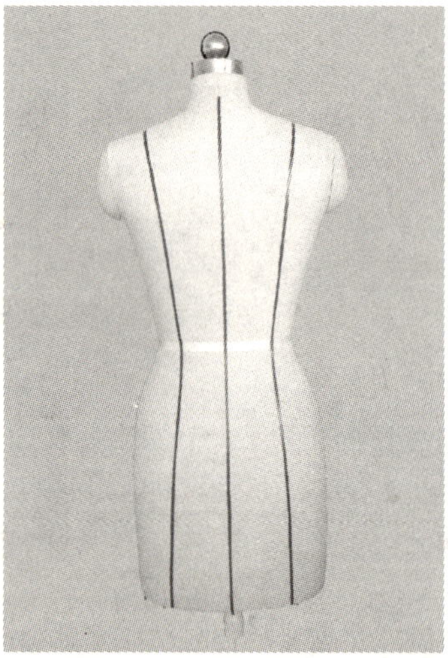

后

图 2-2-5

(3) 所有的横向线都必须保持水平。首先确定胸围线位置点(B·P),量出该点到水平面的距离(为了操作方便可将人台放置在平坦的桌面上进行),然后再用尺定出该点的横向线的其他点位置。图 2-2-6。

(4) 用及时贴贴出横向基准线。注意保持水平。图 2-2-7。

(5) 袖窿弧线要先按人台的胸围尺寸求出袖窿弧线的长。袖窿弧线长等于 42%胸围，用尺贴近人台的肩端点、前腋点、后腋点作为标记点，并贴上及时贴。图 2-2-8。

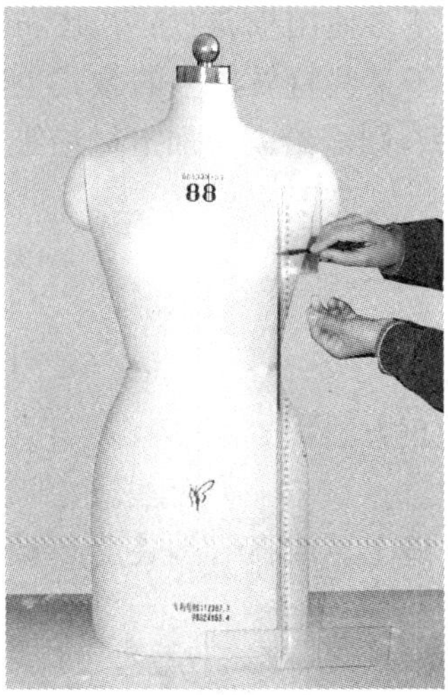

图 2-2-6

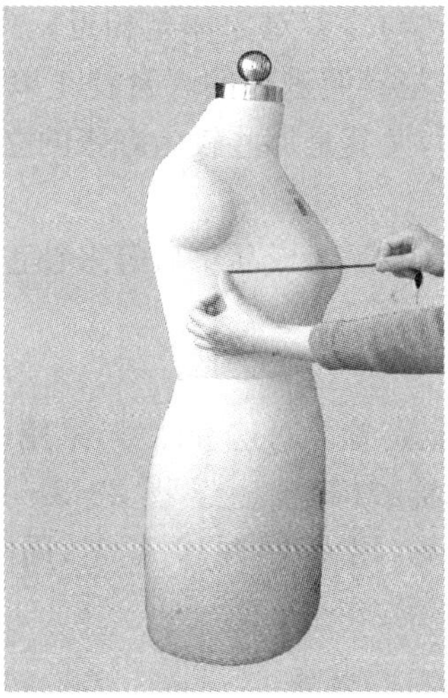

图 2-2-7

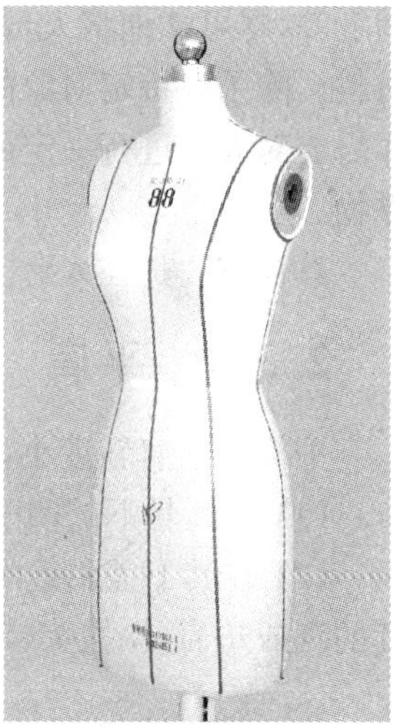

图 2-2-8

2.2.4 完成基准线的人台

完成基准线的人台见图 2-2-9。

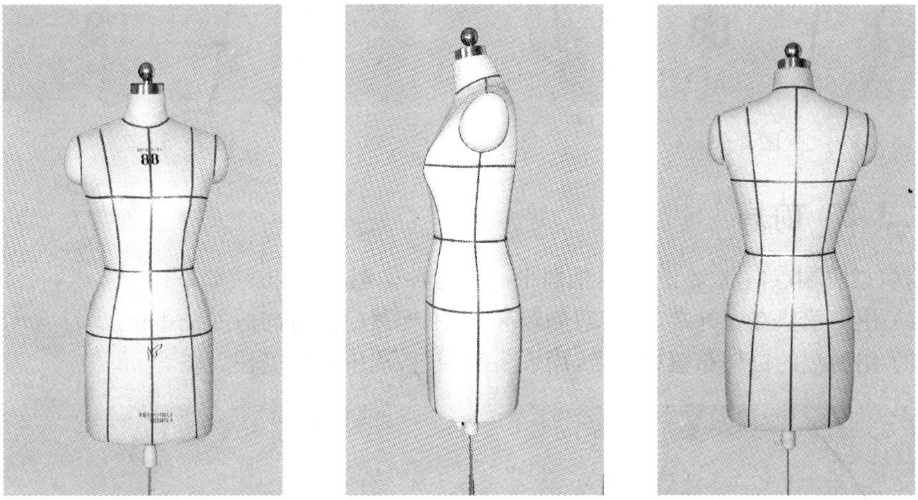

前　　侧　　后

图 2-2-9

2.3 人台模型的补正

一般来说，我们所采用的大多数人体模型都是用于工业生产的标准化模型，如果是用于成衣生产的立体裁剪，则只需选择相应号型的人台即可；如果是为单件定做，则需对现有人台进行相应的调整，补出不足之处，如胸围的大小、肩的高低、背部的厚度、腹部与臀部的丰满度等，尽可能地将人台调整到与穿着对象体型相近。人台补正多使用棉花、垫肩、坯布等材料。除了因特定对象的体型差异而进行的人台补正以外，对于某些特异造型的款式也同样需要对人台进行一定的整理，尤其是那些较为夸张的立体造型，则需给人台加上衬垫等支撑物。

具体方法是在人台上用棉或棉絮、成品垫肩等来补正。

2.3.1 平肩

平肩是指肩斜度小，肩端点高耸。对这种体型，采用以下纠正方法：

(1) 在锁骨下的凹陷处用棉或棉絮铺上。图 2－3－1。

(2) 在其上盖斜裁的白坯布，用大头针临时固定，周围用针缝上。或在肩端装上必要高度的现成垫肩，用大头针固定。图 2－3－2。

图 2－3－1

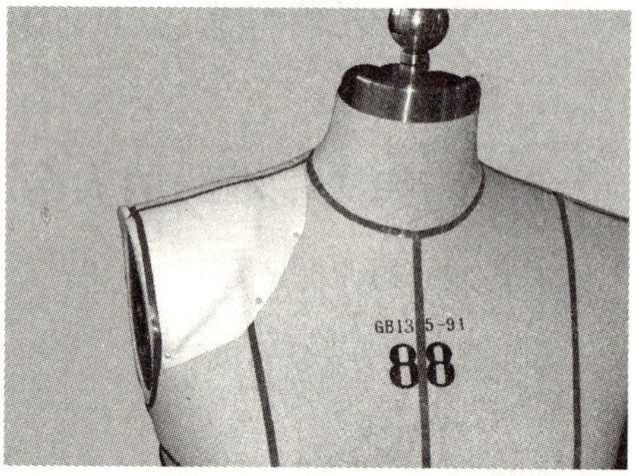

图 2－3－2

2.3.2 前肩

前肩指肩端点向前突出，后肩稍扁平。对这种体型，纠正方法如下：

(1) 用棉絮垫在肩外端，因前肩侧较高，周围棉絮应扯薄向后并铺平。图 2－3－3。

(2) 用斜裁的白坯布盖在其上，用大头针固定，周围用线缝住。图 2－3－4。

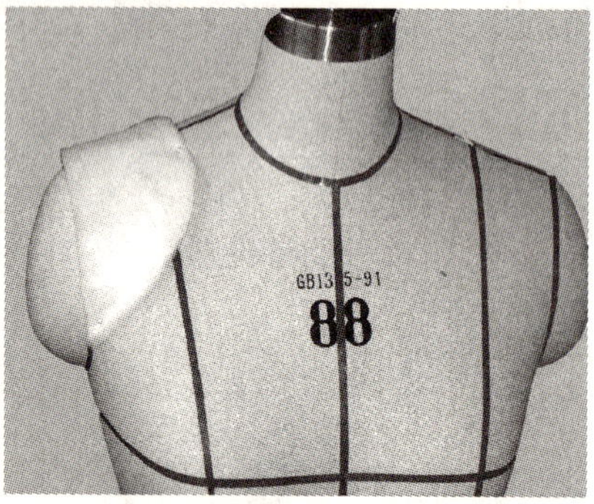

图 2－3－3

图 2－3－4

2.3.3 鸡胸

鸡胸为前中心胸部锁骨下方突出。对这种体型,纠正方法如下:

(1) 前长尺寸显得不足,因此须在横向铺上棉絮,周围扯薄。图 2－3－5。

(2) 盖上斜裁的白坯布 ,用大头针固定,周围手缝固定。图 2－3－6。

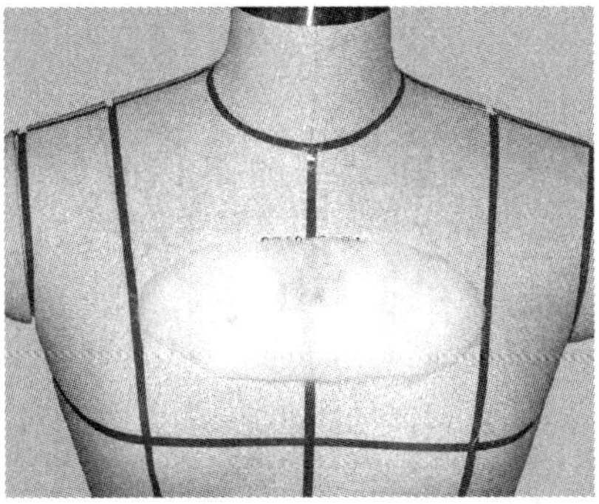

图 2－3－5

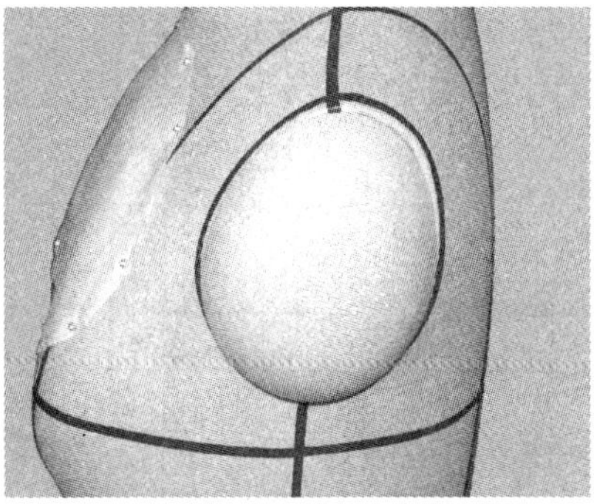

图 2－3－6

2.3.4 驼背

驼背是指后背突出。对这种体型,纠正方法如下:

(1) 后背部位显得不足,因此要在背部横向铺上棉絮,周围扯薄。图 2－3－7。

(2) 盖上斜裁的白坯布,用大头针固定,周围手缝固定。图 2－3－8。

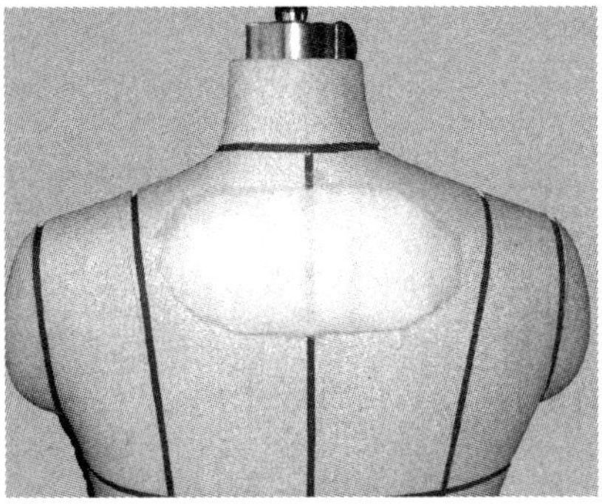

图 2－3－7

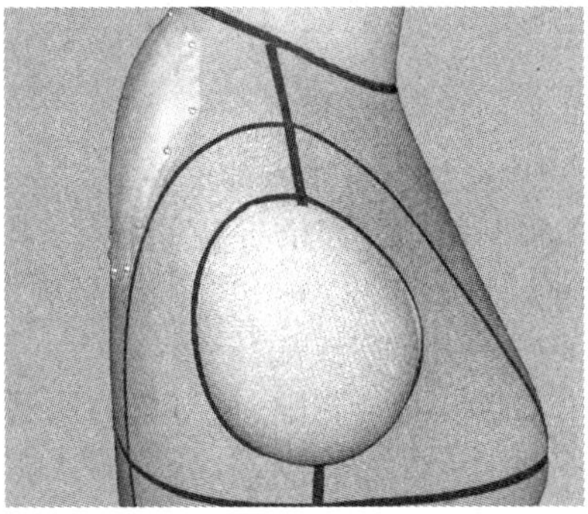

图 2－3－8

2.4 手臂的制作

手臂是人台上不可缺少的一部分,它的形状接近于实际手臂形状,在应用中要很容易地装卸。假手臂主要用于袖子的立体裁剪,制作假手臂的材料主要有棉布、棉花或腈纶棉、硬纸板、针线等。

2.4.1 制图与裁剪

1）号型

165/88A

2）规格尺寸

臂根尺寸:42%胸围。手臂的腕围:20%胸围。臂围:33%胸围。手臂长:0.3×身高+10 cm。

3）手臂制图与坯布的准备

见图 2-4-1。

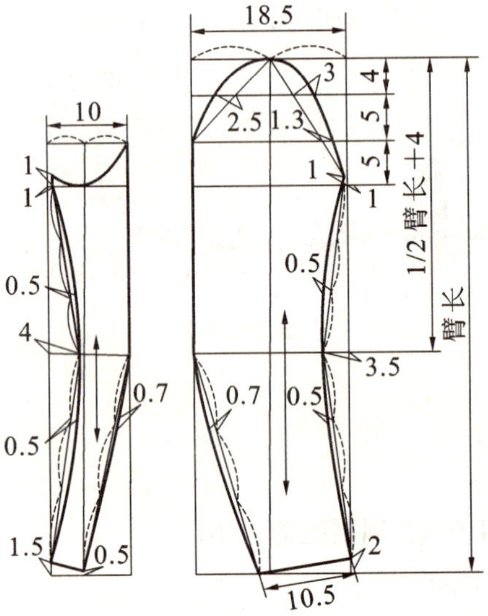

制图

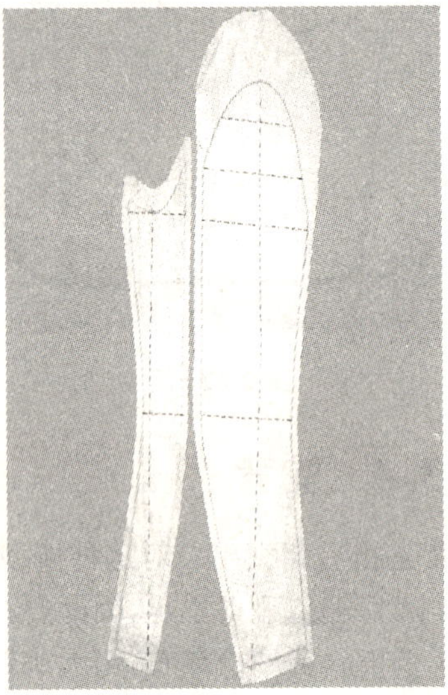

坯布

图 2-4-1

4）挡板制图与坯布的准备

挡板制图与坯布的准备见图 2-4-2。

在人体模型的臂根和腕围处必须加挡板，以保持美观和牢固。挡板采用硬纸板做成，尺寸按下列公式计算：

上挡板=42%胸围，长与宽的比例为 10∶12。前部较圆顺，后部较平坦。

下挡板=20%胸围，长与宽的比例为 5∶4。

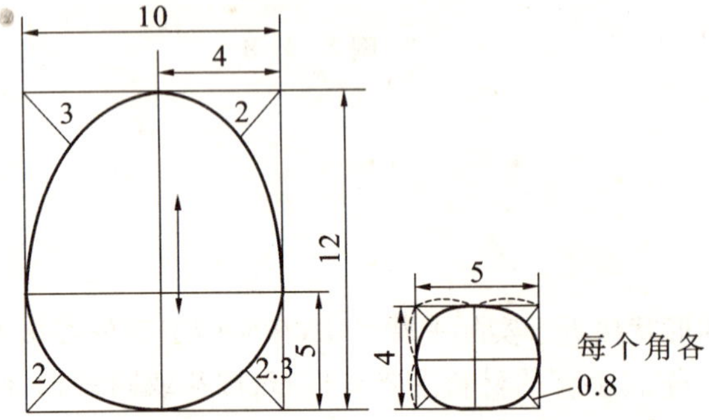

上挡板　　下挡板

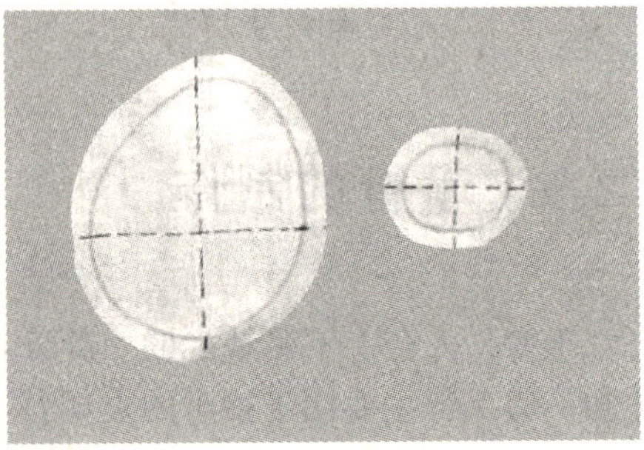

图 2-4-2

5）填充料的制图与准备

所用的填充棉应是能便于肘部的弯曲、能上举到头部、形状不易走形的轻型弹力棉。填充棉的制图与裁剪，按一片袖结构的形式裁剪。图 2－4－3。

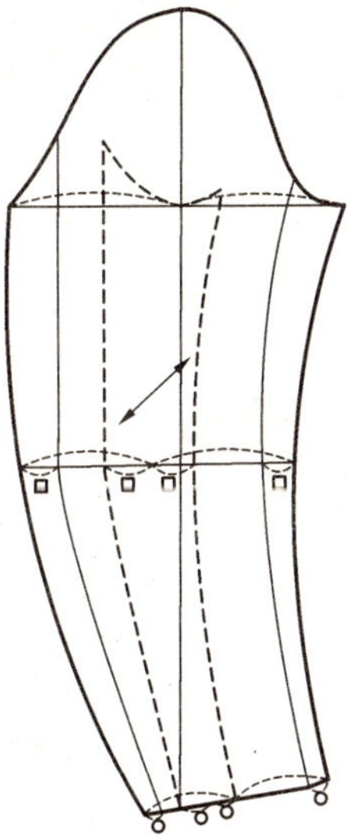

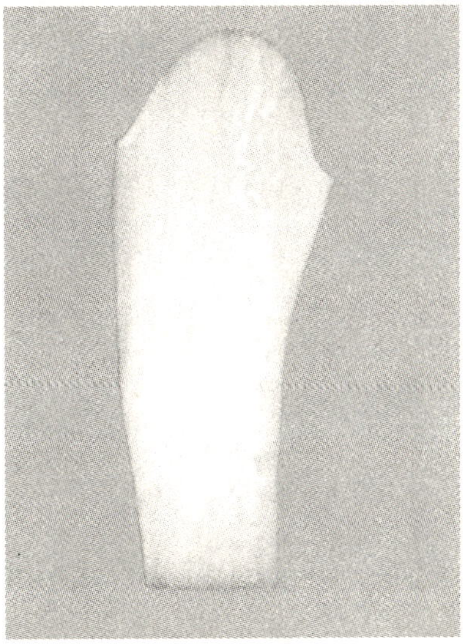

图 2－4－3

2.4.2 缝制步骤

（1）手臂套的缝合。前后袖缝对齐缝合，前袖缝袖肘处稍拉伸缝合，后袖缝袖肘处则要归拢进行缝合。缩缝量应能让手臂做出向前弯曲形而袖无明显的皱折。缝份应烫分开缝。图 2－4－4。

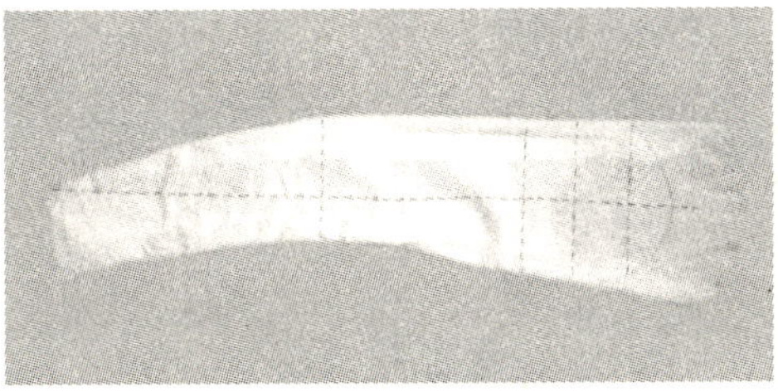

图 2－4－4

（2）棉手臂的上端双层或多层，肘部略厚，手腕处加厚。将棉手臂卷起，用扎线缝合固定。图 2－4－5。

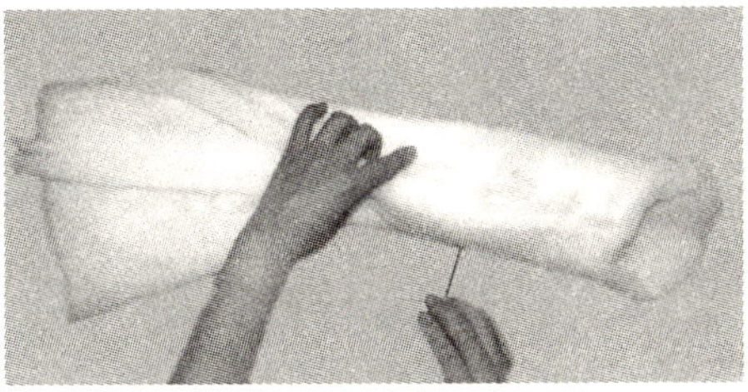

图 2－4－5

(3) 做好的棉手臂。图 2－4－6。

(4) 用双手把手臂布翻至腕处。图 2－4－7。

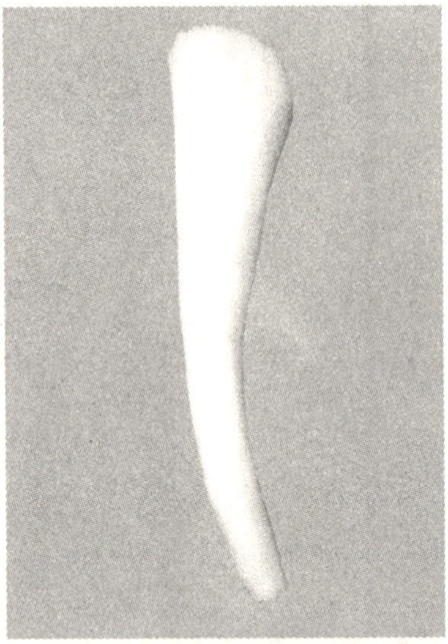

图 2－4－6

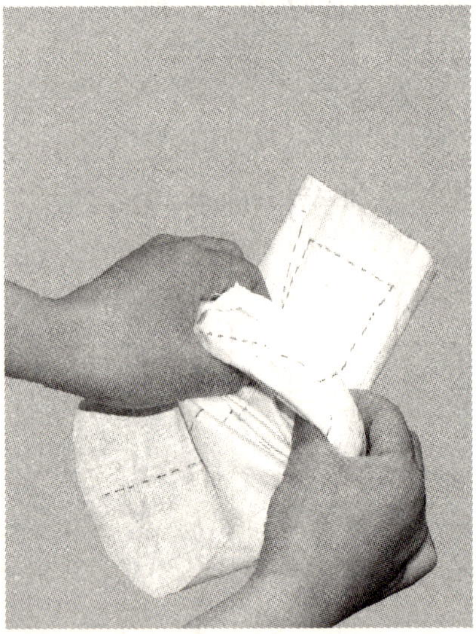

图 2－4－7

(5) 用手的指尖将棉手臂的腕部与手套腕部对准塞进，并拉出来。图 2－4－8。

(6) 一边将棉往里塞，一边将表层套拉出来。观察棉絮被塞入的情况，用力拉住手臂套，将棉絮往里塞。图 2－4－9。

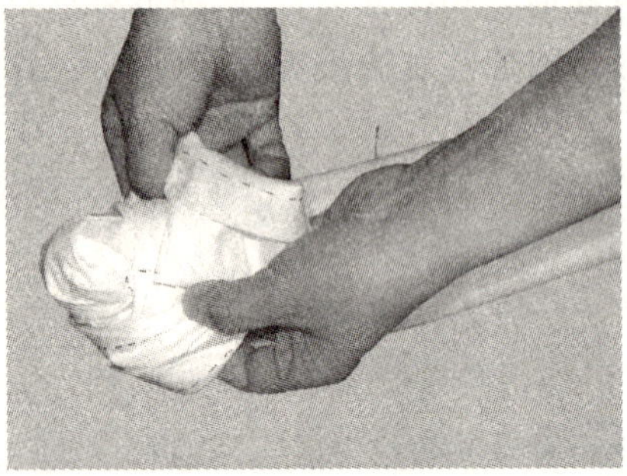

图 2－4－8

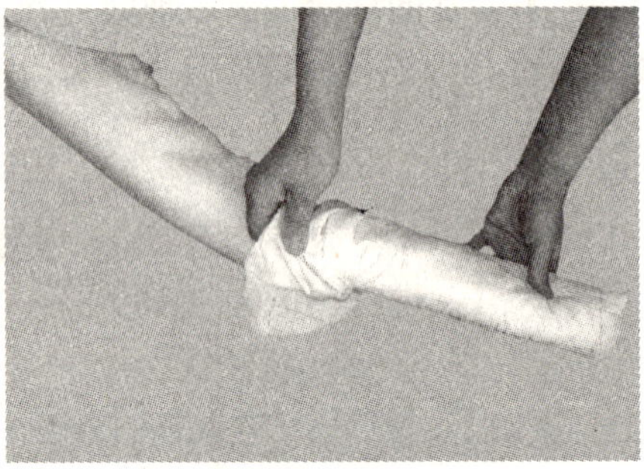

图 2－4－9

(7) 手臂套与棉手光滑平整地套在一起，确认无皱折，并进一步整理。图 2－4－10。

(8) 整理好的手臂。图 2－4－11。

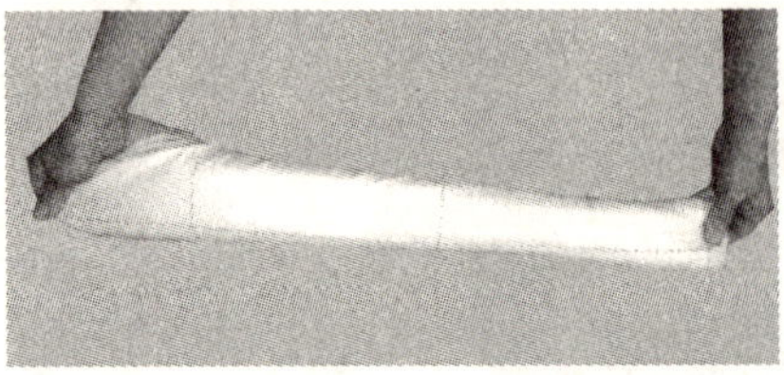

图 2－4－10

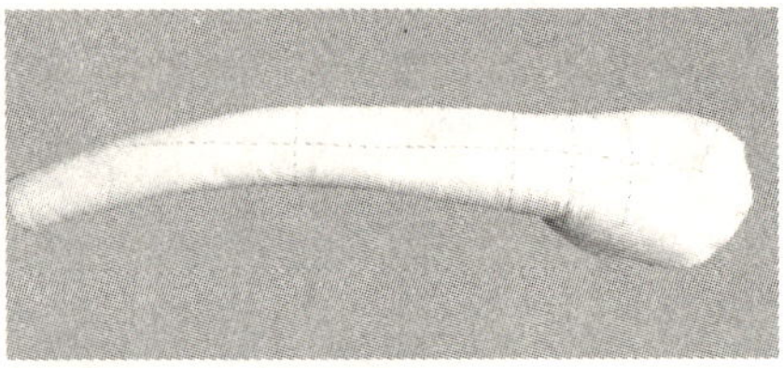

图 2－4－11

(9) 臂根围挡布和腕围挡布周围抽缩缝。对位记号对准，并在中间塞入厚纸板，拉紧抽缩缝线。图 2-4-12。

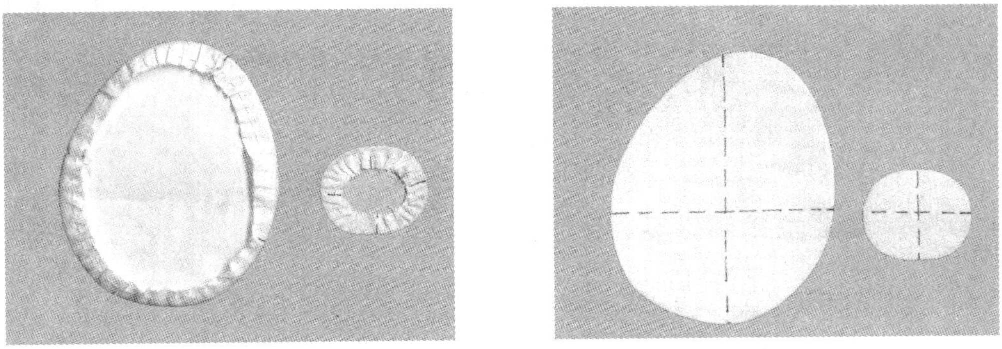

反面　　　　正面

图 2-4-12

(10) 把手腕处长出的缝份塞进(或车缝并抽缩)，并整理好。图 2-4-13。

(11) 手腕挡布与手臂布对位记号对准，用大头针固定。图 2-4-14。

图 2-4-13

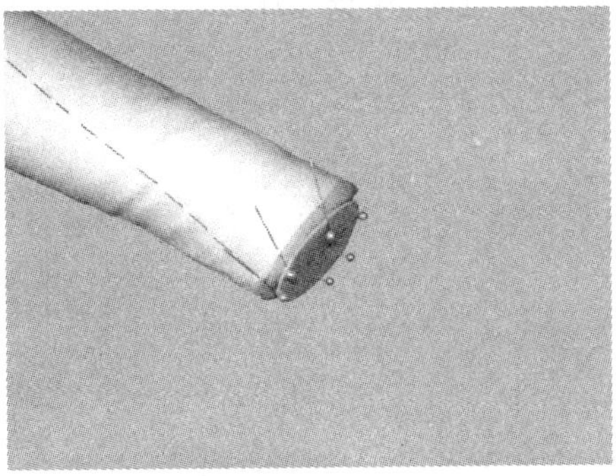

图 2-4-14

(12) 用线缲缝。图 2-4-15。

(13) 将上臂部豁开的棉絮用手针抽缝或交叉缝合，使其闭合，并整理好。图 2-4-16。

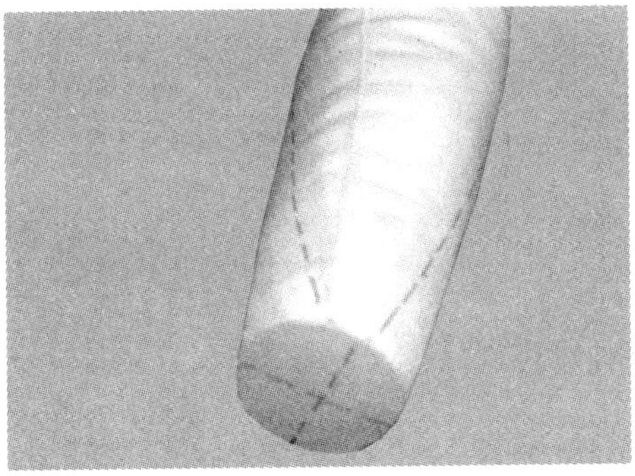

图 2-4-15

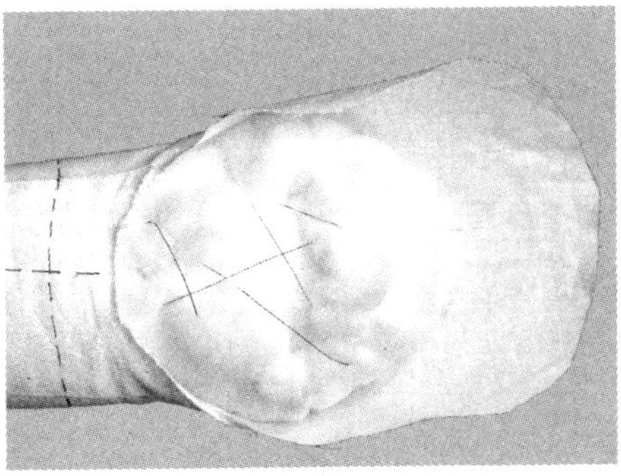

图 2-4-16

(14) 在手臂根围的缝份处用线抽缝并拉紧，将棉絮包在其中，整理好缝缩量。图 2-4-17。

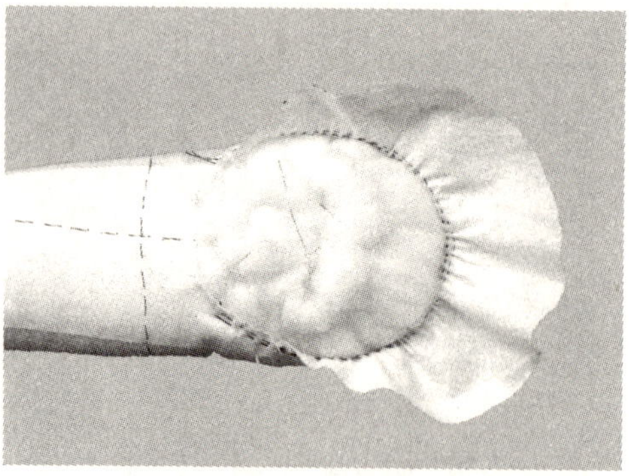
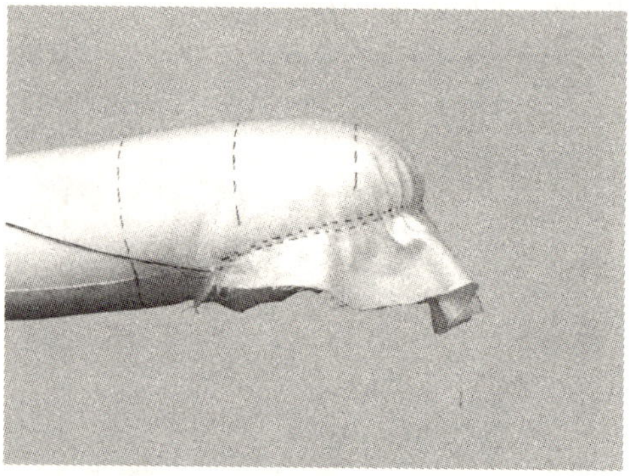

图 2-4-17

(15) 手臂根围与臂根围挡布对位记号对准，用大头针固定手臂底部中点，前、后侧面及其中间，袖山中央用大头针固定。然后观察侧面对位标记是否对应。图 2-4-18。

(16) 用线在四周缲缝。图 2-4-19。

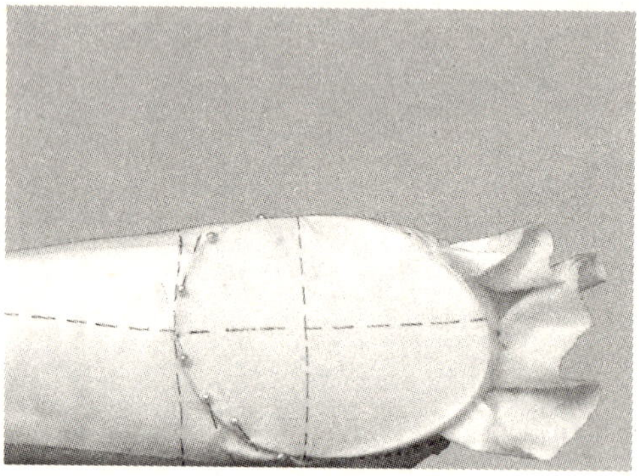

图 2-4-18

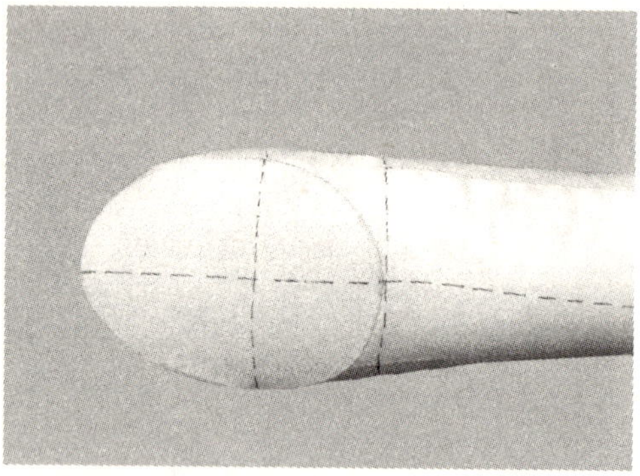

图 2-4-19

(17) 袖山布条，布条的两端折边 0.5 cm，四周折边缝。图 2-4-20。

(18) 把袖山布的边缘与袖山缝合(用缲针缝合固定)。图 2-4-21。

图 2-4-20

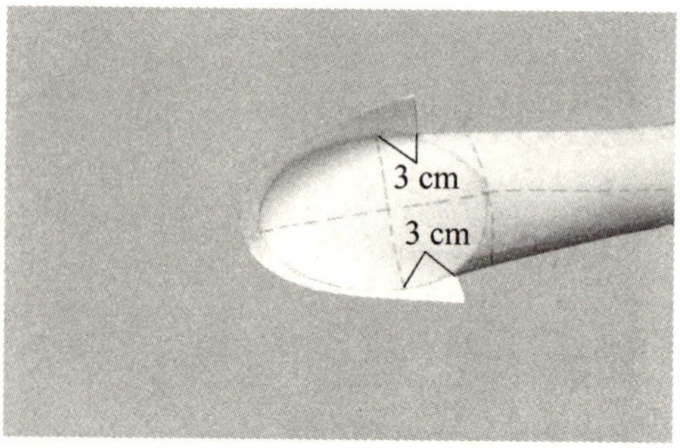

图 2-4-21

(19) 手臂完成。图 2－4－22。

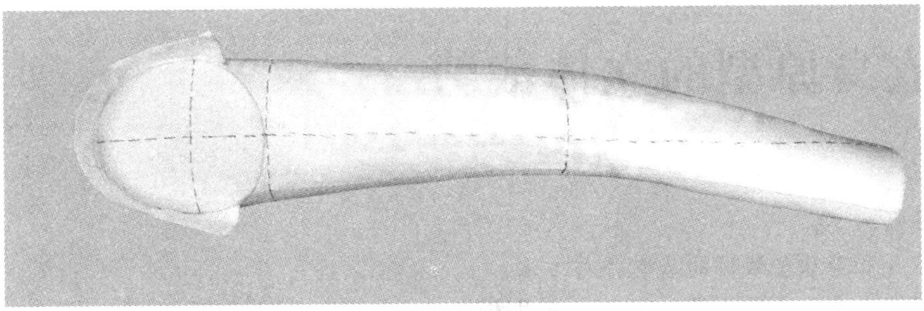

图 2－4－22

(20) 把做好的手臂用短大头针固定或用线缲缝在人台上。图 2－4－23。

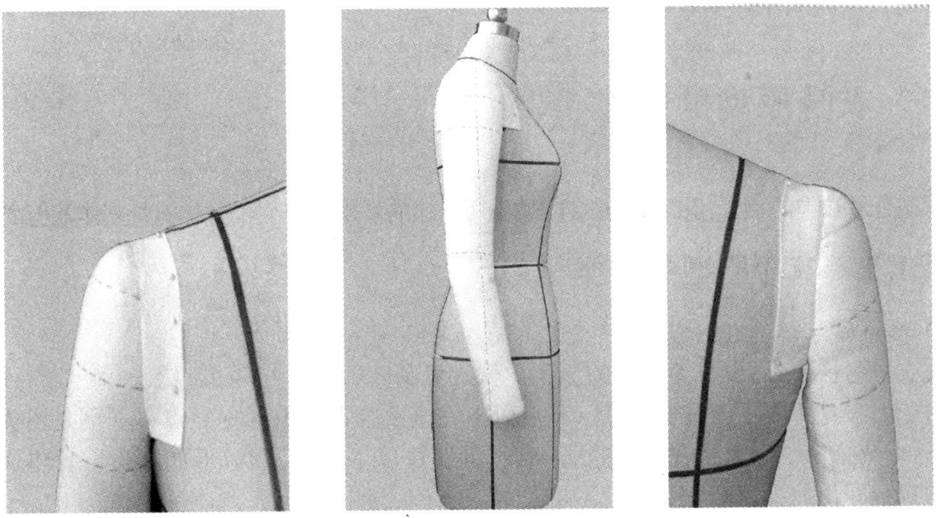

前　　侧　　后

图 2－4－23

3　衣身原型的立体裁剪

目标与任务

- 了解衣身原型裁剪的基本操作方法；
- 了解衣身省道的设计与变化的应用方法；
- 了解宽松量的设计方法；
- 了解褶在衣身上的应用方法；
- 了解三围紧身衣原型制作方法。

3.1　衣身原型的制作

原型是最基本的，也是最简单的纸样，是一切款式的基础。原型裁剪是衣身立体裁剪的基础。

3.1.1　衣身原型的种类

1）梯箱形

前衣身为梯形、后衣身为箱形的原型。款式见图 3-1-1。

由于前衣身不收任何的省道，B·P 点以上完全贴合人台上，B·P 点以下则是沿人台顺势而下，形成梯形。后衣身在肩部收省，肩胛骨部位以下呈垂直状，形如箱形。日本文化式原型的衣身即为此型。

2）箱形

前衣身为箱形、后衣身亦为箱形的原型。款式见图 3-1-2。

由于前衣身在袖窿处（或腋下、肩缝）收取省道，胸围线成水平状后，衣身便呈自然垂直状。后衣身在肩部收省，肩胛骨部位以下呈垂直状，前后形如箱形。

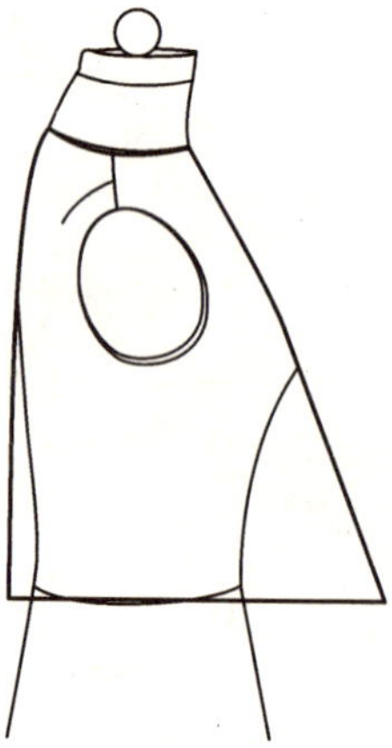

图 3-1-1

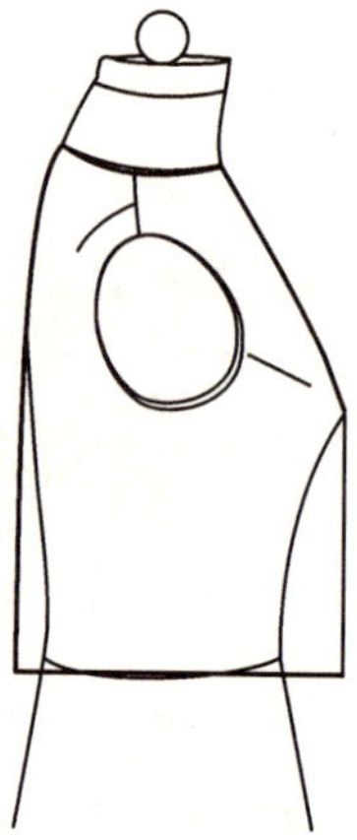

图 3-1-2

3）贴箱形

前衣身为贴体形、后衣身为箱形的原型。款式见图 3－1－3。

由于前衣身在袖窿处（或腋下、肩缝）收省，在腰围处收腰省，因而形成贴体的形状。后衣身在肩部收省，肩胛骨部位以下呈垂直状。

4）梯形

前衣身为梯形、后衣身亦为梯形的原型。款式见图 3－1－4。

由于前、后衣身在任何部位都不收省，故前、后衣身都为梯形。

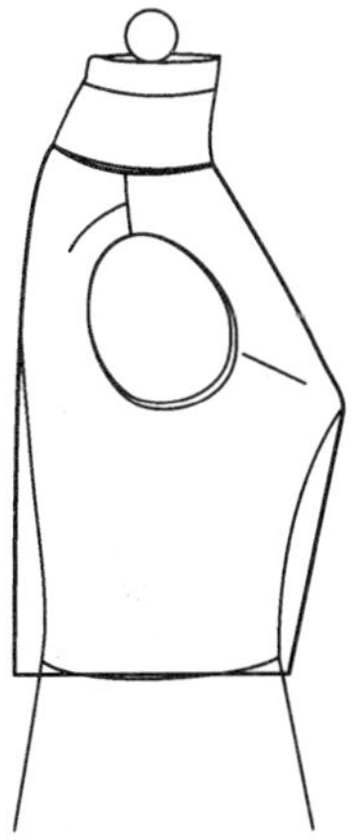

图 3－1－3

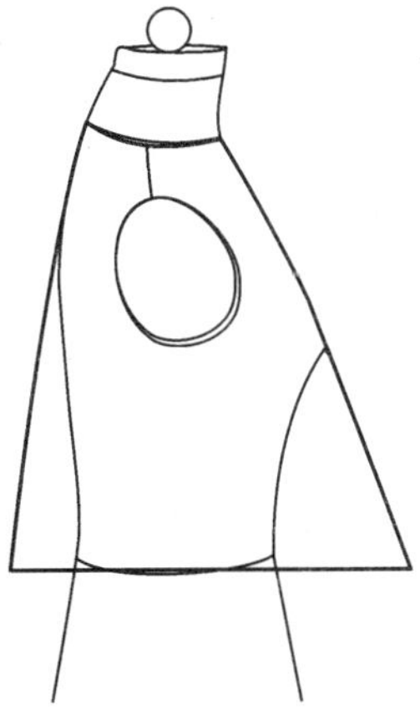

图 3－1－4

5）贴体形

前衣身为贴体形、后衣身亦为贴体型的原型。款式见图 3－1－5。

由于前衣身在袖窿处（或腋下、肩缝）、腰部都收省，后衣身在肩缝处和腰部也都收省，成为贴体形原型。

6）箱梯形

前衣身为箱形、后衣身为梯形的原型。款式见图 3－1－6。

由于前衣身在袖窿处（或腋下、肩缝）收省，后衣身不收省，因此形成前衣身为箱形，后衣身为梯形。

图 3－1－5

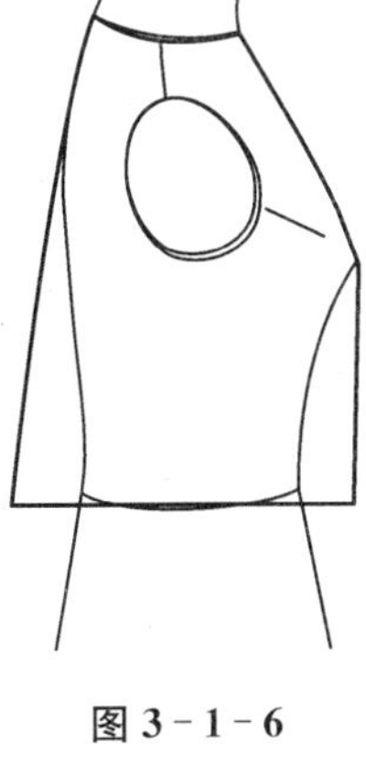

图 3－1－6

3.1.2 衣身原型的立体裁剪

3.1.2.1 贴体衣身原型

前衣身为贴体形、后衣身亦为贴体形的原型。这种款式适合胸部丰满的体型。

1) 款式图(见图3-1-7)

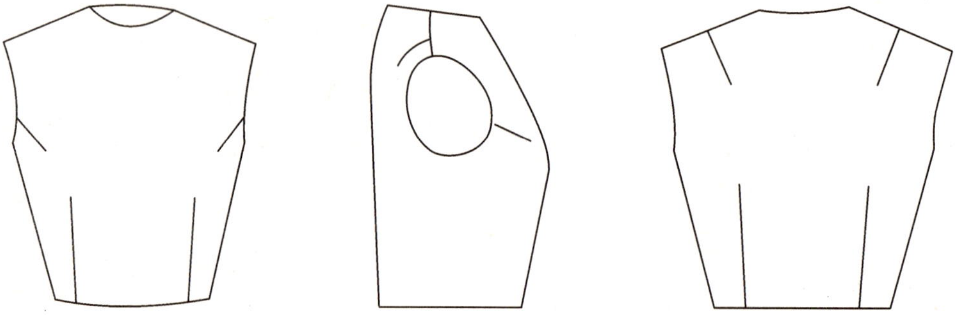

图3-1-7

2) 制作

(1) 坯布的准备

取长=腰节长+10 cm(余量),宽 $B/4+15$ cm(余量)的经向布料。标注前中心线和胸围线。图3-1-8。

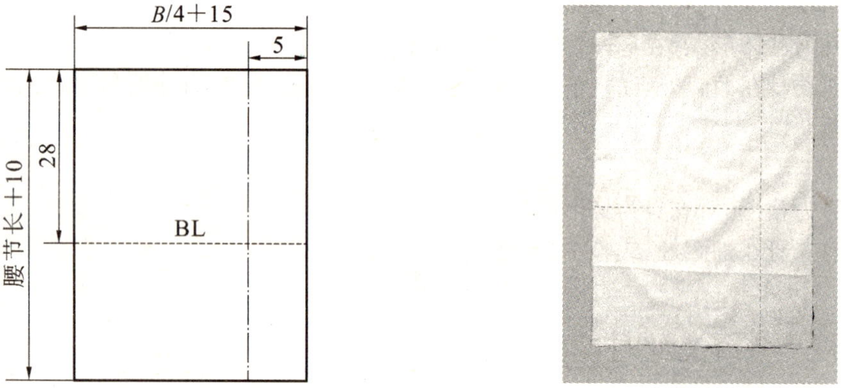

图3-1-8

(2) 操作步骤

① 将确定好前中心线、胸围线的坯布料覆于人台上,与人台上的前中心线、胸围线覆合,在前中心和B·P点处用大头针固定在人台上。这时胸围线保持水平。图3-1-9。

② 在前颈领口处打一剪口,剪至领口线。图3-1-10。

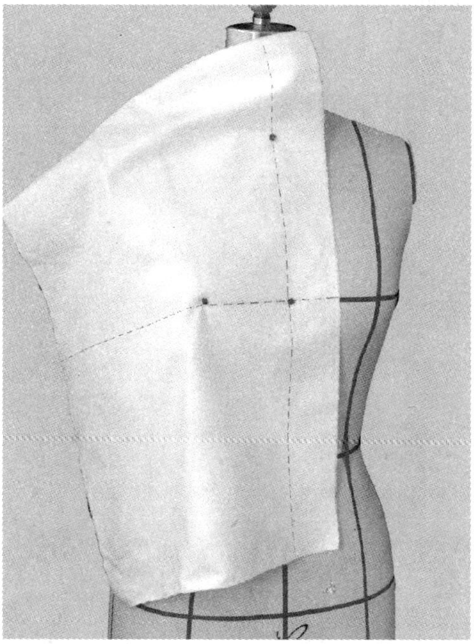

图 3-1-9

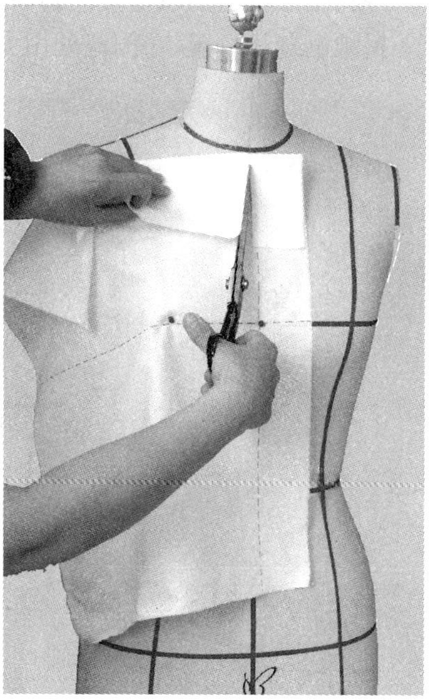

图 3-1-10

③ 再将领口修剪距领窝线 1～2 cm(缝份)。图 3-1-11。

④ 沿缝份打少许剪口,以消除领口处的牵扯力。图 3-1-12。

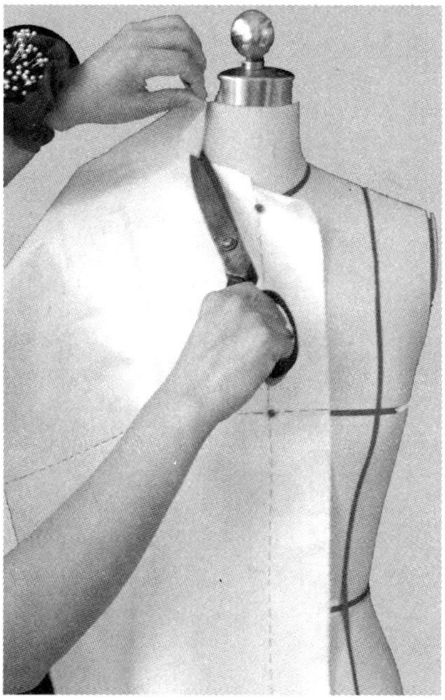

图 3-1-11

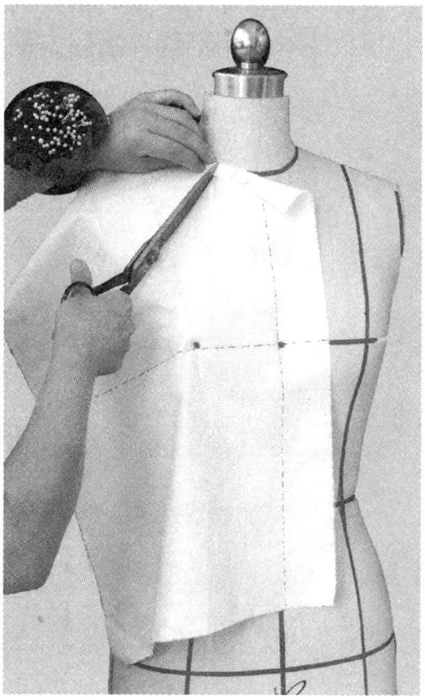

图 3-1-12

⑤ 将胸围线以上的余量推向袖窿处，用抓合法做出袖窿省。图 3－1－13。

⑥ 捋顺侧缝线位置，在侧缝处用大头针固定。图 3－1－14。

图 3－1－13

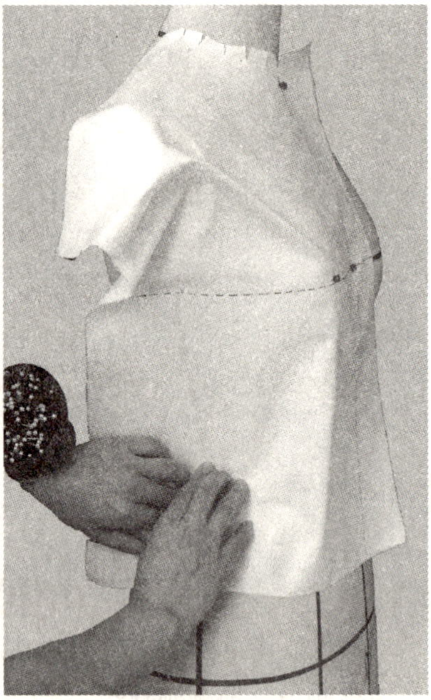

图 3－1－14

⑦ 再将胸围线以下多余的量推到 B·P 点下面，形成腰省量。图 3－1－15。

⑧ 用大头针采用掐缝针法固定袖窿省和腰省。图 3－1－16。

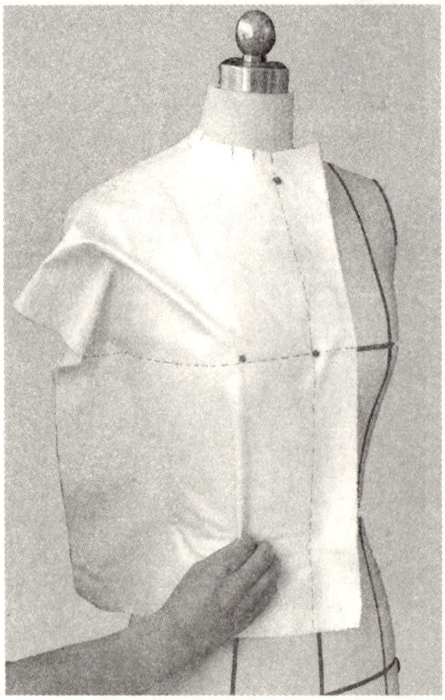

图 3－1－15

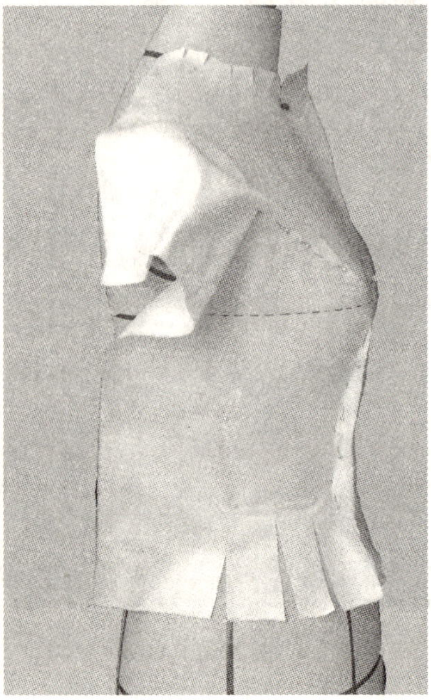

图 3－1－16

⑨ 后身坯布的后中心线、胸围线与人台的后中心线、胸围线相覆合，用大头针采用固定针法固定，这时胸围线保持水平。图 3 - 1 - 17。

⑩ 修剪领口线，留 1 cm 缝份。图 3 - 1 - 18。

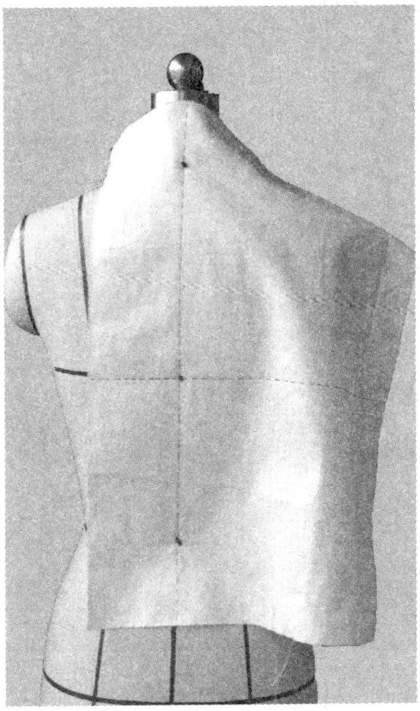

图 3 - 1 - 17

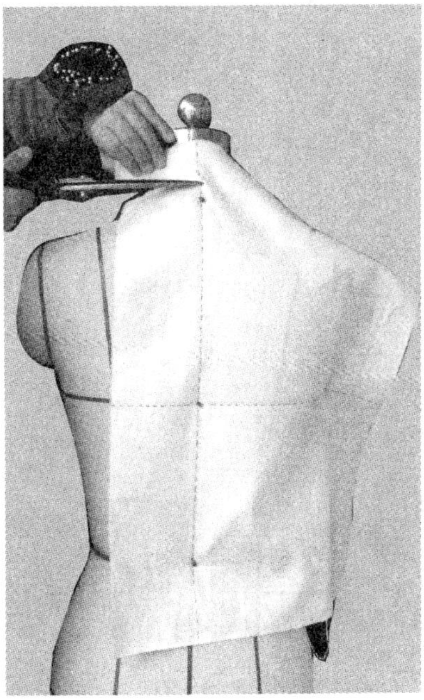

图 3 - 1 - 18

⑪ 在后领口处打少许剪口，以消除领口处的牵扯力。图 3 - 1 - 19。

⑫ 顺沿后袖窿弧线方向把多余的量推至肩部的中点。图 3 - 1 - 20。

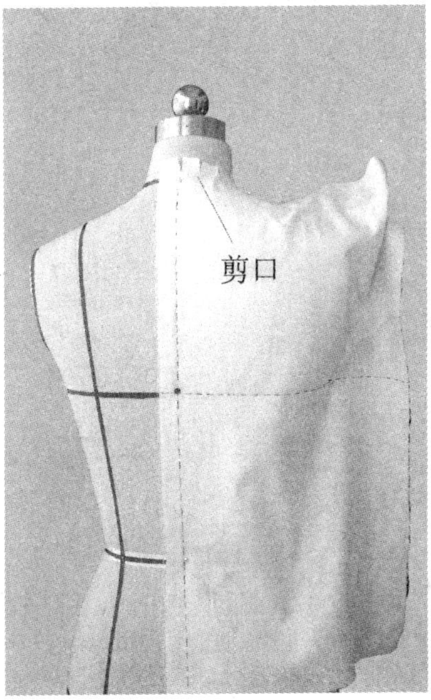

图 3 - 1 - 19

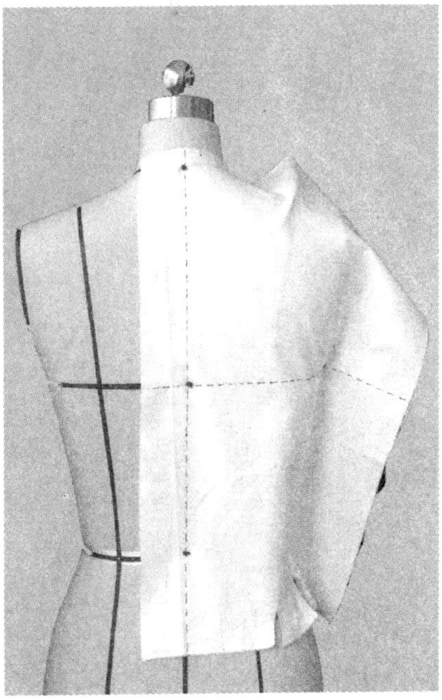

图 3 - 1 - 20

⑬ 用掐缝针法掐缝肩省，捋顺侧缝线位置并用大头针固定。图 3－1－21。

⑭ 将腰部多余的量推至公主线位置，用掐缝针法掐缝成腰省。图 3－1－22。

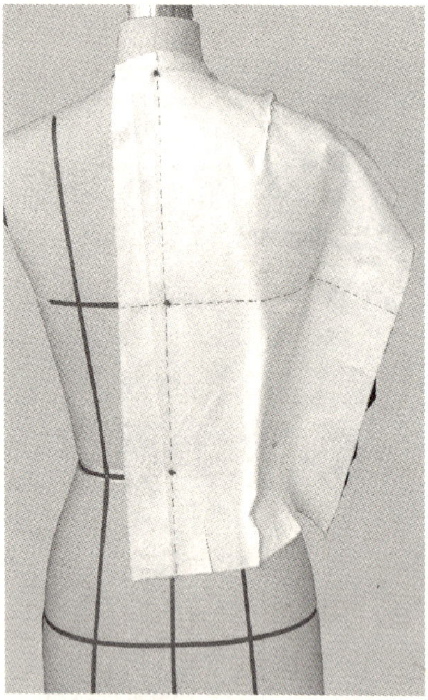

图 3－1－21

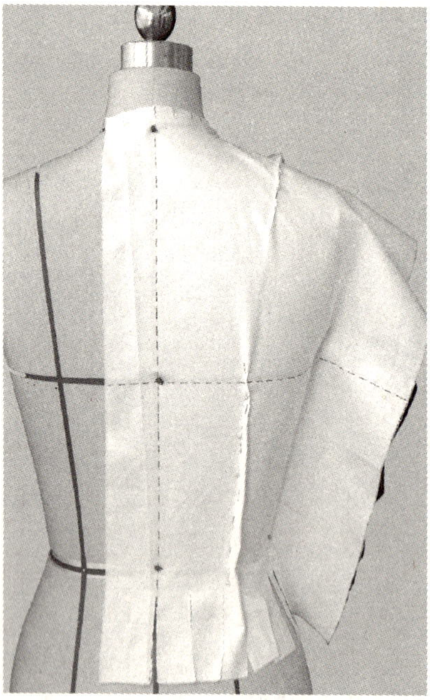

图 3－1－22

⑮ 将前衣片与后衣片在肩缝处、侧缝处用掐缝针法进行掐缝并留有一定的松量。图3－1－23。

⑯ 把侧缝处、袖窿处、肩缝处多余的布料修剪去，留出缝份。图 3－1－24。

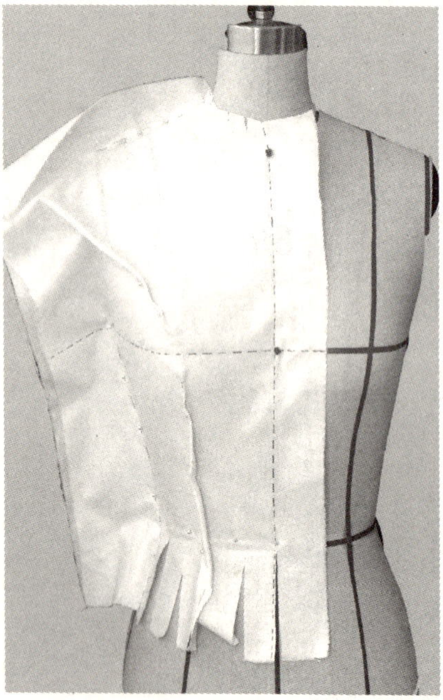

图 3－1－23

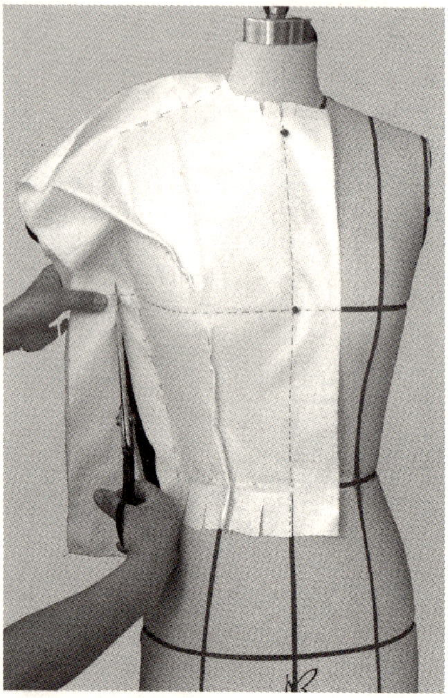

图 3－1－24

⑰ 根据领围、肩部、袖窿的基础线在布料上用及时贴做出标示线(也可用标记笔做出标记),同时对省道的位置也要做上标记。图 3-1-25。

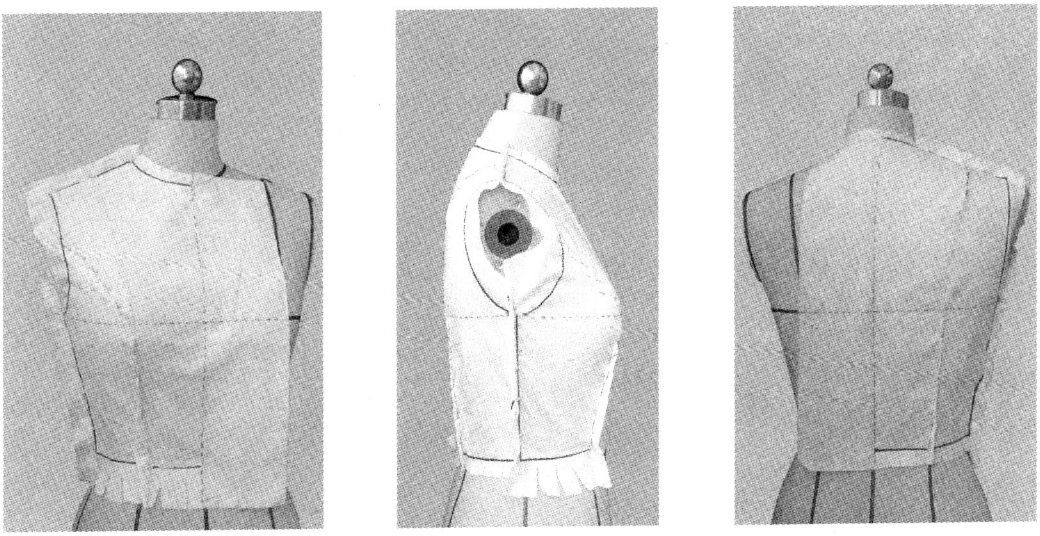

前　　　　侧　　　　后

图 3-1-25

(3) 完成图

将多余的量剪去,用折叠针法、隐藏针法做出成品。图 3-1-26。

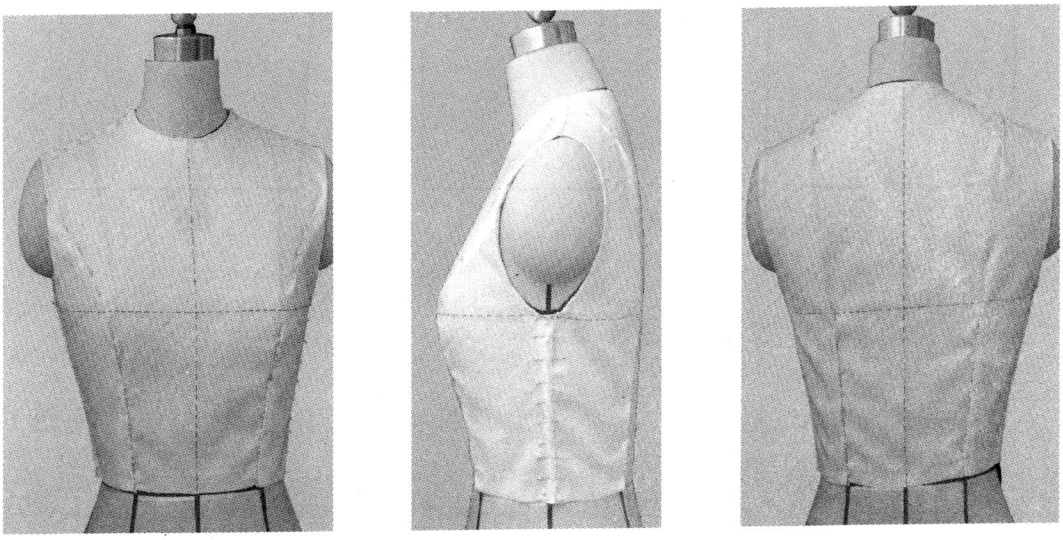

前　　　　侧　　　　后

图 3-1-26

3）画样

把人台上取下的布样进行描图，得到贴体原型的结构图。图 3－1－27。

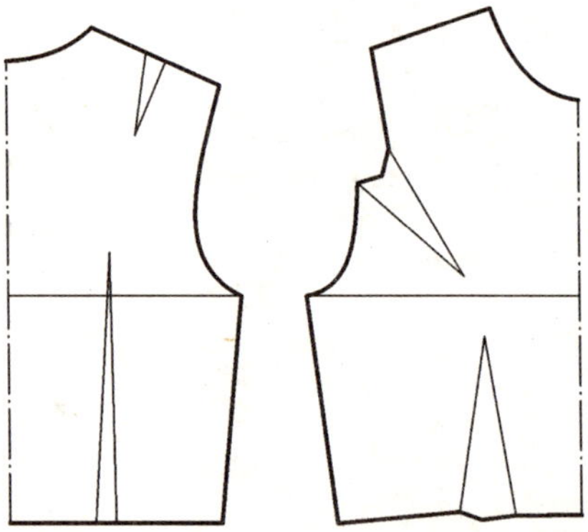

图 3－1－27

3.1.2.2　箱形衣身原型

前后衣身均为箱形，这种原型是原型衣身的重要形式之一。

1）款式图(图 3－1－28)

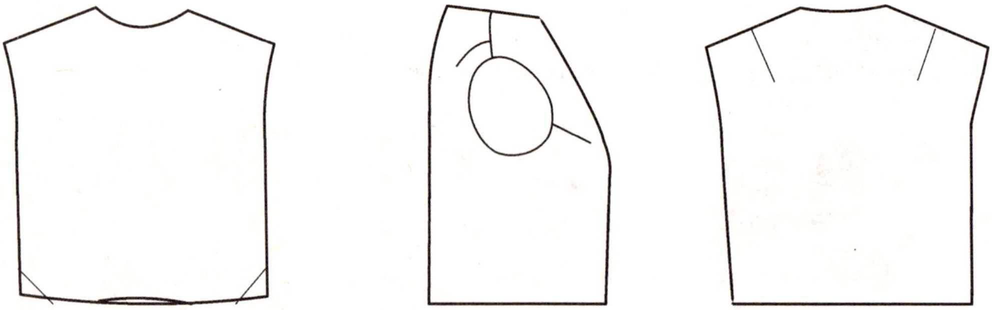

图 3－1－28

2）制作

(1) 坯布的准备。同贴体衣身原型，见图 3－1－8。

(2) 操作步骤

① 前身片的中心线、胸围线与人台中心线、胸围线相覆合，同贴体原型操作步骤①的方法一致。见图 3－1－9。

② 使胸围线保持水平，将胸围线以上的余量推向袖窿处，抓合出袖窿省。图 3－1－29。

③ 用掐缝针法做出袖窿省，捋平侧缝处的布料，再将胸围线以下多余的量推到 B・P 点下面，同时确定侧缝线的位置。图 3－1－30。

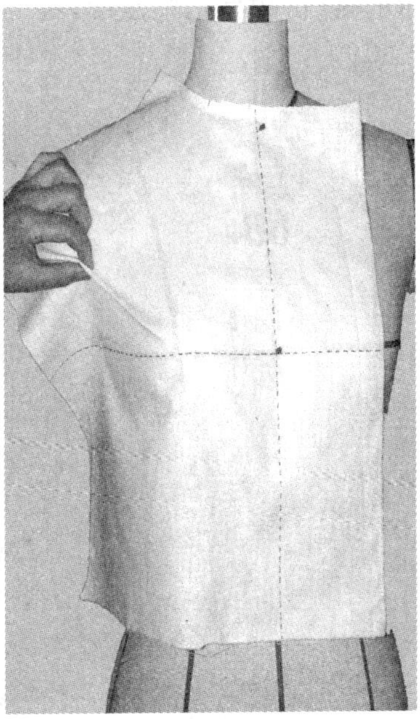

图 3-1-29

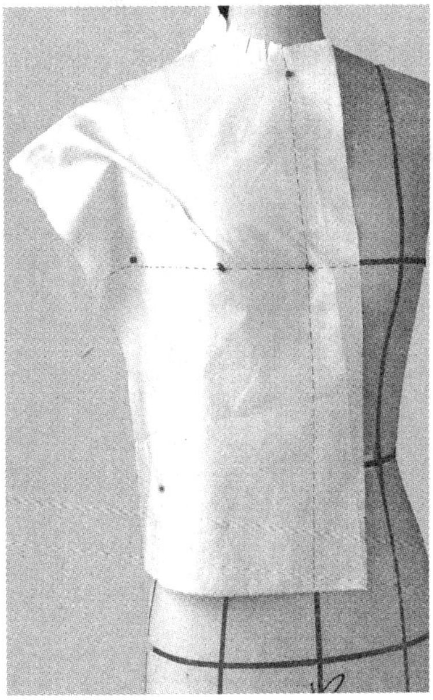

图 3-1-30

④ 后坯布的后中心、胸围线与人台的后中心线、胸围线相符合用大头针固定，胸围线保持水平。修剪领口线并打剪口，方法同贴体原型⑨～⑪一致。见图 3-1-17～图 3-1-19。

⑤ 将胸围线以上不平整的量捋向肩部做成肩省，胸围线以下捋平用固定针法固定侧缝线。图 3-1-31。

⑥ 将前后衣身的侧缝处、肩缝处用掐缝针法掐缝固定。图 3-1-32。

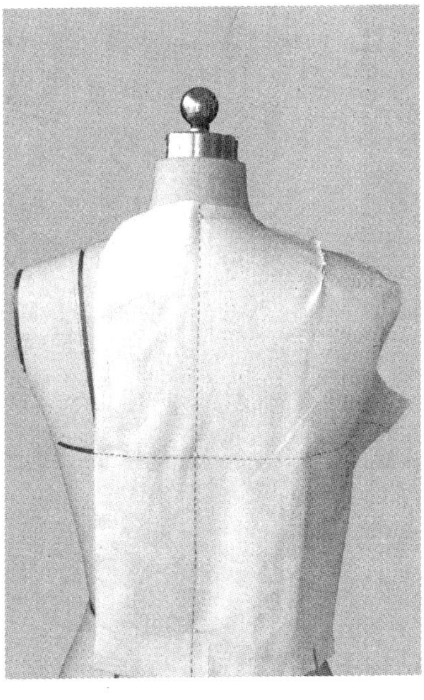

图 3-1-31

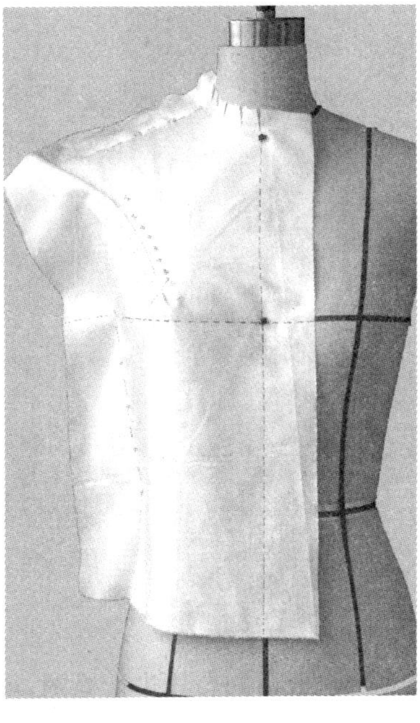

图 3-1-32

⑦ 根据领围、肩部、袖窿的基础线在布料上做出标示线(可用标记笔点影,也可用及时贴),同时要把省道的位置、大小也做出标记。图 3－1－33。

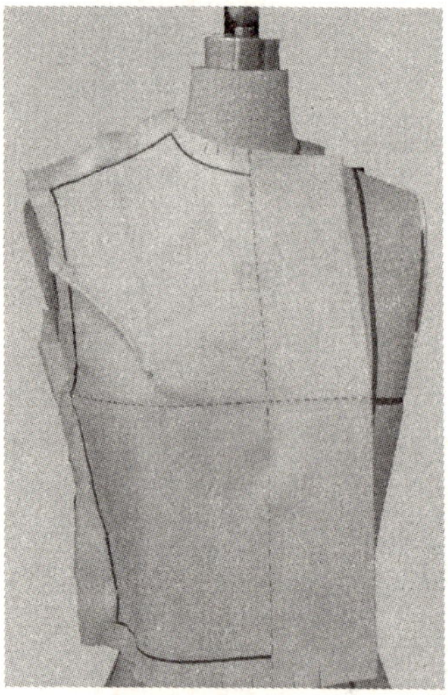

前

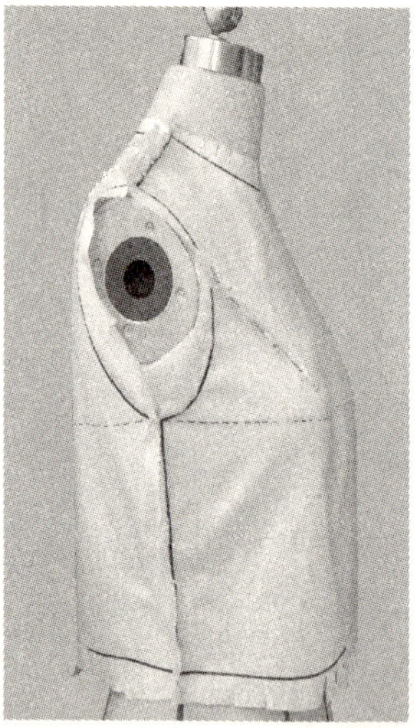

侧

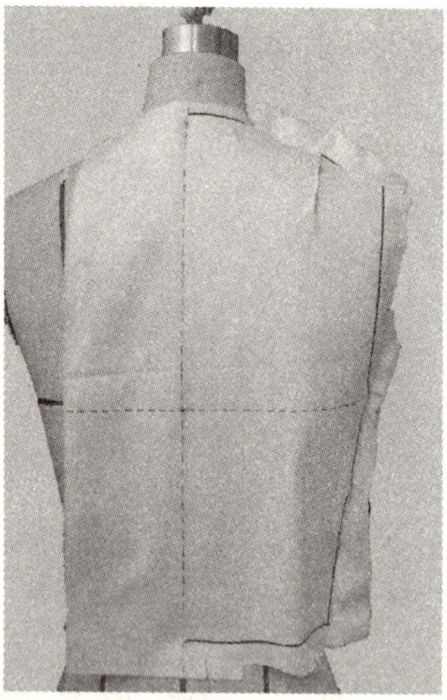

后

图 3－1－33

(3) 完成

将多余的量剪去,用折叠针法、隐藏针法做出成品。图 3－1－34。

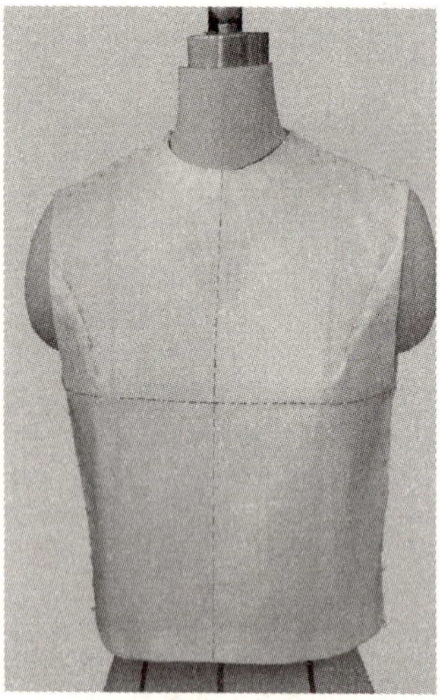

前

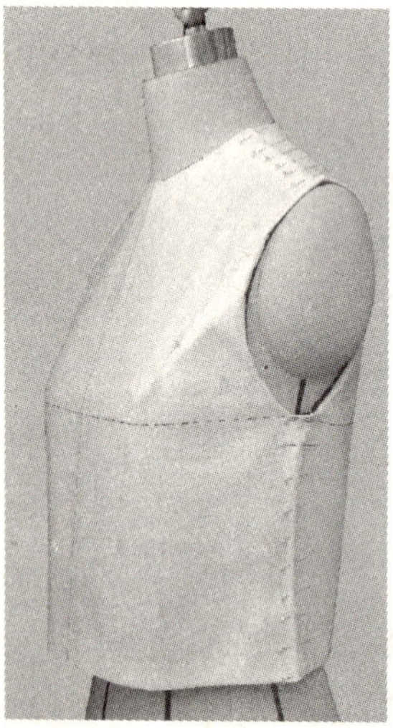

侧

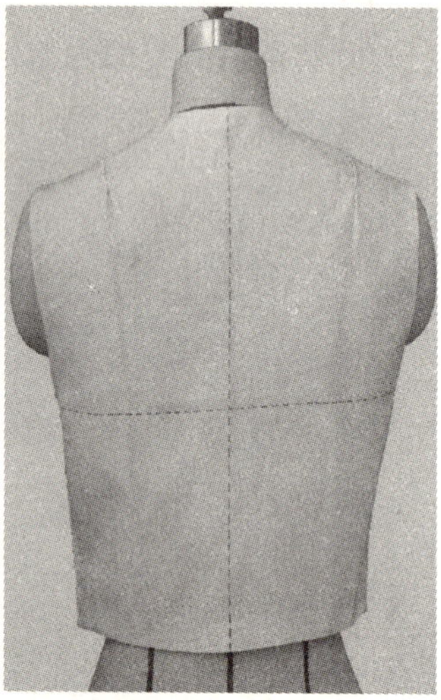

后

图 3－1－34

3) 画样

把人台上取下的布样进行描图,得到箱体原型的结构图。图 3－1－35。

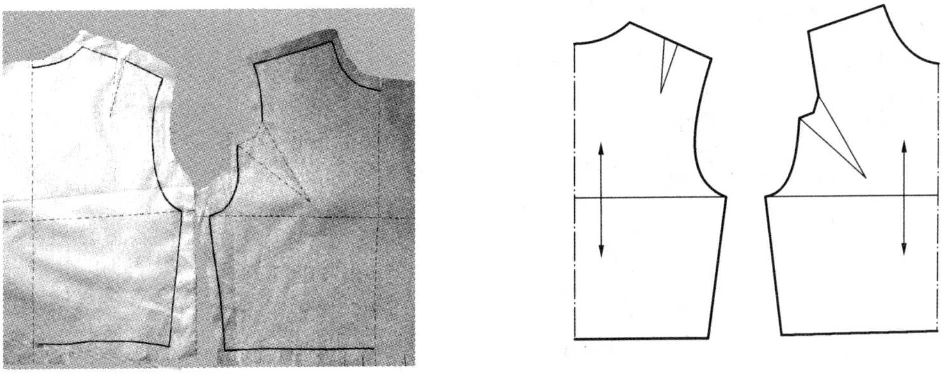

图 3-1-35

3.1.2.3 前梯、后箱形衣身原型

前衣身为梯形、后衣身为箱形，这种款式是日本文化式原型的立体裁剪方法。

1）款式图(图 3-1-36)

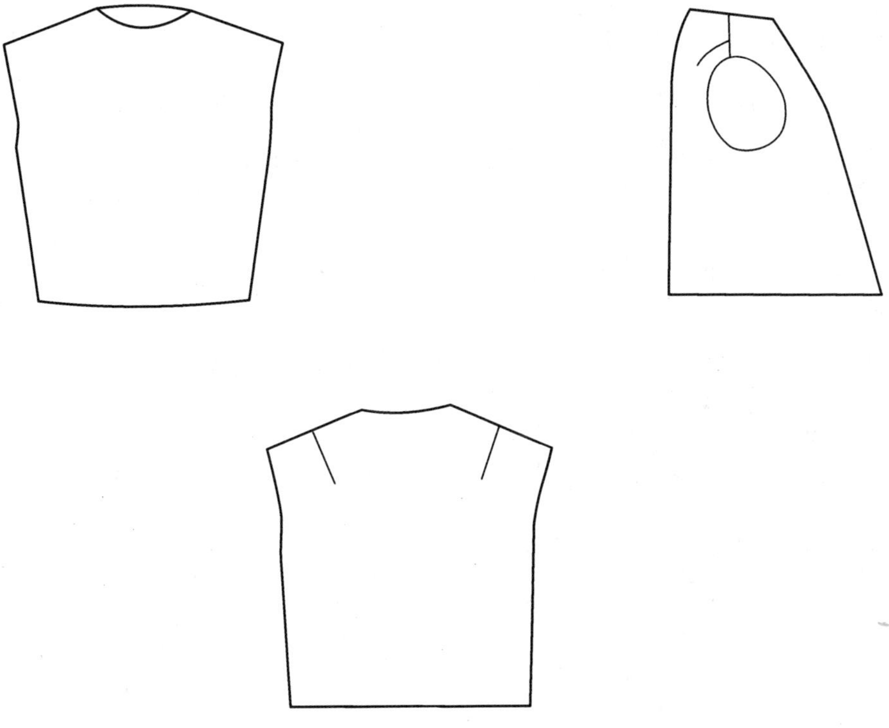

图 3-1-36

2）制作

(1) 坯布的准备，同贴体衣身原型。见图 3-1-8。

(2) 操作步骤

① 前身衣片前中心线、胸围线与人台中心线、胸围线相覆合，方法同贴体原型①的方法一致。见图 3-1-9。

② 将胸围线以上的余量推向胸围线以下，使肩部、袖窿处平服。图 3-1-37。

③ 同时将侧缝处丝绺捋平，确定侧缝线的位置并固定。在B·P点以下形成较多的余量，这时胸围线低于人台的胸围线，不呈水平状态。图3-1-38。

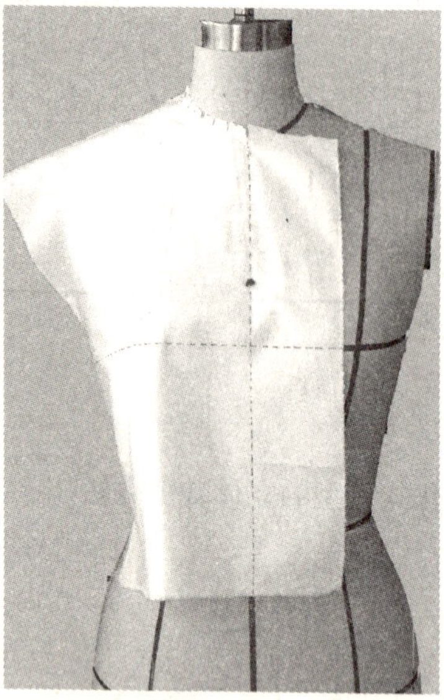

图3-1-37

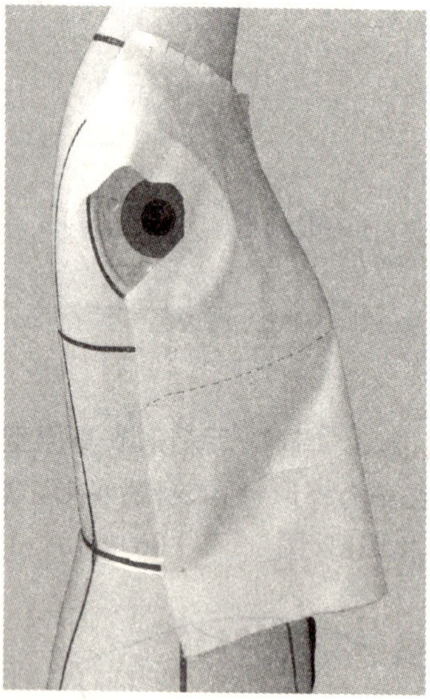

图3-1-38

④ 后身坯布的后中心、胸围线与人台的后中心线、胸围线相符合用大头针固定，胸围线保持水平。修剪领口线并打剪口，做好后肩省。方法同贴体原型第⑨～⑫步骤。参见图3-1-17～图3-1-20。

⑤ 掐合前后片的侧缝线和肩缝线，修去多余的缝份。方法同贴体原型第⑮、⑯步骤。参见图3-1-23、图3-1-24。

⑥ 根据领围、肩部、袖窿的基础线在布料上做出标示线。图3-1-39。

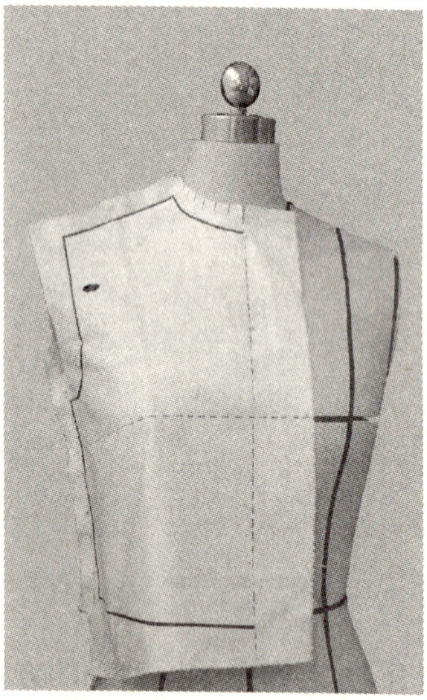

前

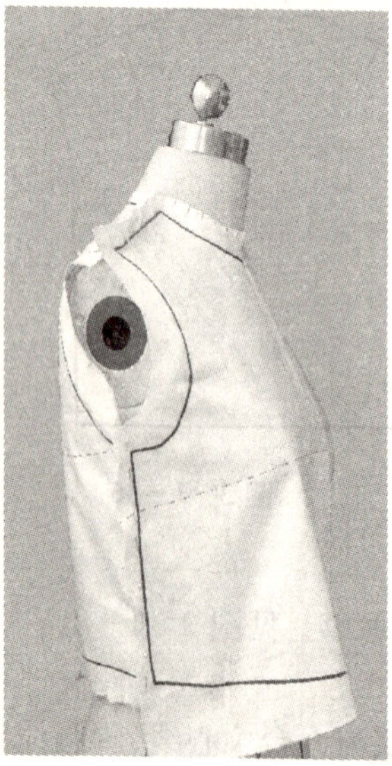

侧

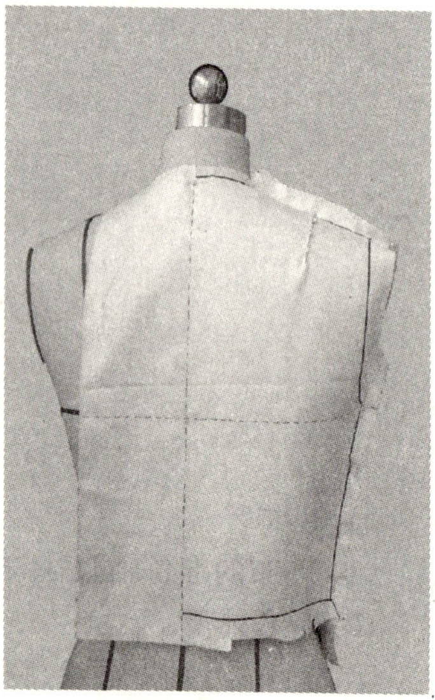

后

图3-1-39

(3) 完成

将多余的量剪去,用折叠针法、隐藏针法做出成品。图 3－1－40。

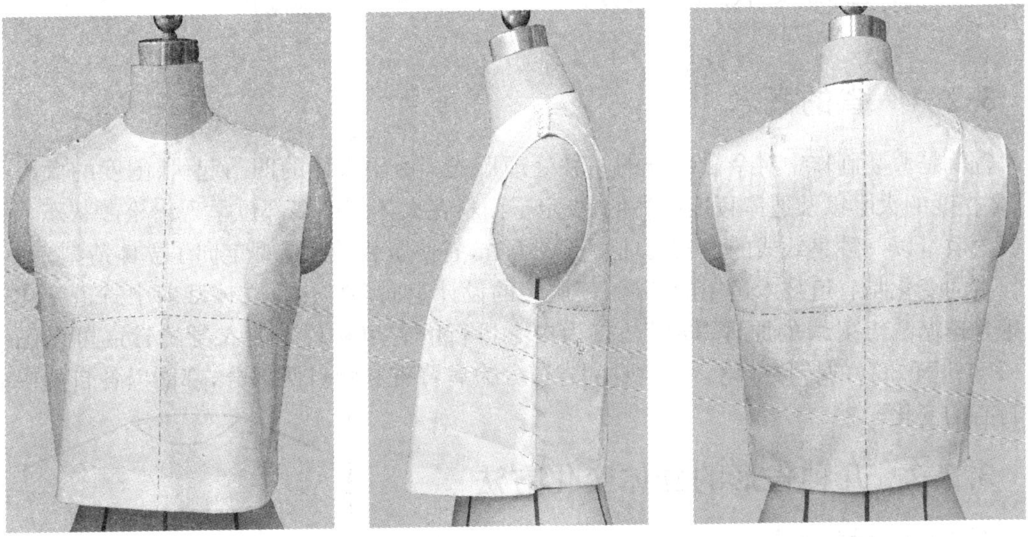

前　　　　侧　　　　后

图 3－1－40

3) 画样

把人台上取下的布样进行描图,得到前梯箱形的原型结构图。图 3－1－41。

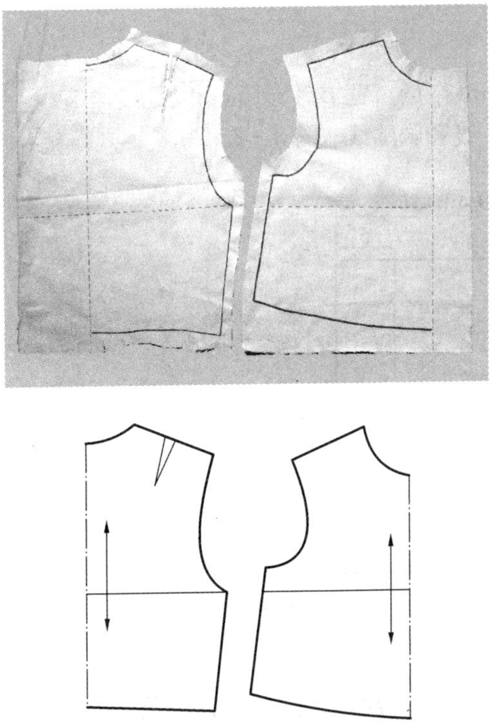

图 3－1－41

3.2 省道的变化及应用

3.2.1 省的概念

省就是服装制作中对余量部分的一种处理形式。由于人体的凹凸起伏、围度的大小不同，宽松度的大小以及适体程度的高低，决定了面料在人体的许多部位呈现出松散状态。将这些松散量以一种集约式的形式处理便形成了省，省使服装平面造型走向了立体造型。

省的变化是省道技术运用的拓展，使服装的设计走向多样化。立体裁剪中省道变化的原理是遵循凸点射线的原理，即以凸点为中心进行的省道移位。前衣身的省道可以围绕B·P点进行360°的转移变化。后衣身的省道分为肩背省和腰省两部分，都能以各自的中心进行省的变化。

3.2.2 几种省形的立体变化方法

3.2.2.1 腰省形式

这是省形中最基本的一种形式，将前衣身所有的胸部省道合并为单一的腰省的形式。这时胸围线不成水平状。

1) 款式图(图3-2-1)

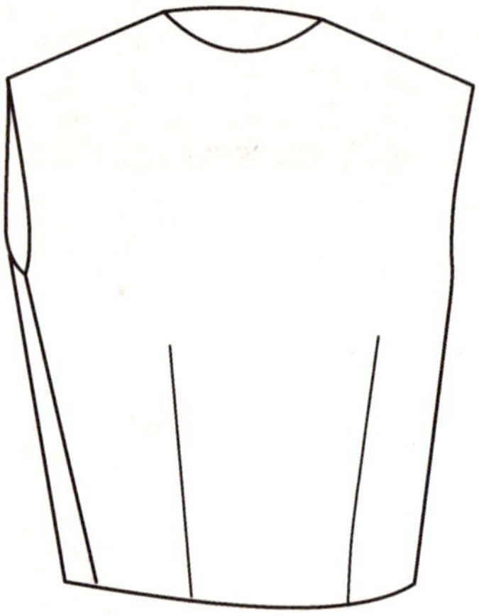

图3-2-1

2) 制作

(1) 坯布的准备

取长=腰节长+10 cm(余量)，宽 $B/4+15$ cm(余量)的经向布料。标注前中心线和胸围线。图3-2-2。

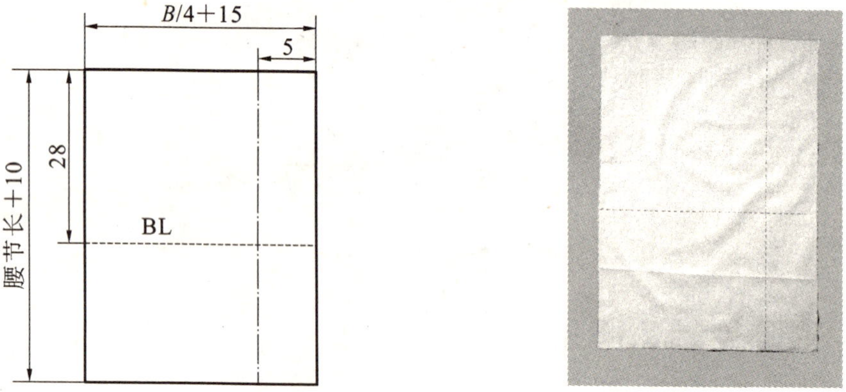

图3-2-2

(2) 操作步骤

① 将确定好前中心线、胸围线的前身衣坯布料覆于人台上，与人台上的前中心线、胸围线覆合，在前中心和B·P点处用大头针固定在人台上。图3-2-3。

② 在前领口打剪口。图 3－2－4。

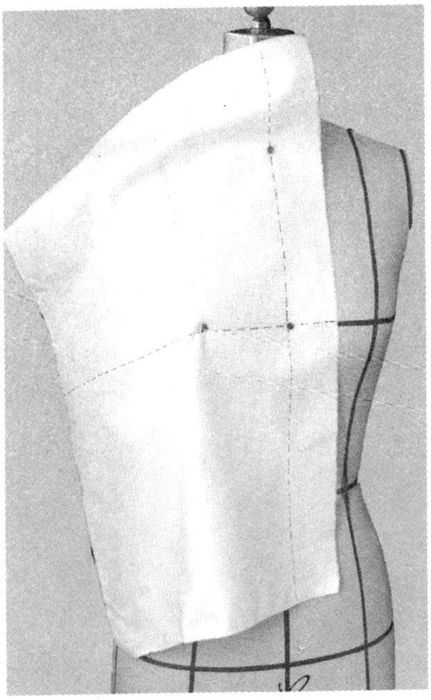

图 3－2－3

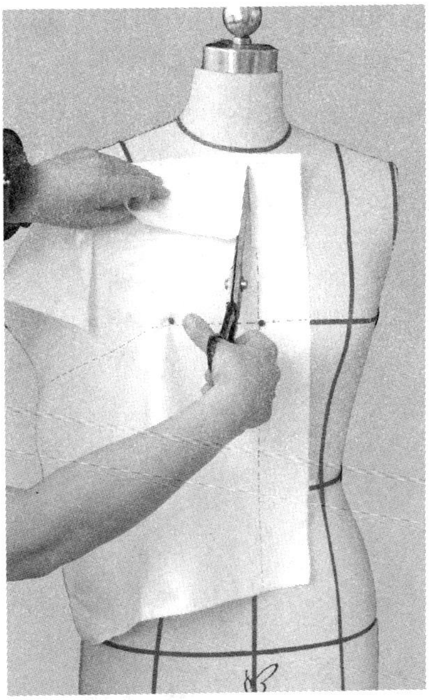

图 3－2－4

③ 按领弧线修剪领弧(留出 1 cm 的缝份),并在缝份上打少许剪口,以消除领口处的牵扯力。图 3－2－5。

④ 将胸围线以上的余量推向胸围线以下,使肩部、袖窿处平服,同时将侧缝处丝绺捋平,确定侧缝线的位置并固定。图 3－2－6。

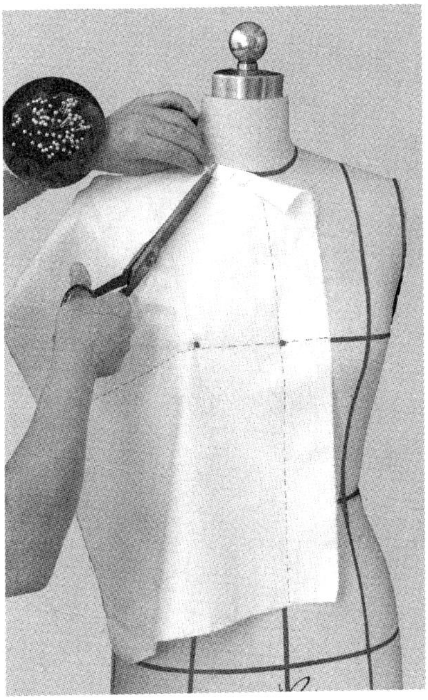

图 3－2－5

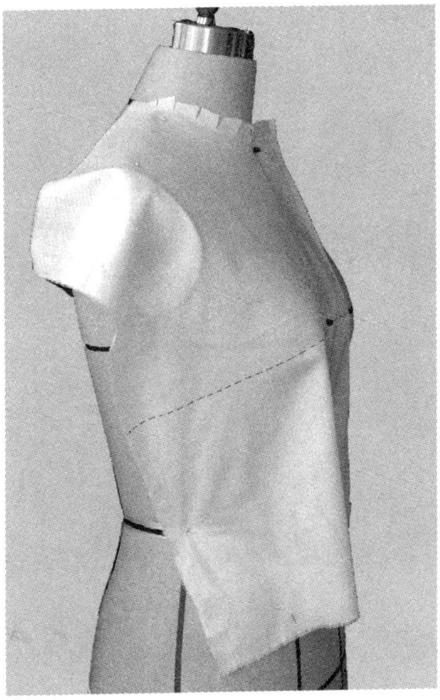

图 3－2－6

⑤ 在B·P点以下形成较多的余量，即为腰省的量。图 3－2－7。

⑥ 腰围线缝线上打剪口消除牵扯力，捏出腰部省，省道指向 B·P 点。用掐缝针法固定腰省。这时胸围线不呈水平线。图 3－2－8。

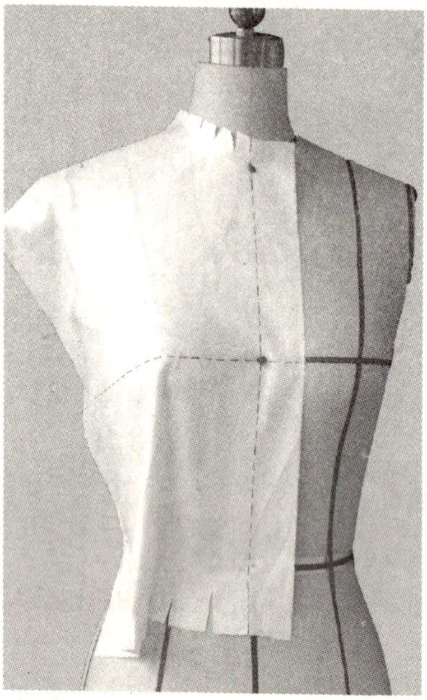

图 3－2－7

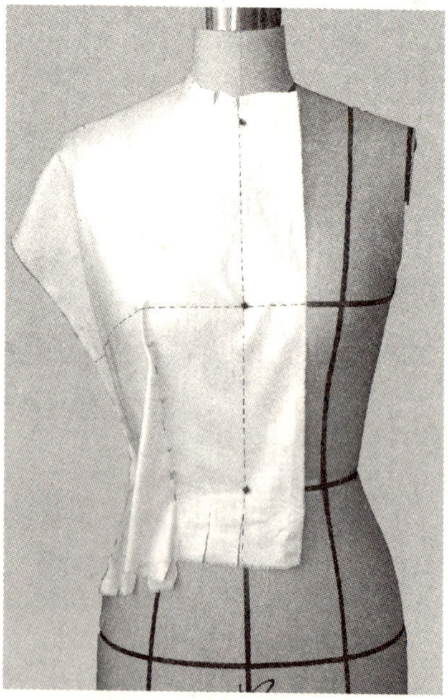

图 3－2－8

⑦ 做出标示线。在肩缝处、袖窿处、侧缝处用及时贴（也可用标记笔）做出标示线，同时要做出腰省的位置、大小的标记。图 3－2－9。

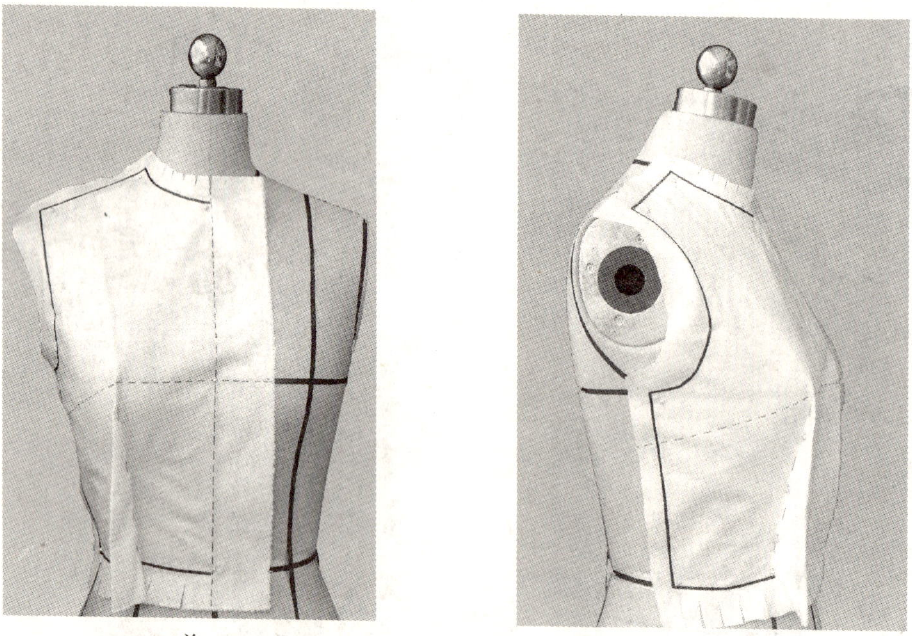

前　　　　侧

图 3－2－9

(3) 完成

将多余的量剪去，用折叠针法、隐藏针法做出成品。图 3－2－10。

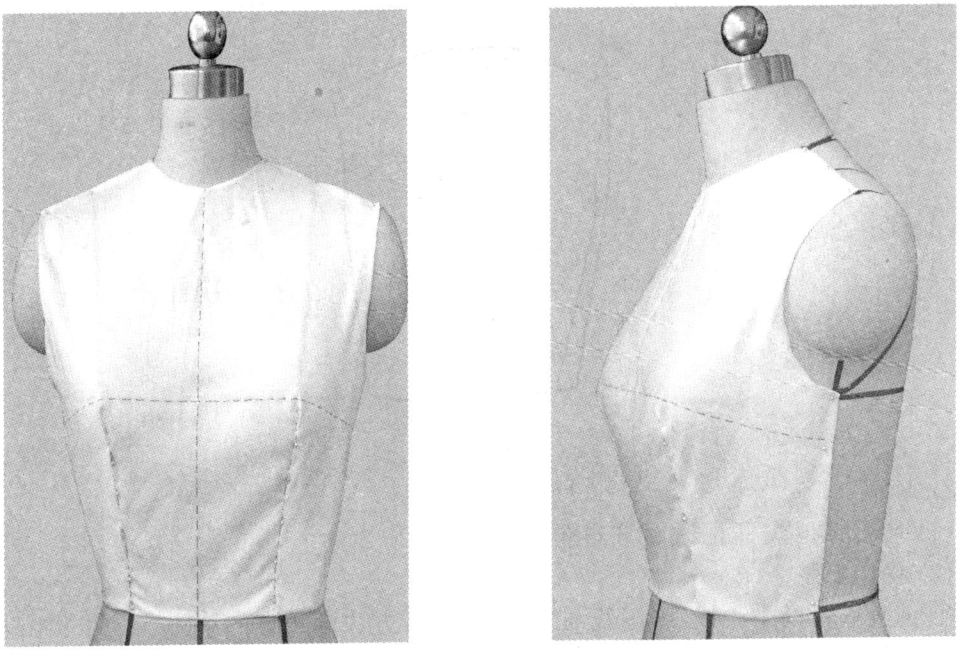

前　　侧

图 3－2－10

3）画样

把人台上取下的布样进行描图，得到省道变化后的腰省的结构图。图 3－2－11。

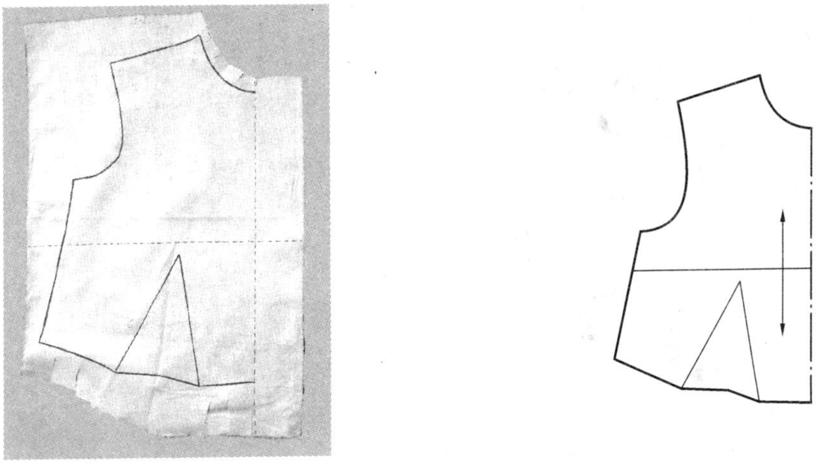

图 3－2－11

3.2.2.2 侧胸省形式

是把全部的省量转移到侧缝线上，它的位置有高有低，可随意设计。

1）款式图（图 3－2－12）

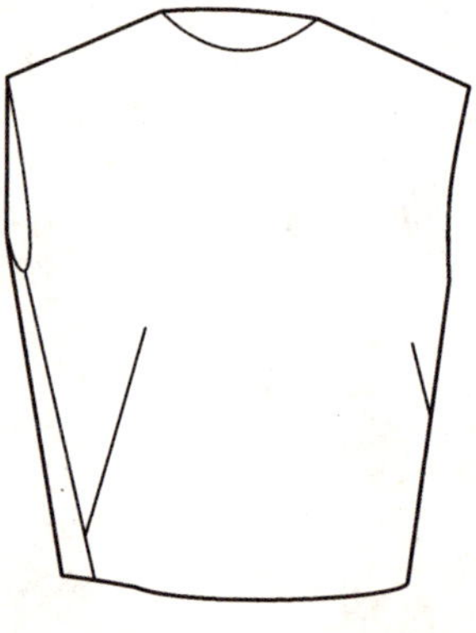

图 3－2－12

2）制作

（1）坯布的准备。同腰省的坯布准备，见图 3－2－2。

（2）操作步骤

① 前身衣片的中心线，胸围线与人台相覆合，方法同腰省的第①～③步骤，参见图 3－2－3～图 3－2－5。

② 胸围线以上平服，前腰部平服，把全部多余的量捋顺到侧缝线处，一边捋平腰部一边在腰缝线处打少许剪口，使腰部平服。图3－2－13。

③ 在侧缝处抓合出侧胸省，并用掐缝针法掐缝好侧胸省。图 3－2－14。

图 3－2－13

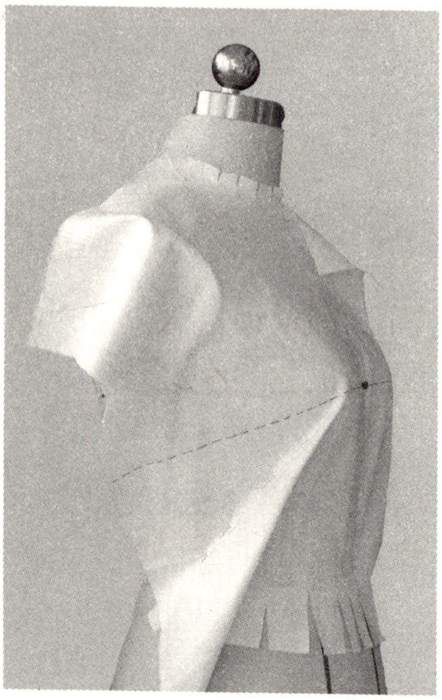

图 3－2－14

④ 在领口线、肩线、袖窿线、侧缝线处做出标记(可用标记笔点影,也可用及时贴等)。图 3-2-15。

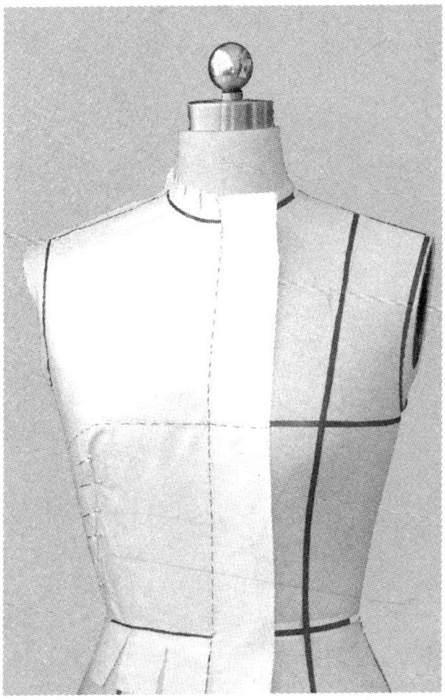
前

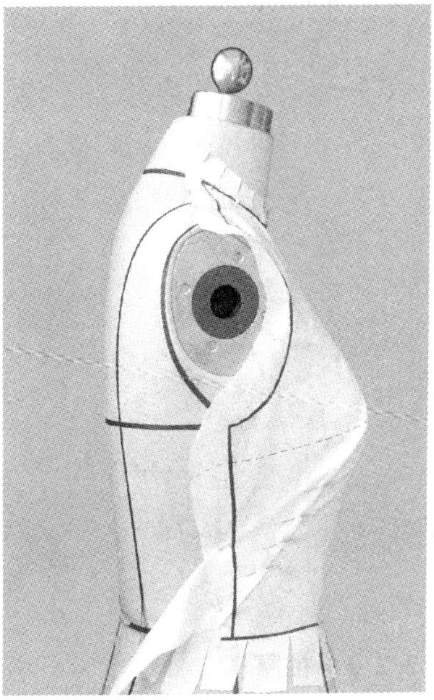
侧

图 3-2-15

(3) 完成

将多余的量剪去,用折叠针法、隐藏针法做出成品。图 3-2-16。

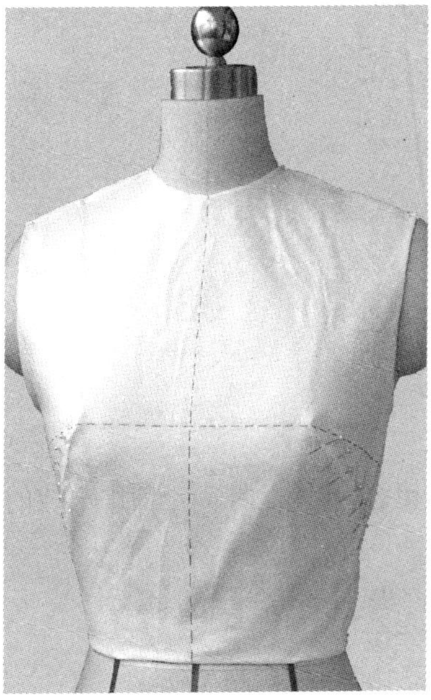
前

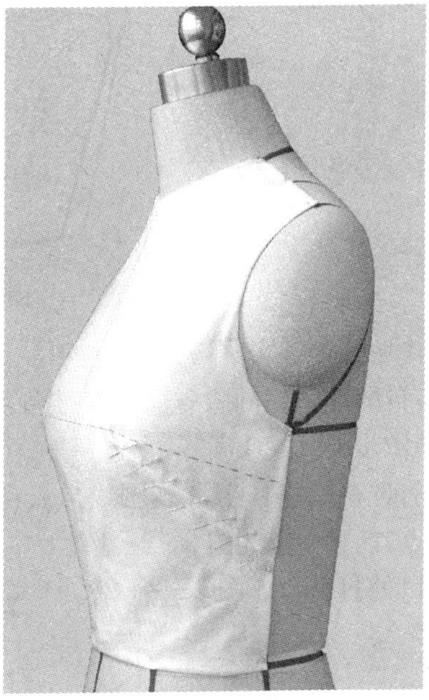
侧

图 3-2-16

3）画样

把人台上取下的布样进行描图，得到省道变化后的侧胸省的结构图，见图 3－2－17。

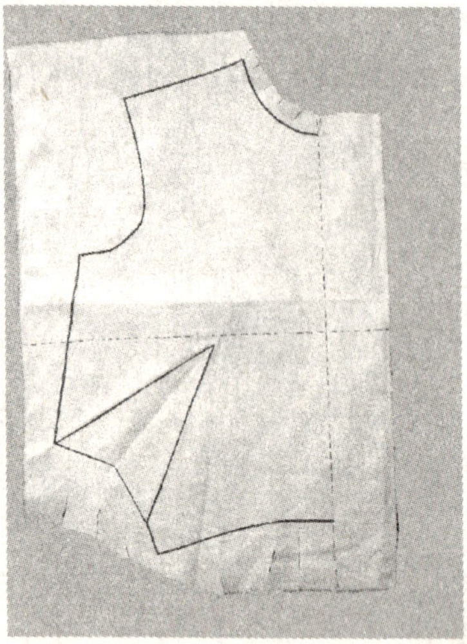

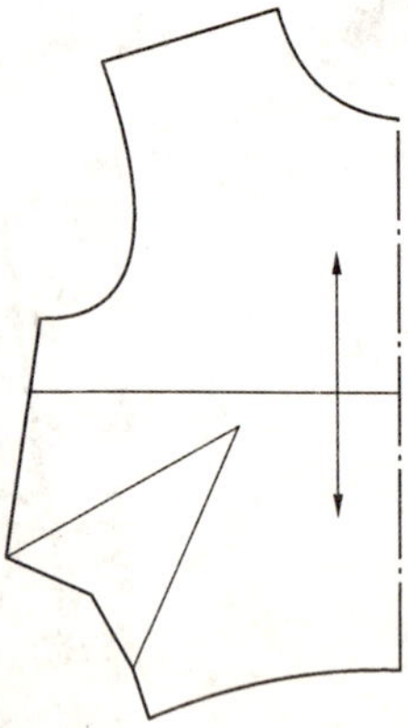

图 3－2－17

3.2.2.3　袖窿省

是把全部多余的量转到袖窿的位置上。

1）款式图(图 3－2－18)

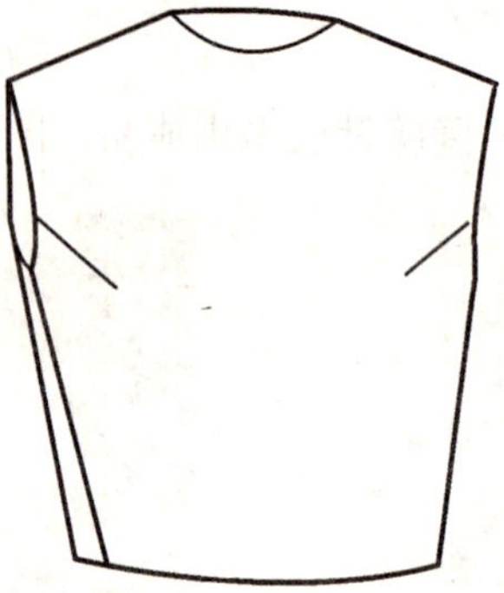

图 3－2－18

2）制作

(1) 坯布的准备。同腰省的坯布准备，见图 3－2－2。

(2) 操作步骤

① 把前身衣片的中心线、胸围线与人台相应的位置覆合，用大头针固定前中心线的前颈点、前胸中点、前腰中点。图 3－2－19。

② 领口处打剪口。图 3－2－20。

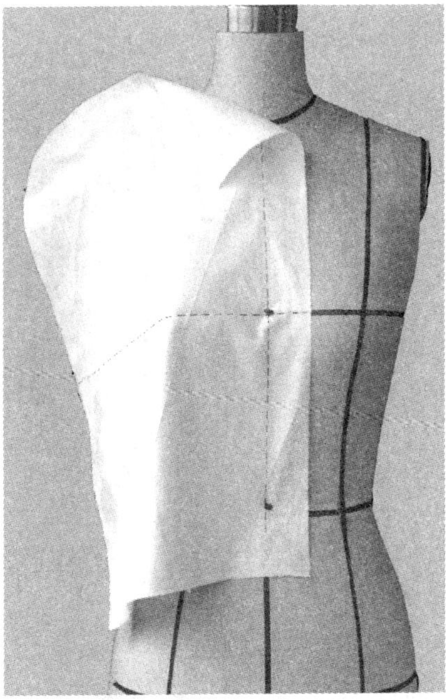

图 3-2-19

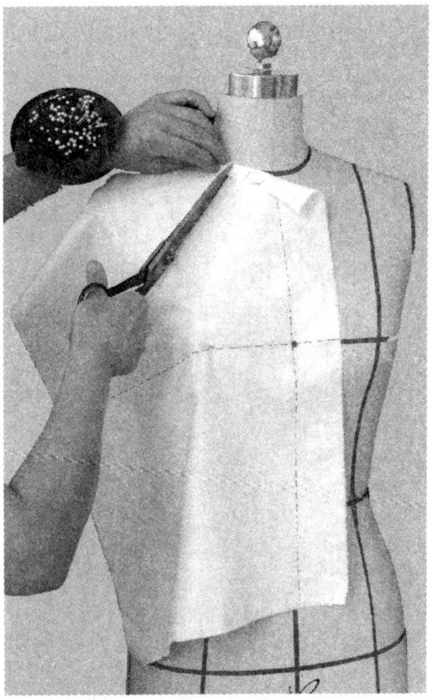

图 3-2-20

③ 把肩部捋平，用大头针固定肩部，再把胸围线以下捋平。图 3-2-21。

④ 将多余的量推到袖窿处，形成袖窿省。图 3-2-22。

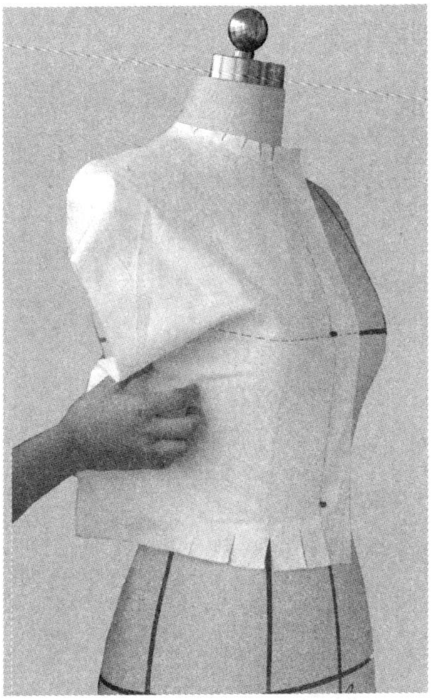

图 3-2-21

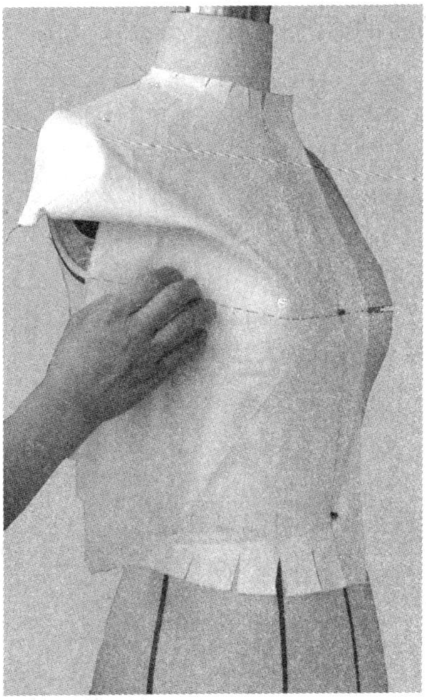

图 3-2-22

⑤ 用抓合法抓合出袖窿的省量。图 3－2－23。

⑥ 用掐缝针法，掐缝出袖窿省的大小，这时胸围线不呈水平。图 3－2－24。

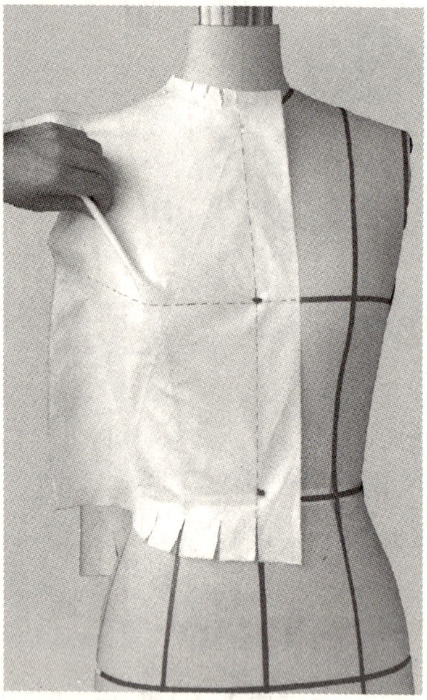

图 3－2－23

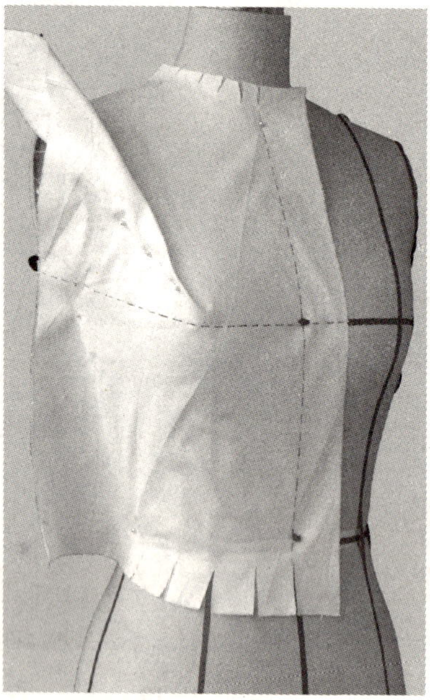

图 3－2－24

⑦ 袖窿省向下倒，用折叠针法（隐藏针法、掐缝针法均可以用）做好袖窿省。在领口线、肩线、袖窿线、侧缝线处做出标示（可用标记笔点影，也可用及时贴等），同时做出袖窿省大小、位置的标记。图 3－2－25。

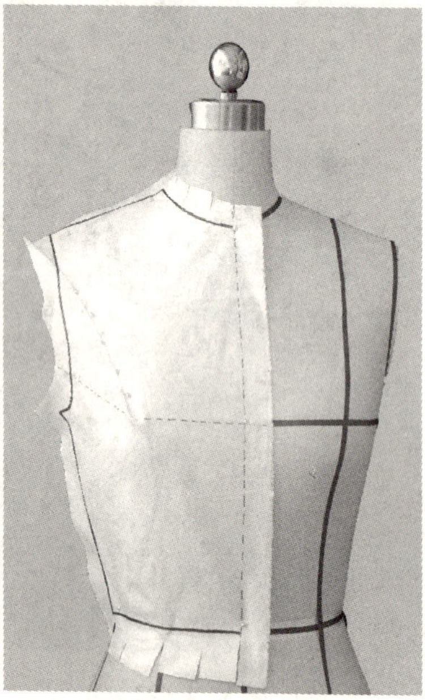

前

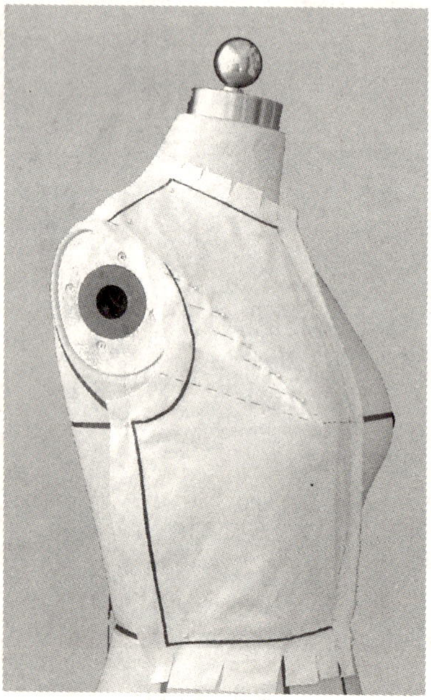

侧

图 3－2－25

(3) 完成

将多余的量剪去，用折叠针法、隐藏针法做出成品。图 3－2－26。

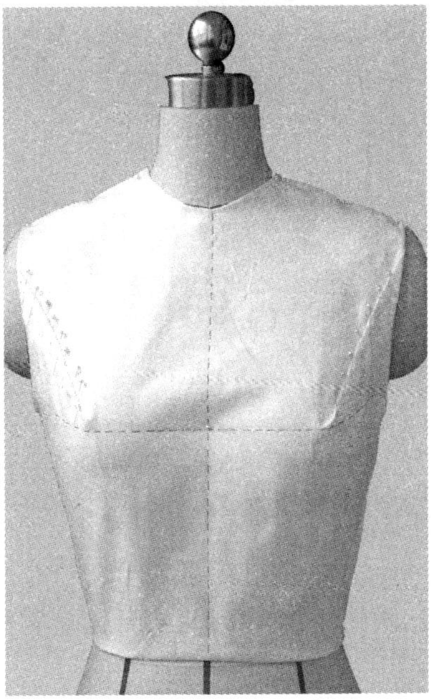

前

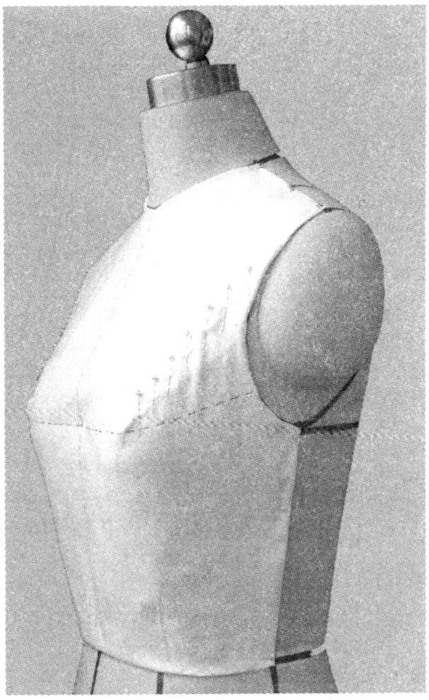

侧

图 3－2－26

3) 画样

把人台上取下的布样进行描图，得到省道变化后的袖窿省的结构图。图 3－2－27。

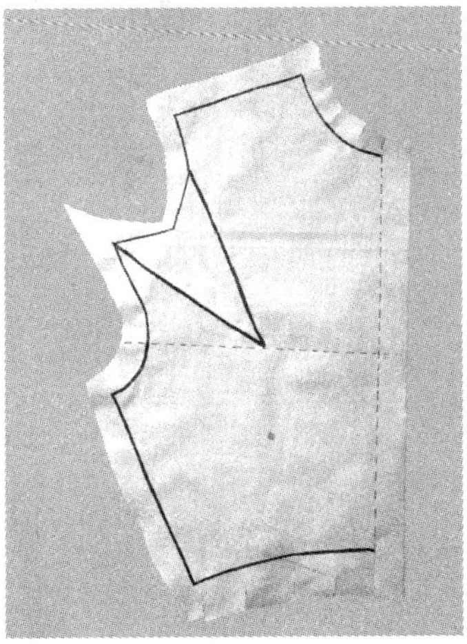

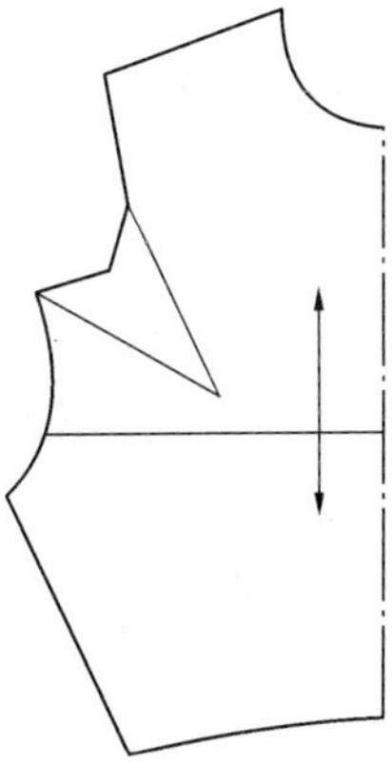

图 3－2－27

3.2.2.4 前中心省

把前身的全部省量通过省的转移变化前中心省，它在省的上部是分开的，下部是一体的。

1）款式图(图 3-2-28)

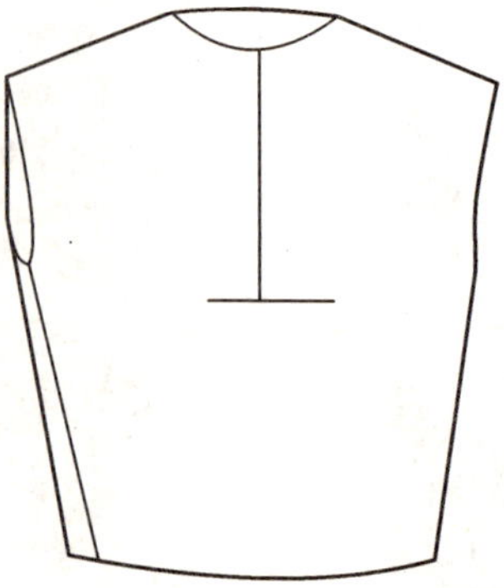

图 3-2-28

2）制作

(1）坯布的准备。同腰省的坯布准备，见图 3-2-2。

(2）操作步骤

① 将前身衣片的中心线、胸围线与人台的中心线、胸围线覆合，用大头针固定胸围线以下的前中心线位置。图 3-2-29。

② 在腰缝处打少许的剪口，再从胸围线以下的部位开始，把布料顺沿腰部、侧缝、胸围线以上的胸部、肩部，把多余的量推到前中心处，用大头针固定侧缝线。图 3-2-30。

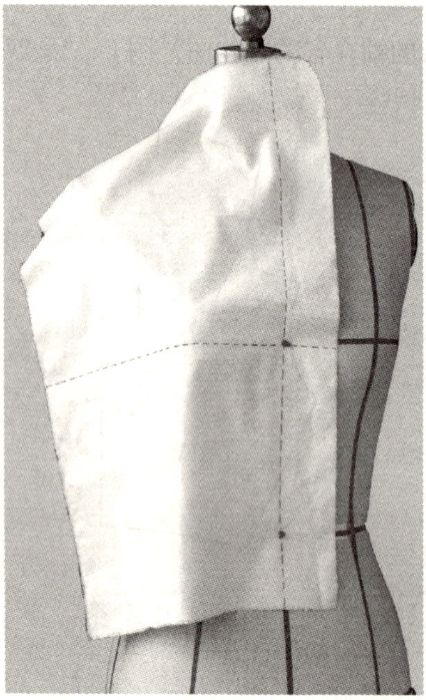

图 3-2-29

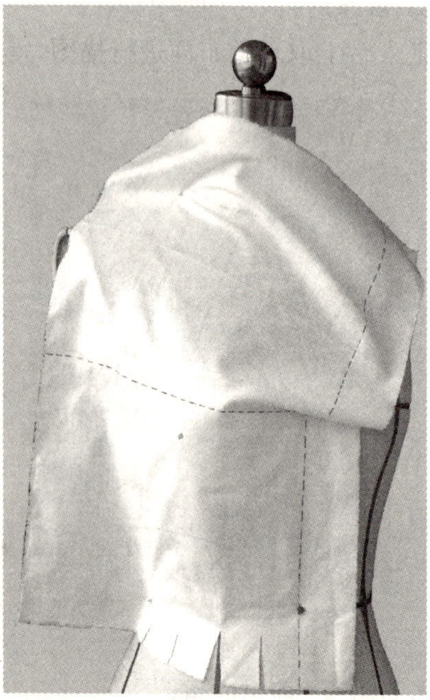

图 3-2-30

③ 这时修剪领口，并打少许的剪口，以消除牵扯力，使肩部、胸部、袖窿处平服。再用抓合法抓合出中心省，用掐缝针法做出中心省。图 3－2－31。

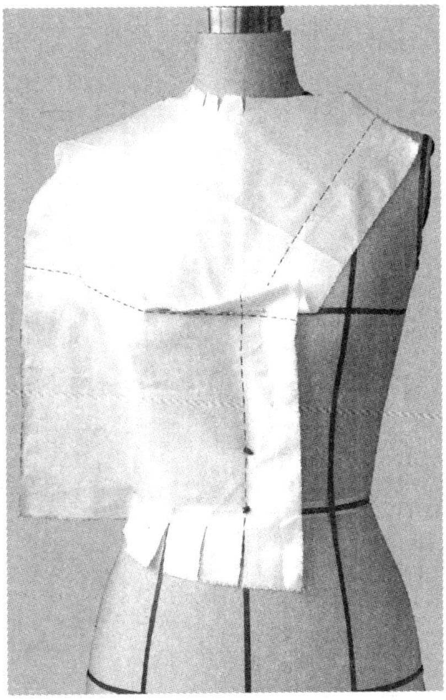

图 3－2－31

④ 在领围线、肩线、袖窿线、侧缝线处做出标示，同时要做出中心省的省位置、大小的标记。图 3－2－32。

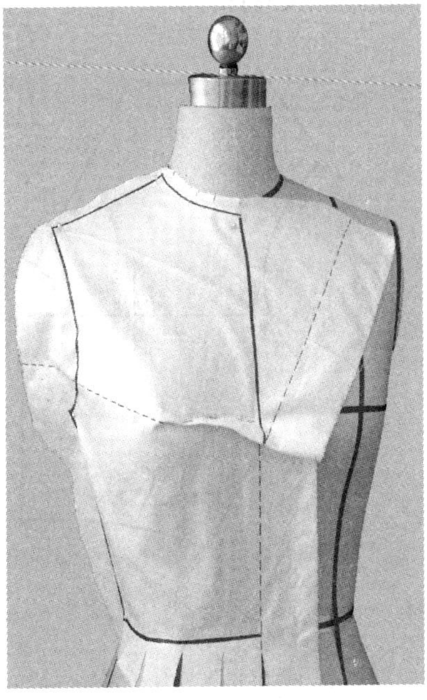

前

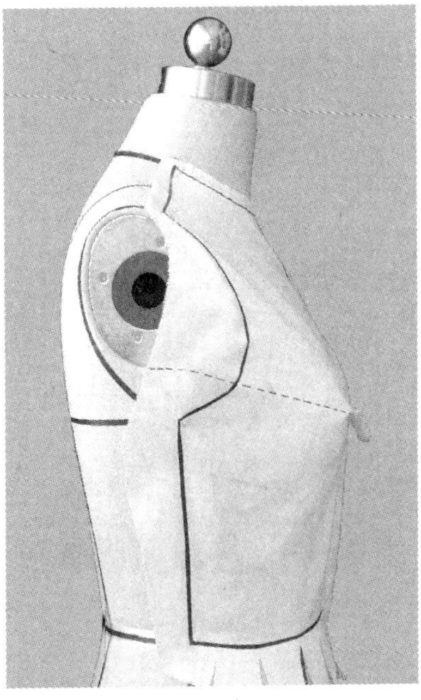

侧

图 3－2－32

(3) 完成

将多余的量剪去,用折叠针法、隐藏针法做出成品。图 3 - 2 - 33。

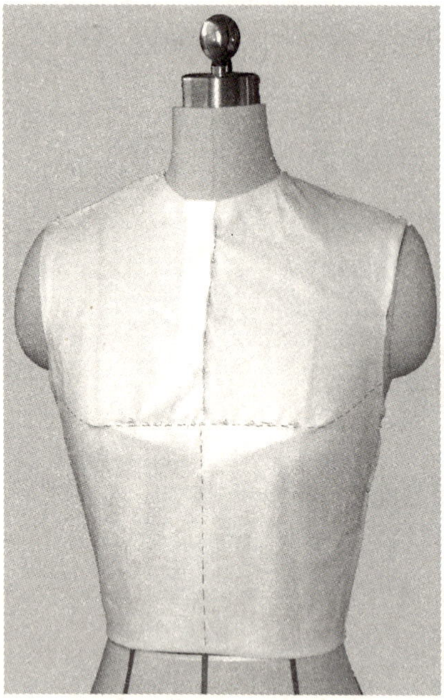

前

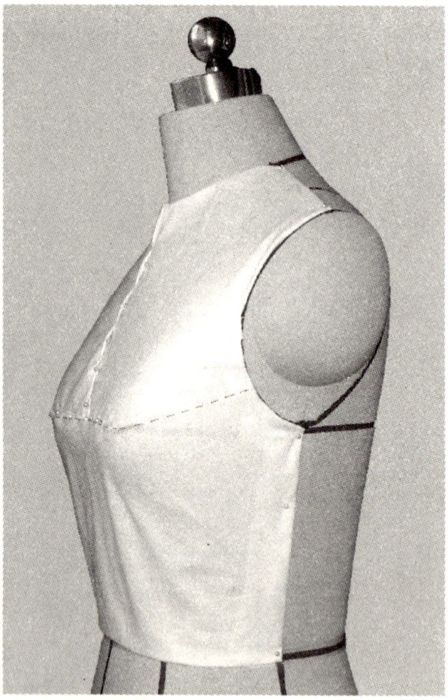

侧

图 3 - 2 - 33

3) 画样

把人台上取下的布样进行描图,得到省道变化后的前中心省的结构图。图 3 - 2 - 34。

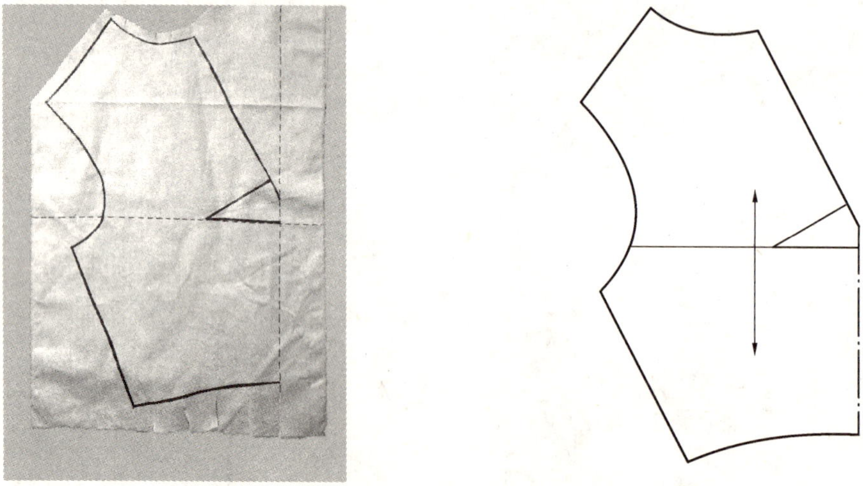

图 3 - 2 - 34

3.2.2.5 腰省与门襟省形式

这是将全部余量分成两部分分别转移推移到设计的位置，这也就是平面结构中所讲的省的分解与转移。

1）款式图（图 3-2-35）

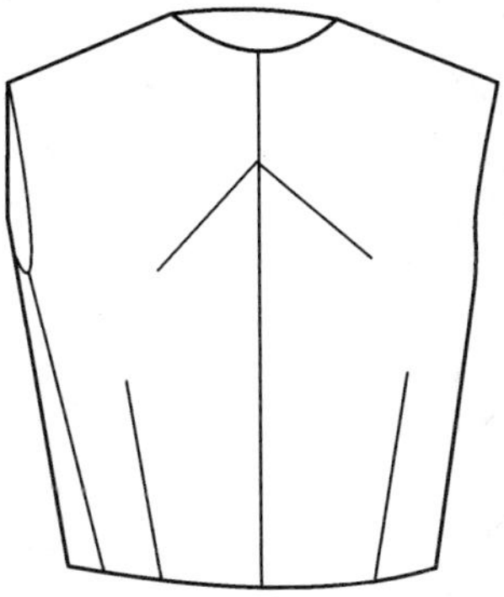

图 3-2-35

2）制作

（1）坯布的准备。同腰省的坯布准备，见图 3-2-2。

（2）操作步骤

① 前身的中心线、胸围线与人台的中心线、胸围线相覆合，领口处打剪口，这时胸围线呈水平位置，方法同腰省第①～③步骤。参见图 3-2-3～图 3-2-5。

② 把胸围线以下的腰省做好，再把胸围线以上的多余的量推到前门襟处。图 3-2-36。

③ 在设计好的位置上，用抓合法抓出前门襟处的省量，再用掐缝针法，掐缝出门襟省。图 3-2-37。

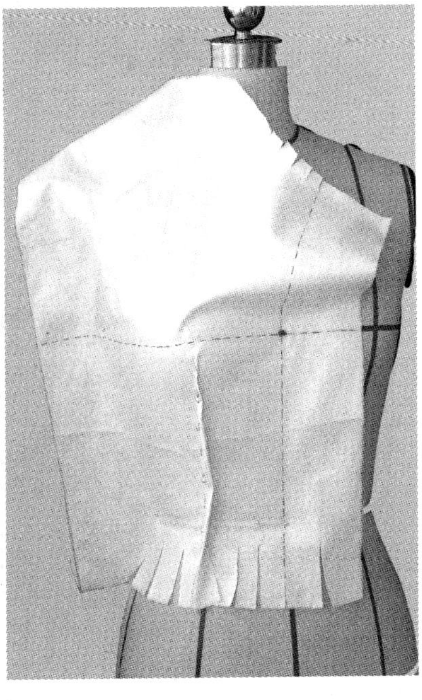

图 3-2-36

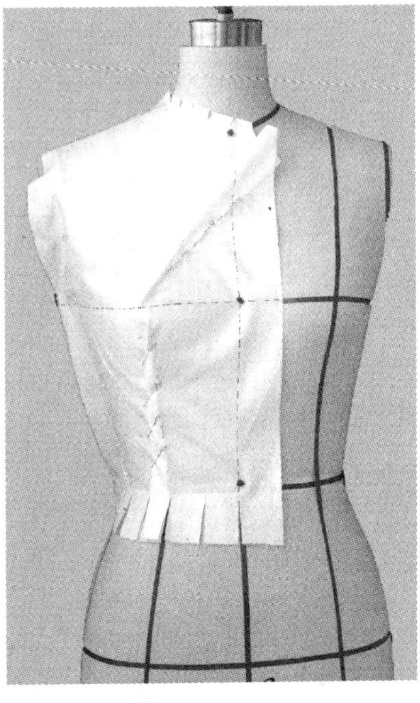

图 3-2-37

④ 在领口线、肩线、袖窿线、侧缝线以及前门襟处做出标记(可用标记笔做点影,也可用及时贴等),同时要做出腰省、门襟省的位置、大小的标记。图 3-2-38。

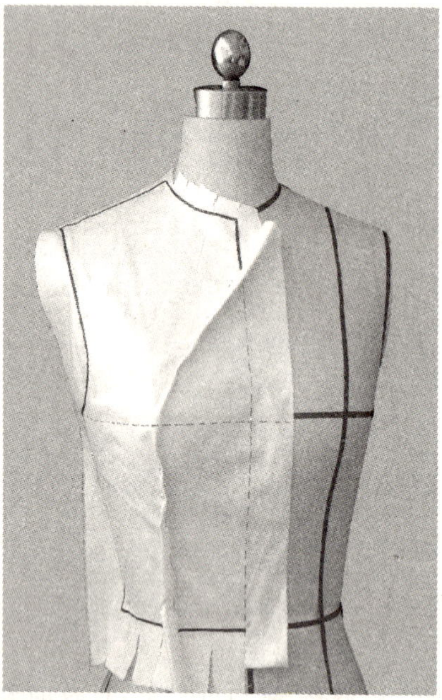

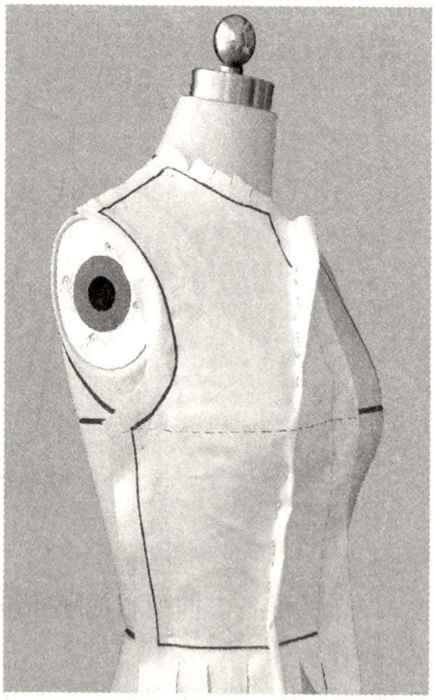

图 3-2-38

(3) 完成

将多余的量剪去,用折叠针法、隐藏针法做出成品。图 3-2-39。

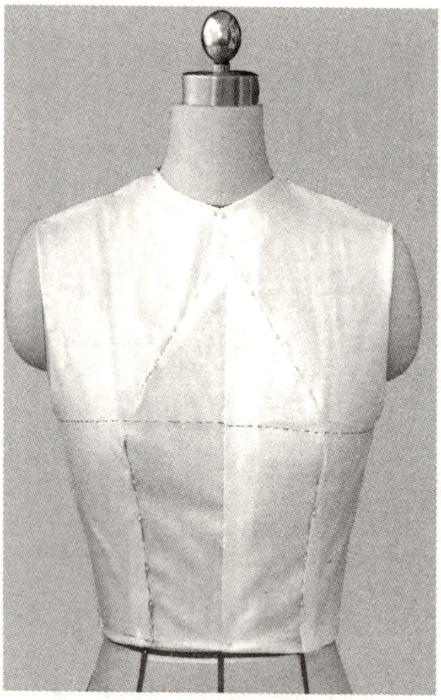

前

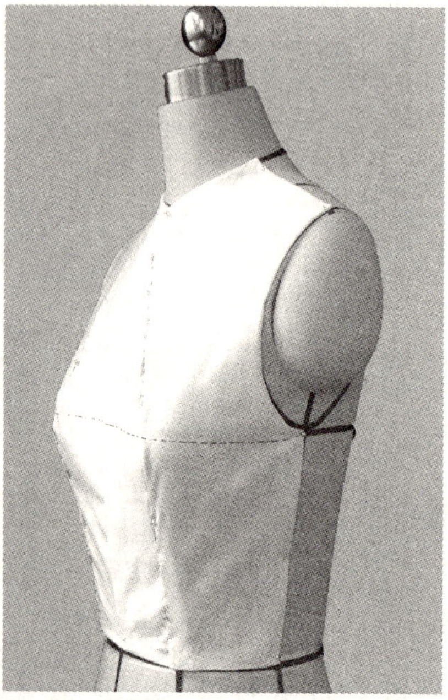

侧

图 3-2-39

3）画样

把人台上取下的布样进行描图，得到省道变化后的腰省加门襟省的结构图。图3－2－40。

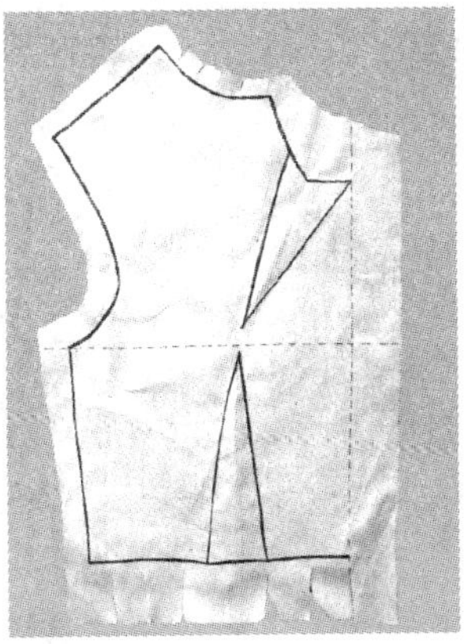

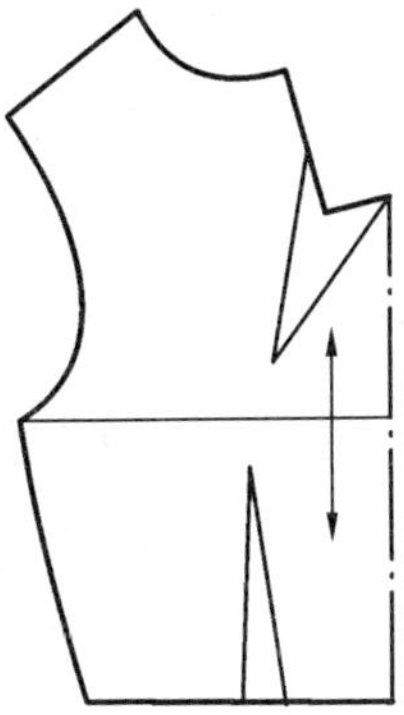

图 3－2－40

3.3 宽松量的设置

立体裁剪的服装必须有一定的放松量，穿着时才能满足人体的活动需要。

1）制作

（1）坯布的准备

取长为腰节长＋10 cm（余量），宽为 $B/4+15$ cm（余量）的经向布料。标注前中心线和胸围线。图 3－3－1。

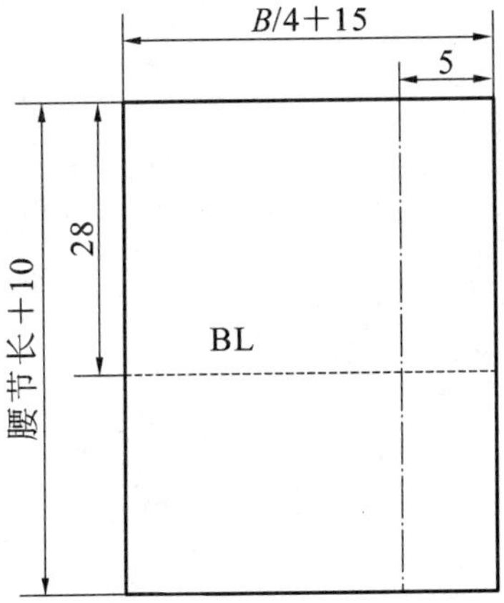

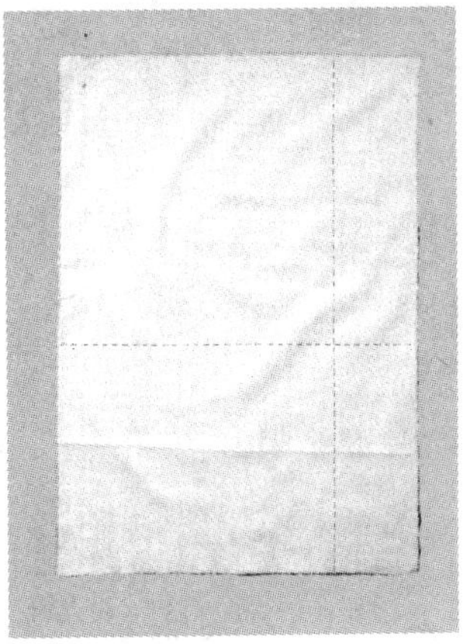

图 3－3－1

（2）操作步骤

① 将确定好前中心线、胸围线的前衣身坯布覆于人台上，与人台上的前中心线、胸围线覆合，在前中心和 B・P 点处用大头针固定在人台上。图 3－3－2。

② 在领口处需打剪口，以消除领口处的牵扯力。图 3-3-3。

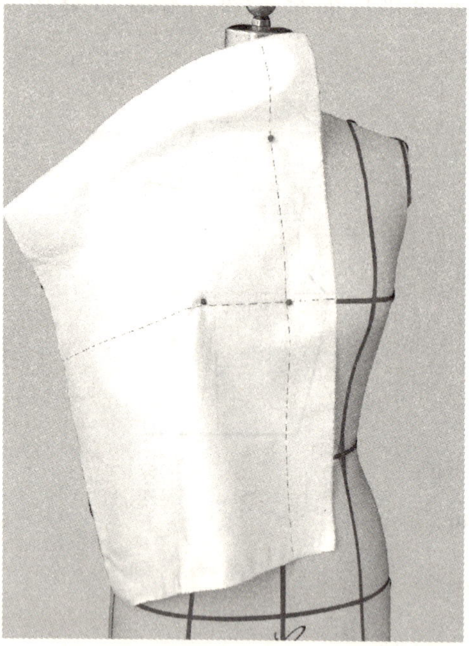

图 3-3-2

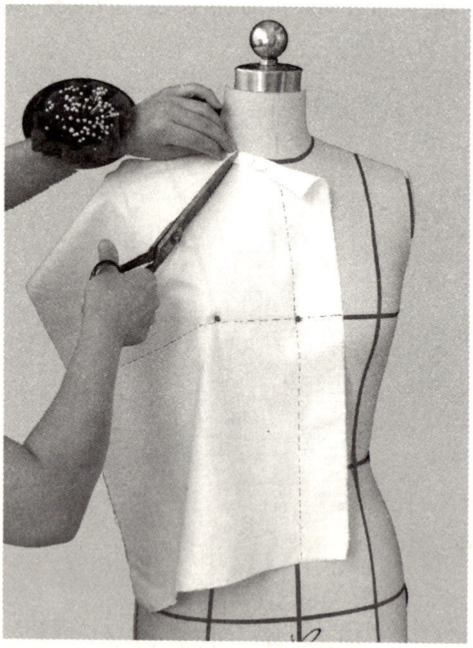

图 3-3-3

③ 在领围线处，用手轻轻地推出一定的松量，作为领围的放松量。图 3-3-4。

④ 在前胸宽线附近用手将布料自侧缝处向前胸宽处推 2.5 cm 左右的松量(这个量要根据衣着的宽松程度来决定)，宽松量的形状自肩端点至腰围线附近呈条状。图 3-3-5。

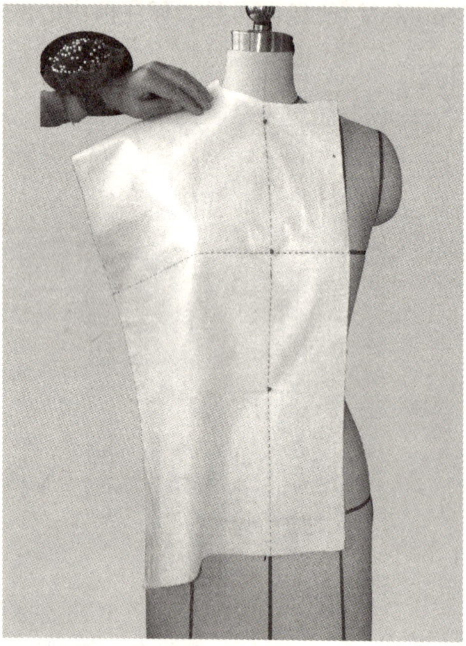

图 3-3-4

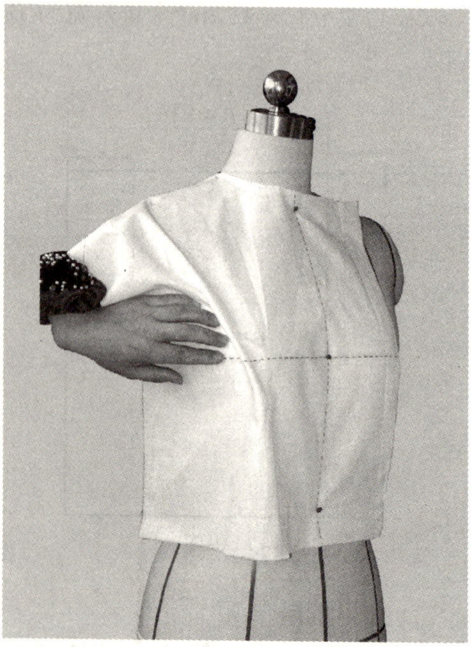

图 3-3-5

⑤ 腰围处的宽松量亦可根据需要在基准线的附近放出适当的宽松量。图 3－3－6。
⑥ 后衣身中心线、胸围线与人台相覆。图 3－3－7。

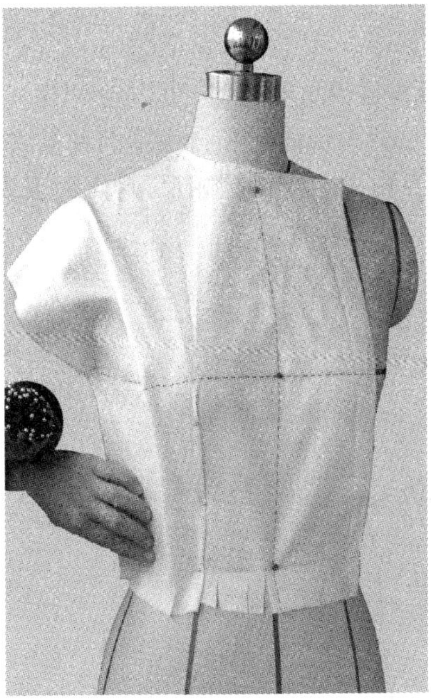

图 3－3－6

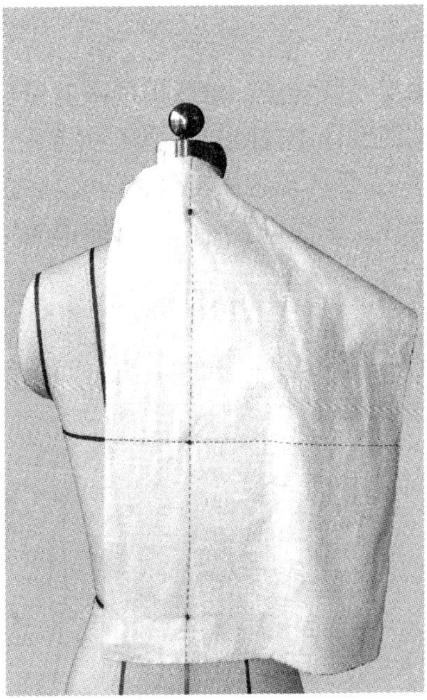

图 3－3－7

⑦ 在肩胛骨部位轻轻的由袖窿向后中心部位推出一定的宽松量。图 3－3－8。

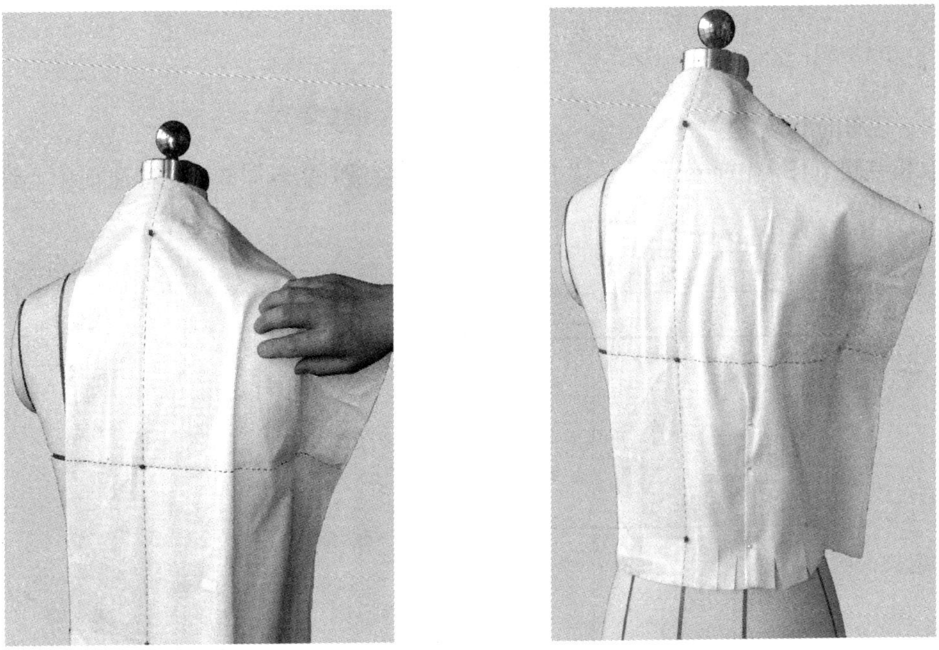

图 3－3－8

3.4 抽褶的应用

抽褶是服装设计中运用较多的设计语言，它使服装显得更有内涵、更生动活泼，尤其是在女装的设计中，抽褶是主要运用的一种表现形式。褶分为规律褶和自由褶两种基本形式。规律褶，主要体现为褶与褶之间表现为一种规律性。自由褶与规律褶相反，自由褶表现了一种随意性。下面以衣身的自由抽褶的形式来介绍。

3.4.1 肩部抽褶

肩部抽褶就是把胸围线以上的多余的量转成不规则的褶皱。

1）款式图（图 3-4-1）

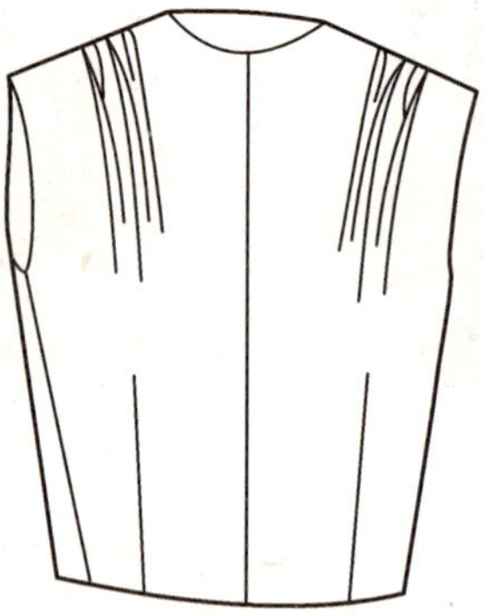

图 3-4-1

2）制作

（1）坯布的准备

取长＝腰节长＋10 cm（余量），宽 $B/4$＋15 cm（余量）的经向布料。标注前中心线和胸围线。图 3-4-2。

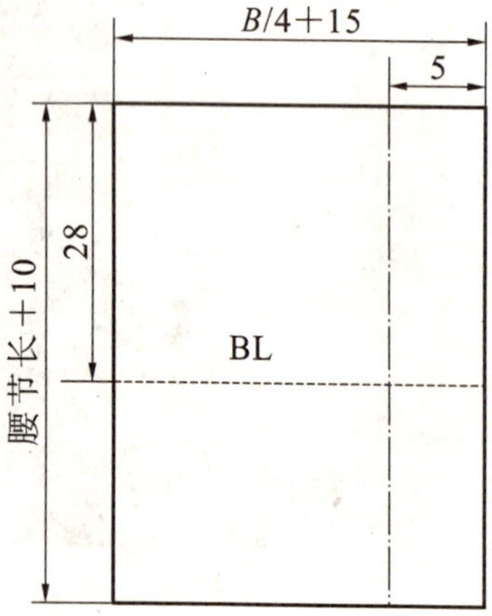

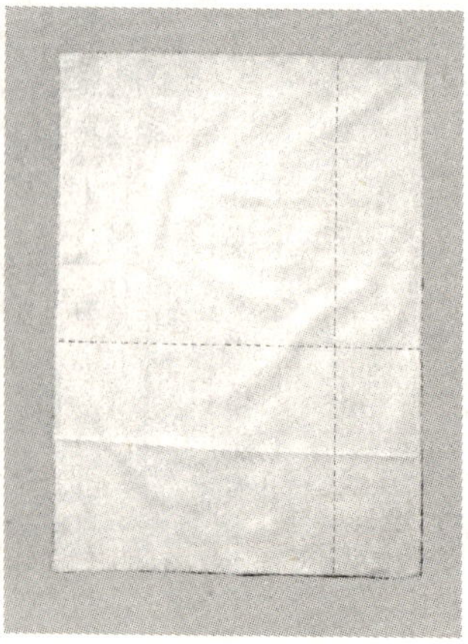

图 3-4-2

(2) 操作步骤

① 将确定好前中心线、胸围线的前衣身坯布料覆于人台上与人台上的前中心线、胸围线覆合,在前中心线和 B·P 点处用大头针固定在人台上。图 3-4-3。

② 在领口处需打剪口,以消除领口处的牵扯力。图 3-4-4。

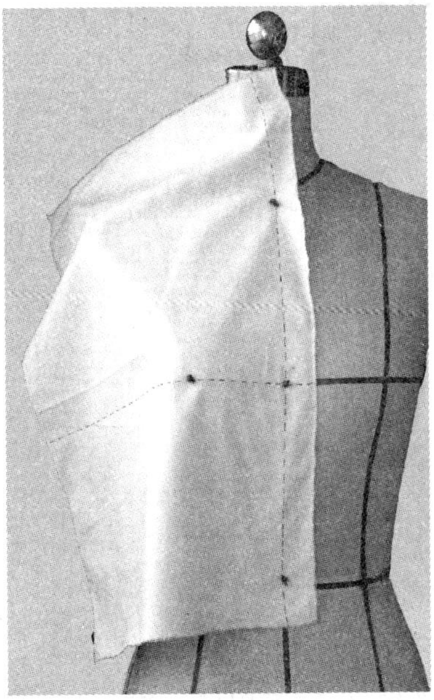

图 3-4-3

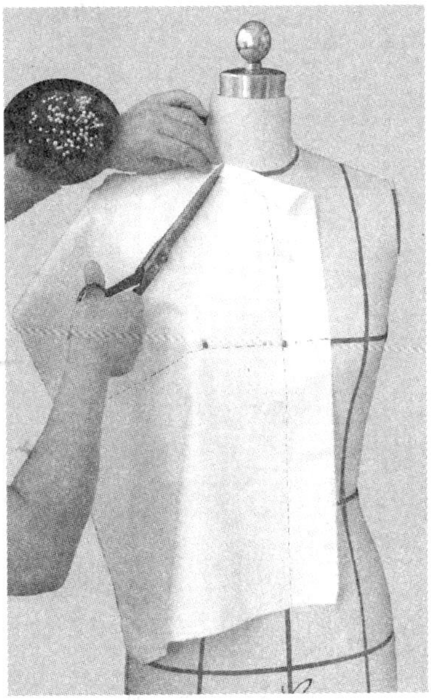

图 3-4-4

③ 捋平侧缝线,并用大头针固定,把胸围线下的多余的量推成腰省的量,再把胸围线以上的多余的量自下而上推向肩部。图 3-4-5。

④ 在腰缝处打少许的剪口,做好腰省。图 3-4-6。

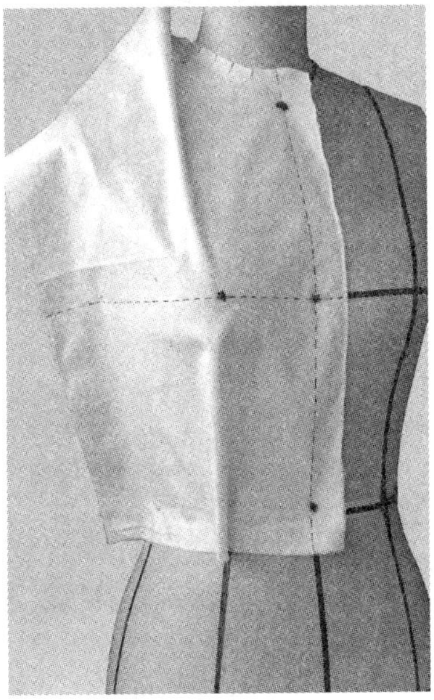

图 3-4-5

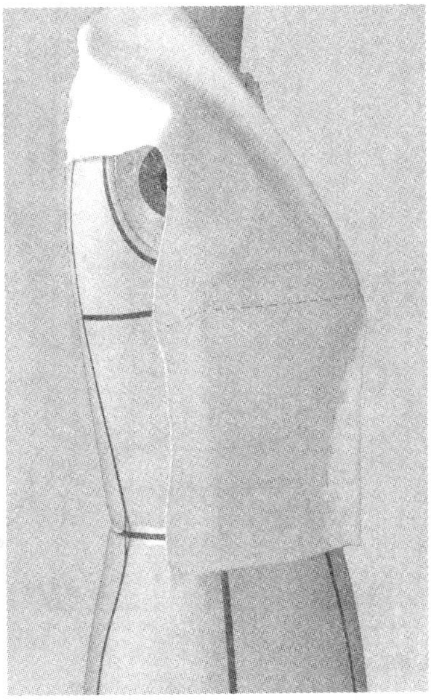

图 3-4-6

⑤ 将肩部余量做成自然的不规则的褶，用大头针固定。图 3-4-7。

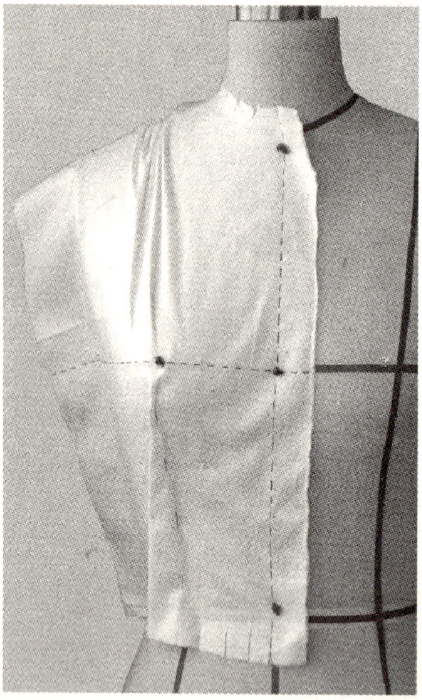

图 3-4-7

⑥ 做出标示线，在领口线、肩线、袖窿线、侧缝线进行标示（可用标记笔点影，也可用及时贴等）。图 3-4-8。

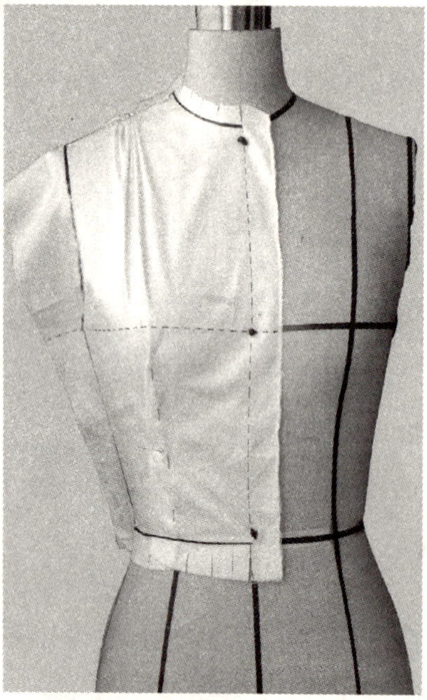

前

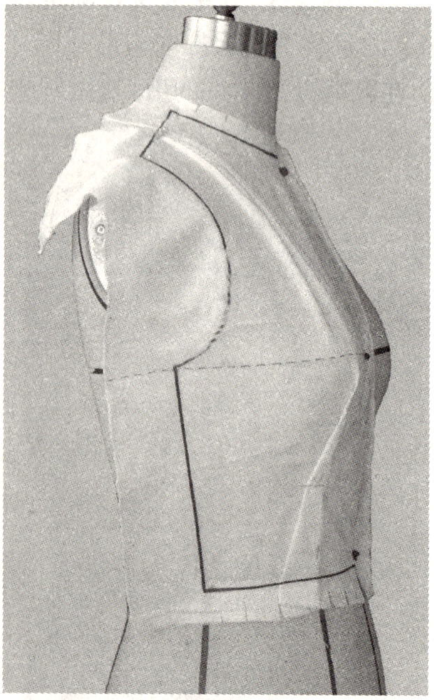

侧

图 3-4-8

(3) 完成

将多余的量剪去作成完成图。图 3-4-9。

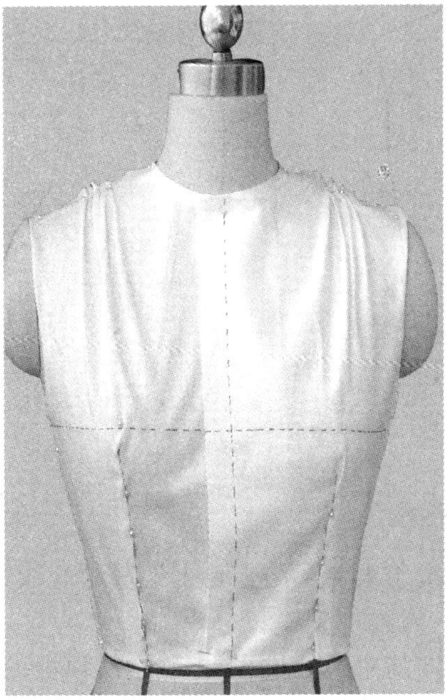

前

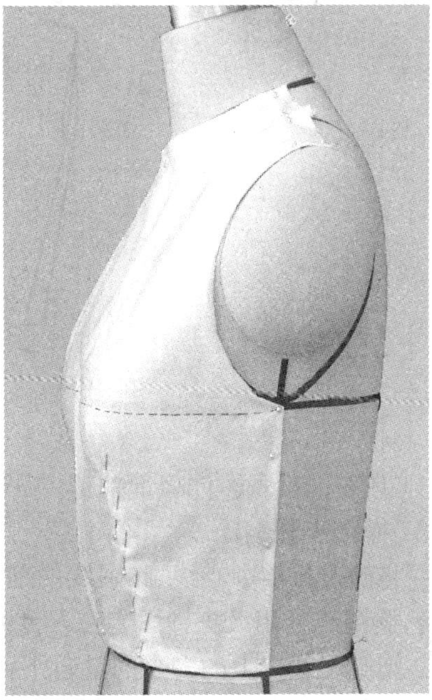

侧

图 3-4-9

3) 画样

把人台上取下的布样进行描图,得到肩部抽褶的结构图。图 3-4-10。

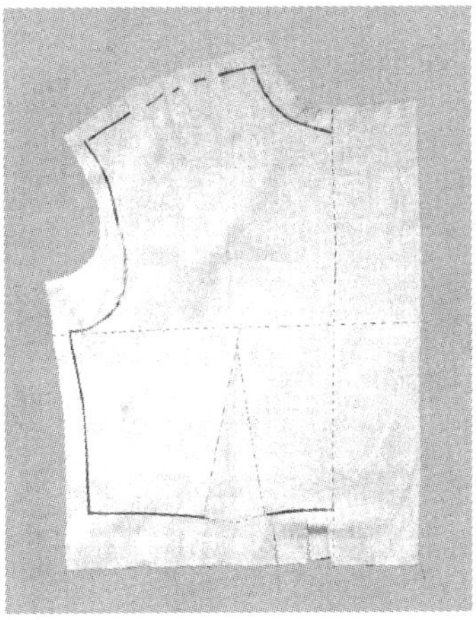

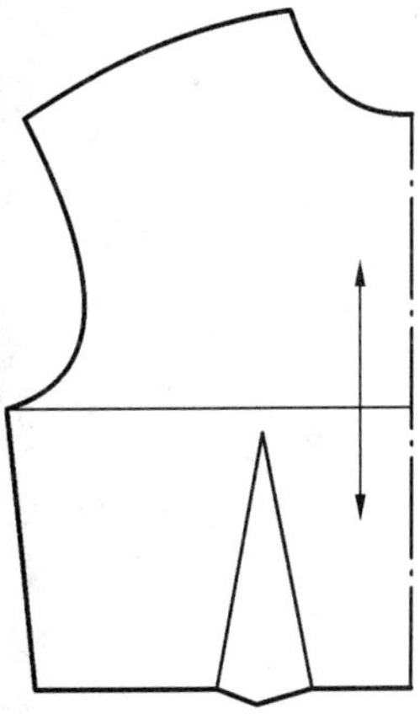

图 3-4-10

3.4.2 胸部抽褶

将前衣身所有多余的量都转到前胸部进行抽褶,在前胸部形成美观的褶皱。

1）款式图（图 3－4－11）

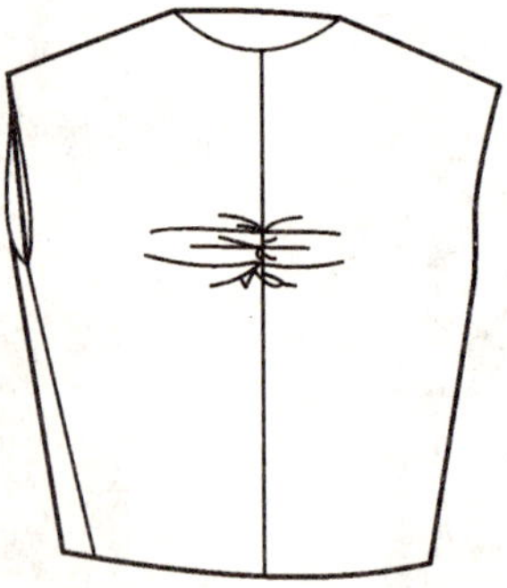

图 3－4－11

2）制作

（1）坯布的准备。同肩部抽褶，见图 3－4－2。

（2）操作步骤

① 将确定好前中心线、胸围线的前衣身坯布料覆于人台上与人台上的前中心线、胸围线覆合，胸围线处用大头针固定在人台上。图 3－4－12。

② 把胸围线以上的多余的量自下而上、自袖窿向前中线处推平，把胸围线以上的多余的量推到前中门襟处，在领口处需打剪口，以消除领口处的牵扯力。再把胸围线以下的布料捋平，同时把多余的量推自胸部，腰缝处打剪口，消除牵扯力。图 3－4－13。

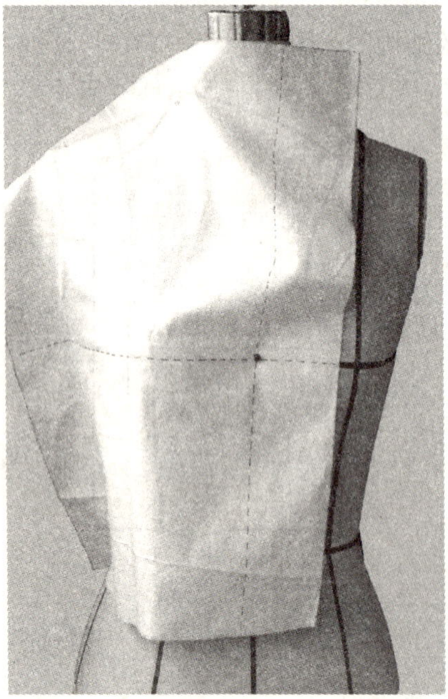

图 3－4－12

图 3－4－13

③ 将胸部余量做成自然不规则的褶，用大头针固定。这时布料的前中心线发生了偏移，胸围线保持水平。图 3－4－14。

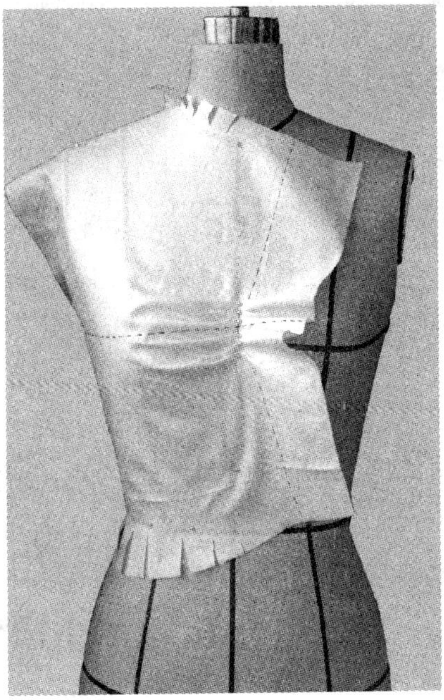

图 3－4－14

④ 做标示。在领口线、肩线、袖窿线、侧缝线处做出标示（可用标记笔点影，也可用及时贴贴出）。图 3－4－15。

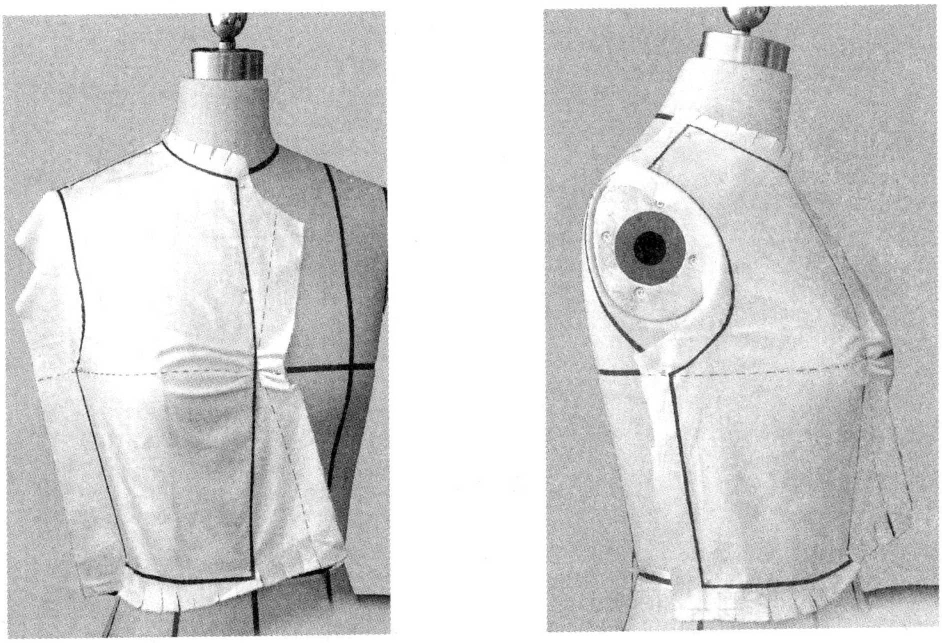

图 3－4－15

(3) 完成

将多余的量剪去作成完成图。图 3－4－16。

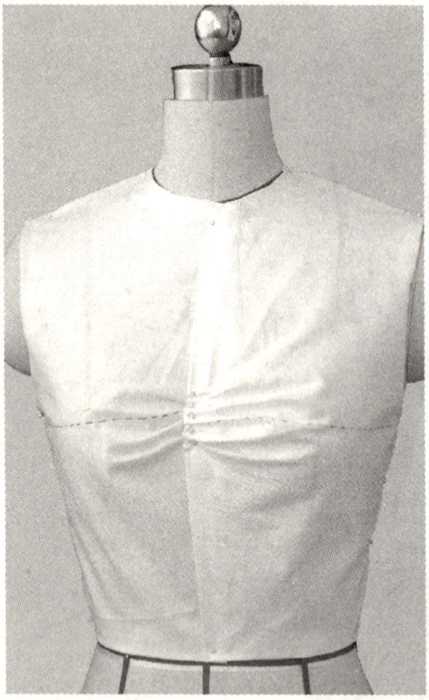

前

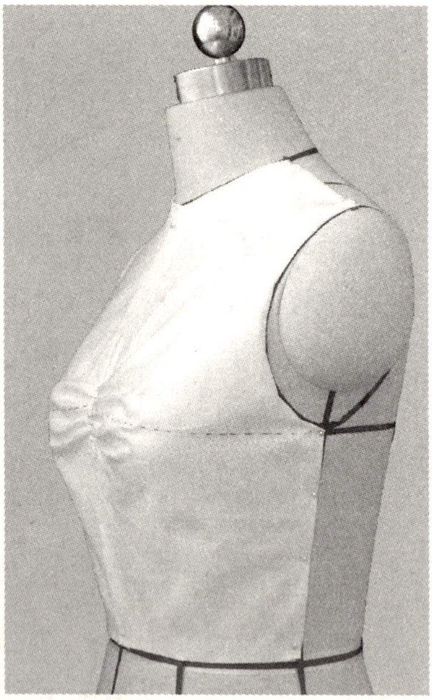

侧

图 3－4－16

3) 画样

把人台上取下的布样进行描图,得到胸部抽褶的结构图。图 3－4－17。

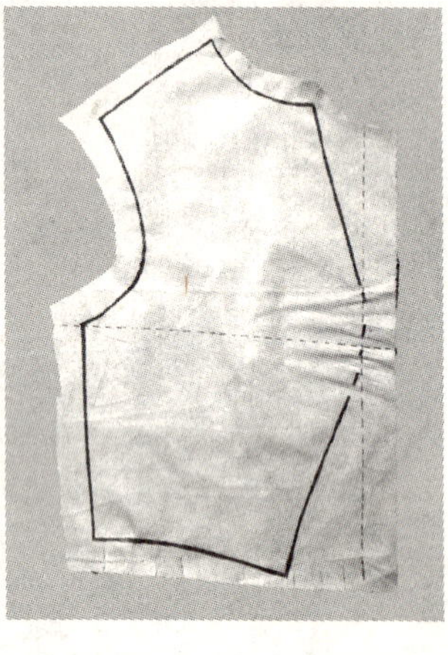

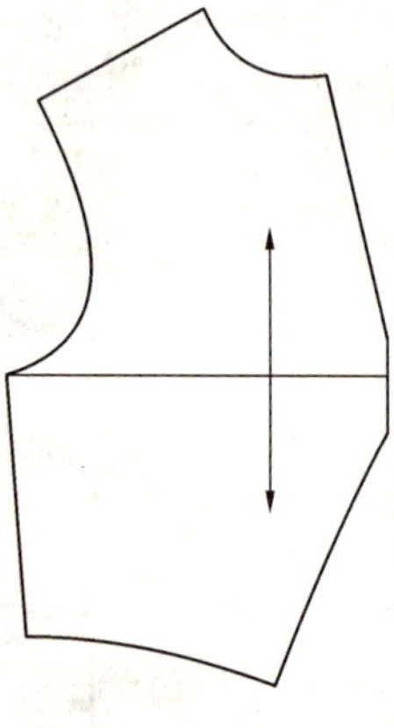

图 3－4－17

3.5　三围紧身衣原型

三围紧身衣原型是在贴体原型的基础上进行的。三围是指胸围、腰围、臀围,通过三围紧身衣的设计可以理解面料弹性的不同对人体结构的影响。对体型的修正也以通过紧身衣原型来完成。

1）款式图(图 3－5－1)

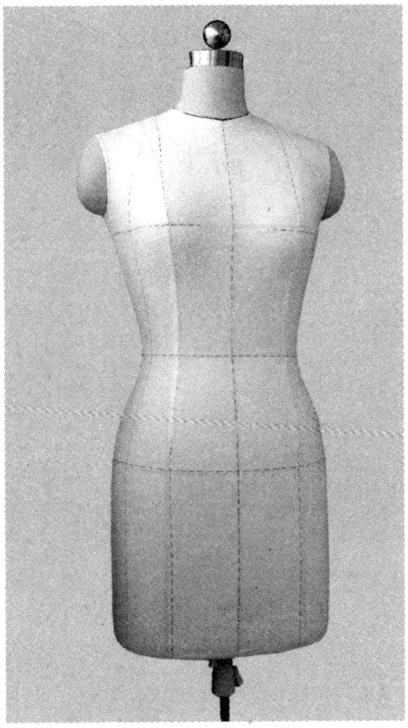

图 3－5－1

2）制作

(1) 坯布的准备。图 3－5－2。

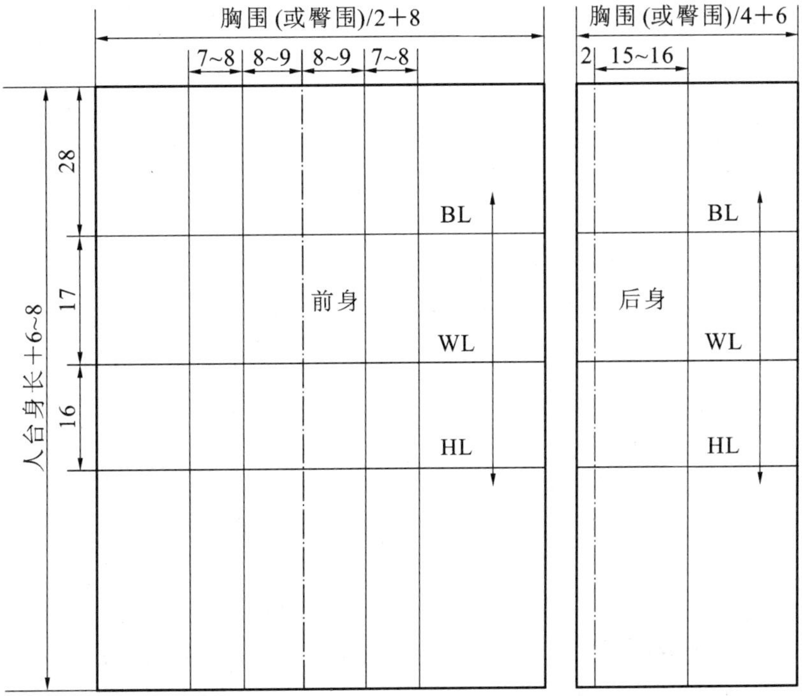

图 3－5－2(a)

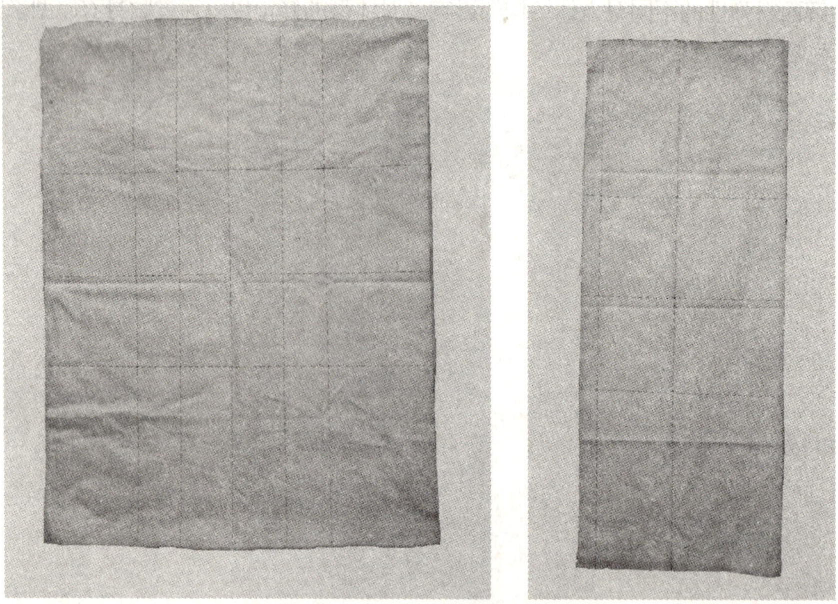

图 3-5-2(b)

前身片：前身片是一个完整的。标注中心线、公主线、胸围线、腰围线、臀围线。

长＝人台身长＋6～8 cm(余量)

宽＝胸围(或臀围)/2＋8 cm(余量)

后身片：标注中心线、公主线、胸围线、腰围线、臀围线。

长＝人台身长＋6～8 cm(余量)

宽＝胸围(或臀围)/4＋6 cm(余量)

(2) 操作步骤

前身片

① 把前身片胸围线、前中心线分别对准人台的胸围线、中心线，用大头针固定。注意三围线的位置对准人台的三围线。图 3-5-3。

② 在前领点对应的前中心位置打剪口分为左、右片，领口处留用 1 cm 缝份，并打少许剪口，推动领圈变平服，在颈侧点用大头针固定。图 3-5-4。

③ 在侧缝线位置，用手轻轻地推动臀围处的布料，用大头针固定。图 3-5-5。

④ 在腰部把多余的布料抓合出来。在抓合的过程中要注意省道的位置，以标线为准(前公主线的位置)，省道距臀围线保留 2～3 cm 的距离。省道在抓合过程中相应的通过 B·P点的位置向上与肩省连接。图 3-5-6。

⑤ 把胸围线以上的多余的布料推向肩部，形成肩省的量，省位置取肩缝中点。图 3-5-7。

⑥ 用掐缝针法固定省道。肩省与腰省连接通过 B·P 点。图 3-5-8。

⑦ 抓合出前胸省，这个省量很小，在两乳峰之间，用掐缝针法固定。图 3-5-9。

⑧ 需要使面料与人台间形成比较紧的关系，可用手与面料之间的推动作用，把多余的面料通过手的推动转到侧缝线的位置，形成非常紧密的效果。在固定的过程中为了使省道别合得比较准确，同时需要调节前中心线、袖窿弧线、侧缝线和底摆对应的位置。图 3-5-10。

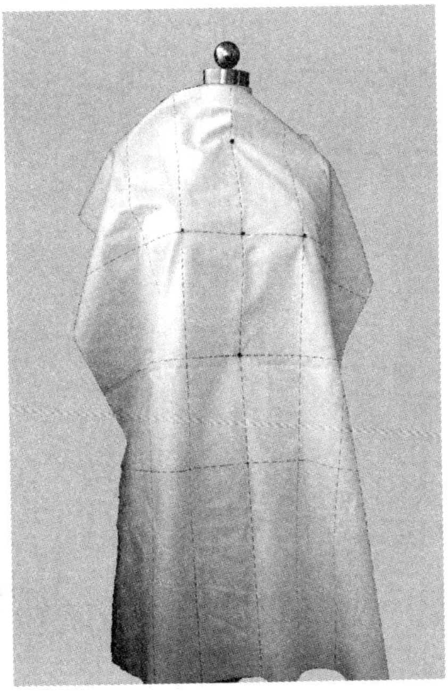

图 3－5－3

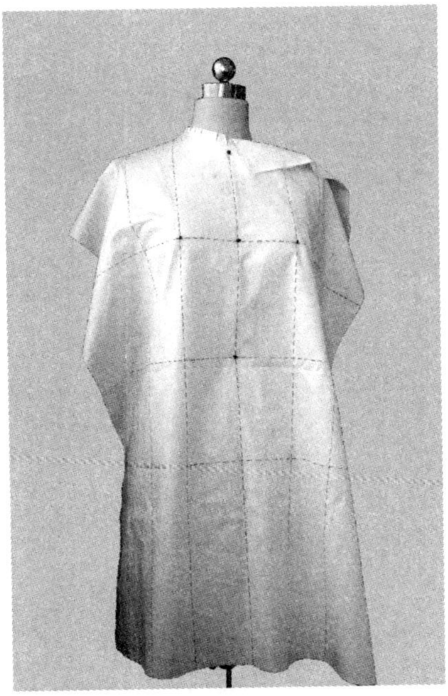

图 3－5－4

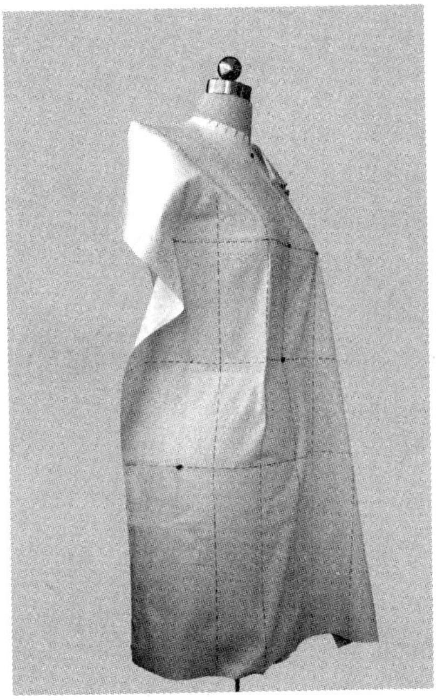

图 3－5－5

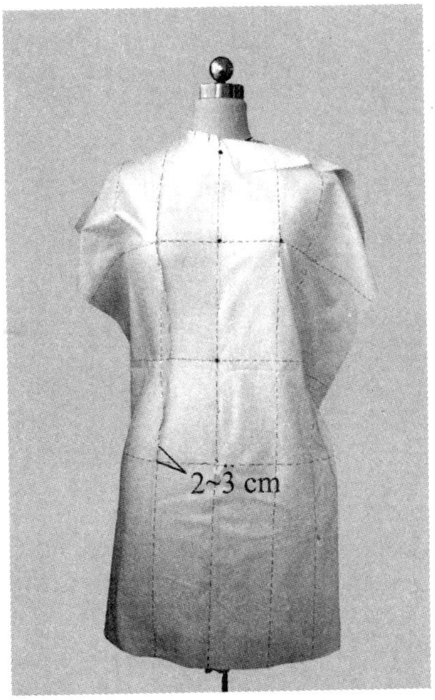

图 3－5－6

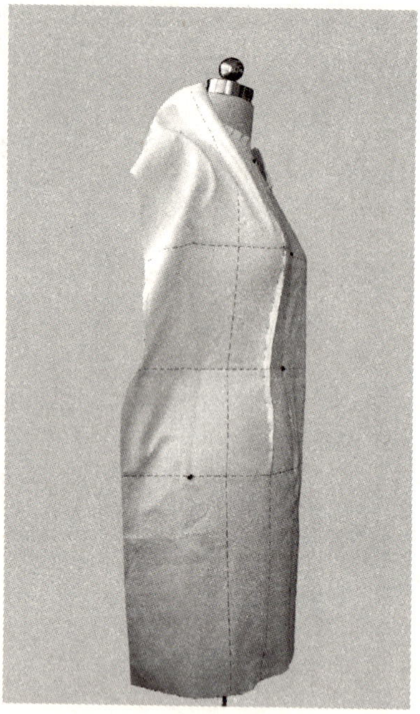

图 3-5-7

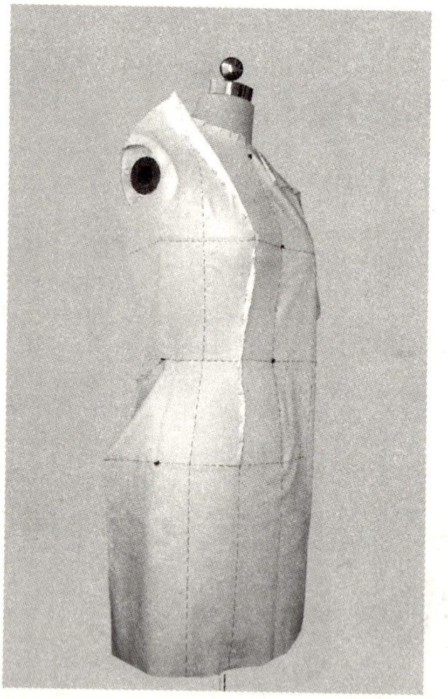

图 3-5-8

图 3-5-9

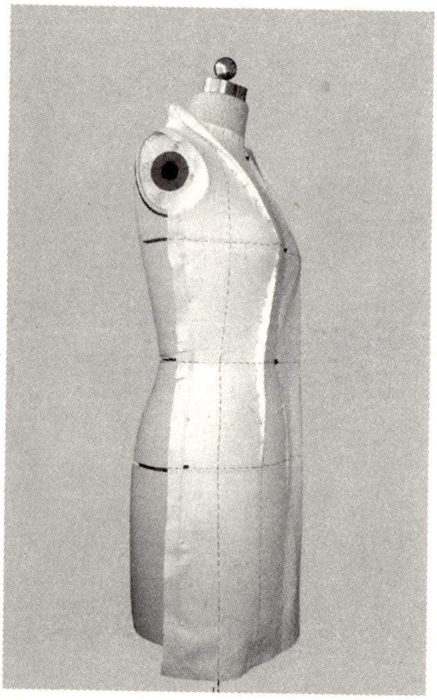

图 3-5-10

后身片的制作与前身片比较接近。

⑨ 把后中心线、三围线分别与人台的中心线、三围线相符合固定。图 3－5－11。

⑩ 顺沿后身片的胸围线位置用手推动到侧缝位置上，与前身片上的胸围线位置对准，用大头针固定。后身片的三围线与前身片的三围线对准。图 3－5－12。

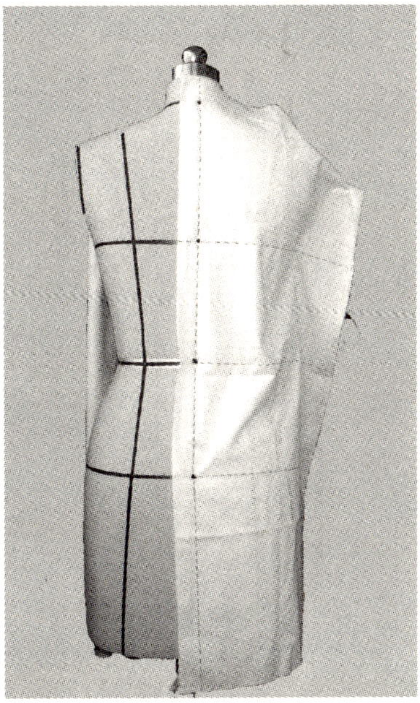

图 3－5－11

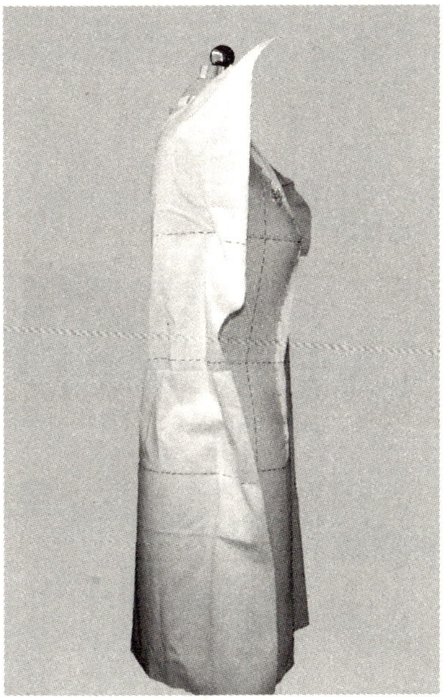

图 3－5－12

⑪ 顺沿后袖窿弧线位置把胸围线以上的面料用手推向肩缝处，形成肩省的量。图 3－5－13。

⑫ 固定肩省，肩省是由肩缝线的位置逐渐通往肩胛骨位置点。图 3－5－14。

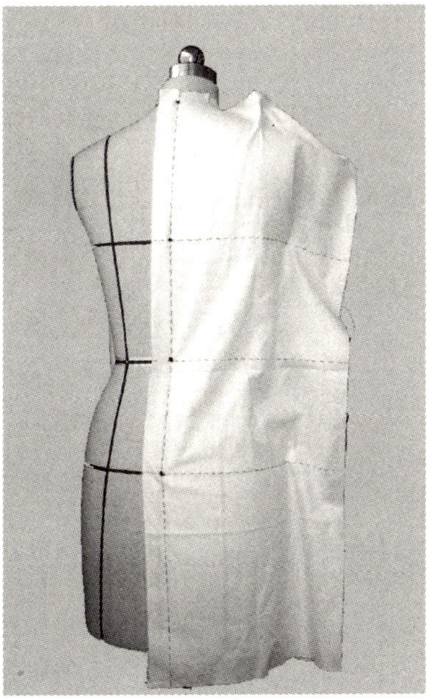

图 3－5－13

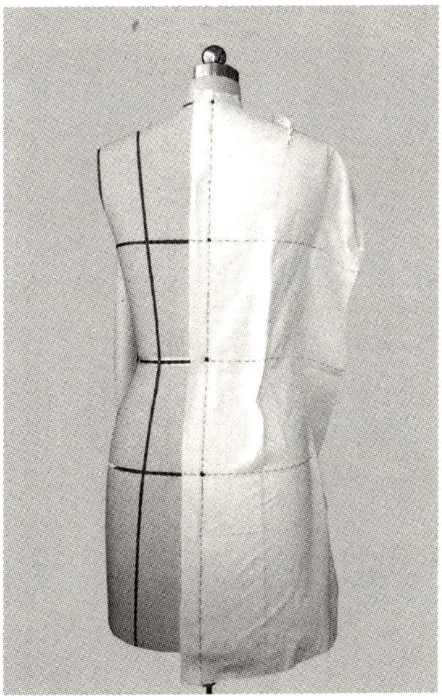

图 3－5－14

⑬ 使背部饱满相应平服，向下推动面料，用手抓合腰部多余的面料，形成后身片腰省。图 3－5－15。

⑭ 固定后身片腰省位置，注意省的位置在后公主线位置上，肩胛骨部位要饱满，臀围线向下要饱满。后肩省与后腰省是分开的。图 3－5－16。

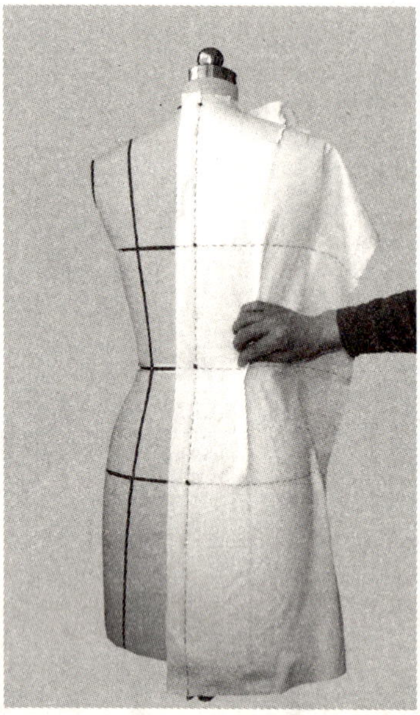

图 3－5－15

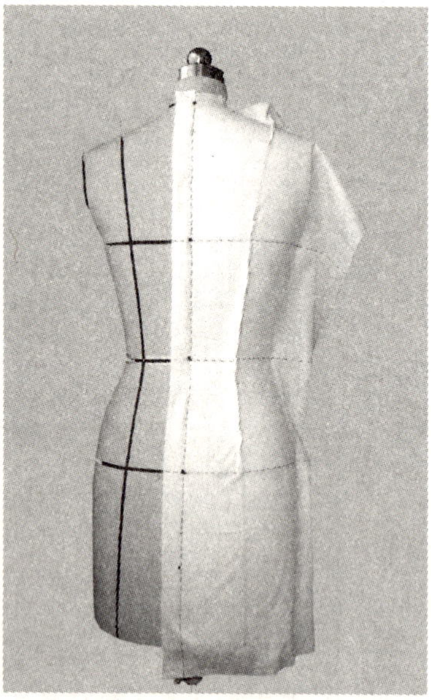

图 3－5－16

⑮ 侧缝线、肩缝线通过抓合方式，形成非常紧的紧身结构。注意前后三围线要对准，在同一水平线上。图 3－5－17。

⑯ 后身侧缝线、肩缝线与前身的侧缝线、肩缝线掐缝固定，修剪侧缝线，留 1cm 的缝份，在腰部打少许的剪口。图 3－5－18。

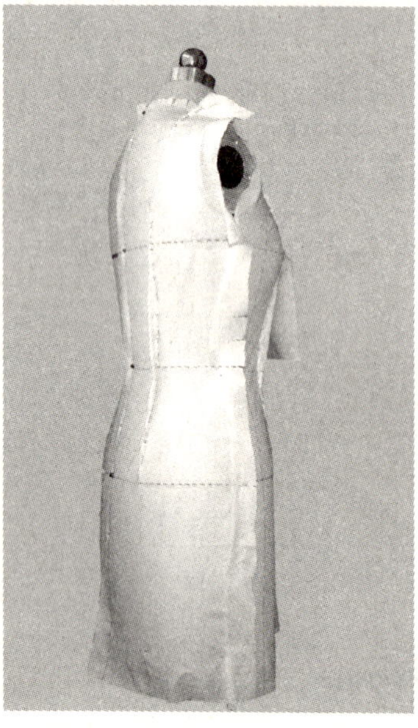

图 3－5－17

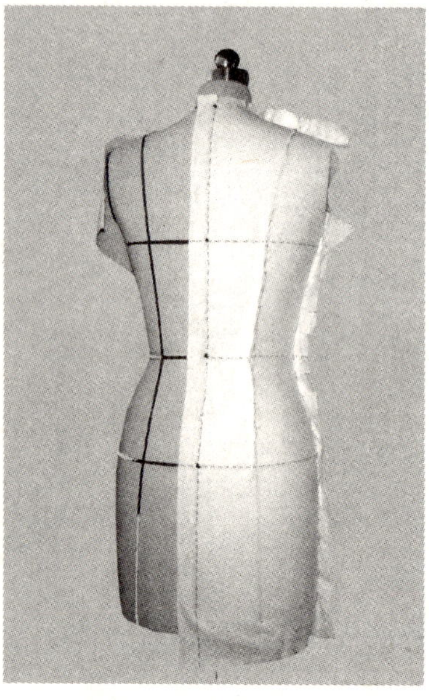

图 3－5－18

⑰ 调整好面料，这时人台上不应有多余的面料。图 3－5－19。

⑱ 做标示。在面料上把省道、肩缝线、袖窿弧线、侧缝线进行标示（可用标记笔点影，也可用及时贴）。图 3－5－20。

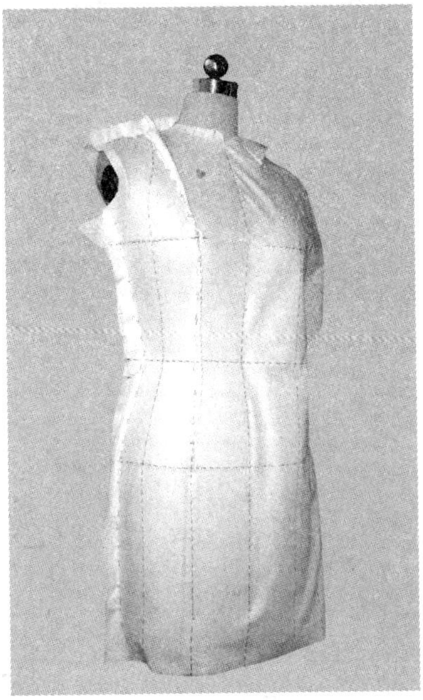

图 3－5－19

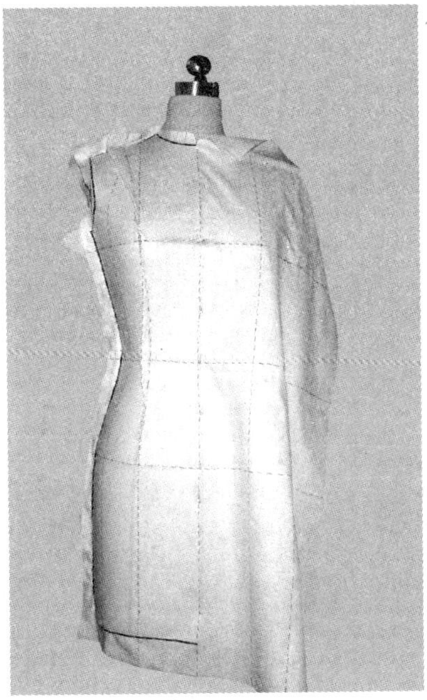

图 3－5－20

⑲ 取下坯布进行缝合，做成紧身衣。修剪省道缝份留 1 cm，在腰部位置的缝份上打少许的剪口，消除牵扯力。图 3－5－21。

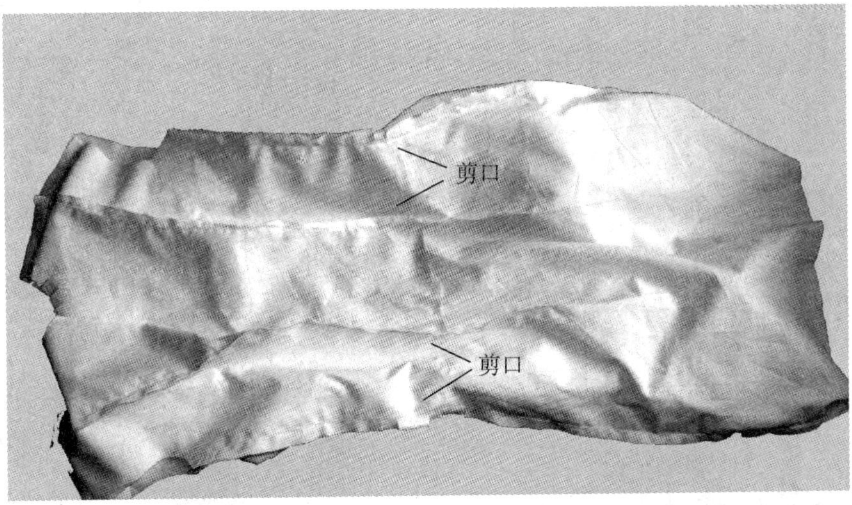

图 3－5－21

⑳ 将缝合好的三围紧身衣穿在人台上，先将前身紧密地与人台吻合，无松散现象，在侧缝先用大头针固定。图 3－5－22。

㉑ 整理后片，把多余的量推到后中，先用大头针固定。图 3－5－23。

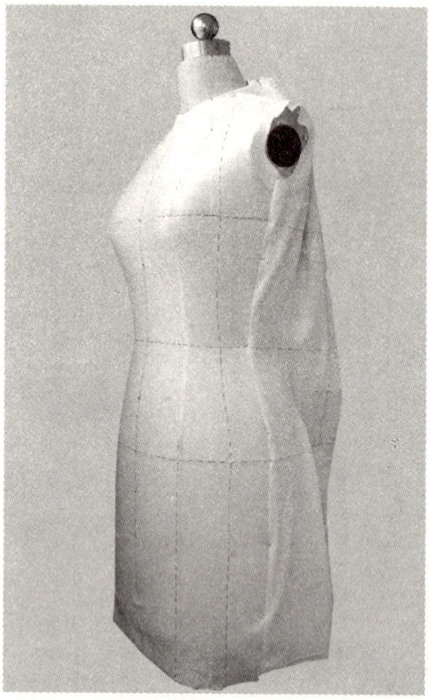

图 3－5－22

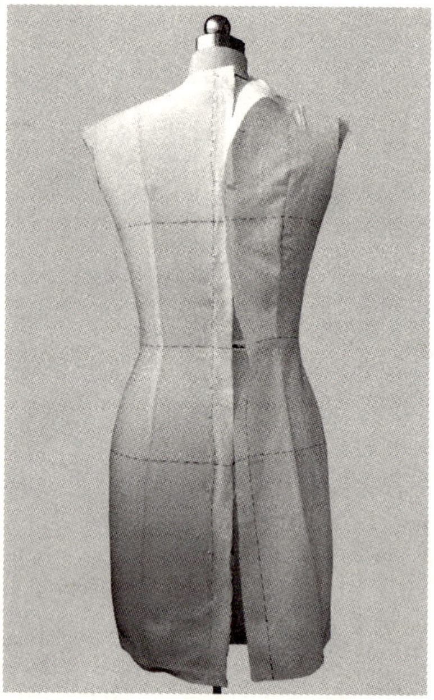

图 3－5－23

㉒ 后中心用线缲缝。图 3－5－24。

㉓ 缲缝好的后片，这时全身面料与人台紧密接合，无松量。图 3－5－25。

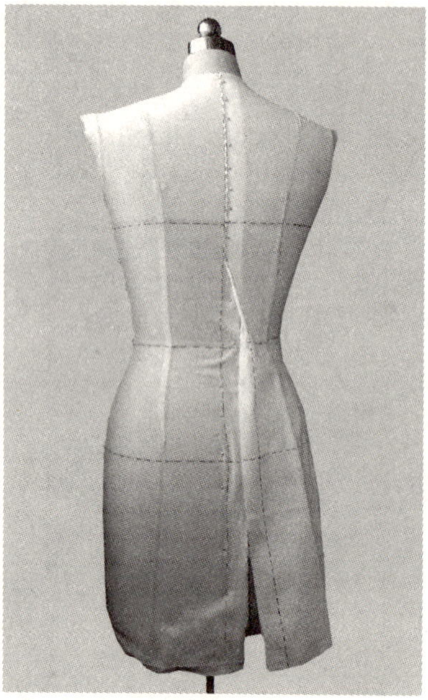

图 3－5－24

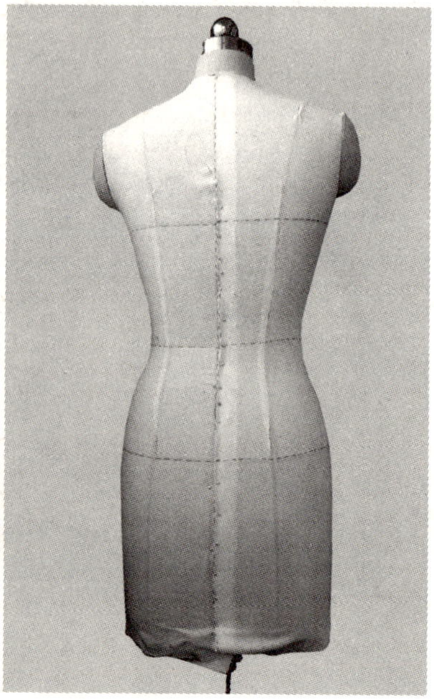

图 3－5－25

(3) 完成

将底部抽紧，完成三围紧身制作。图 3－5－26。

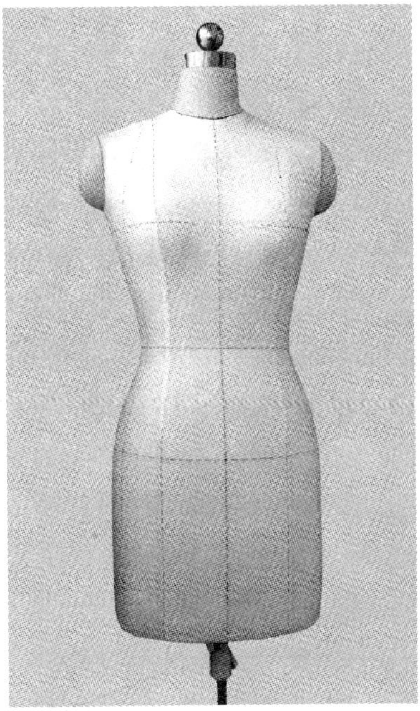

前

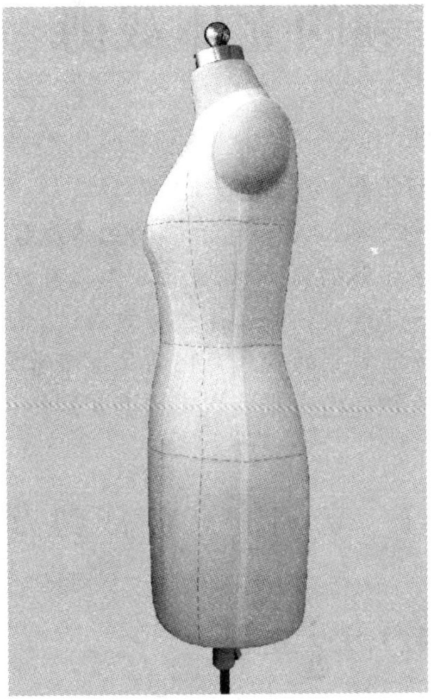

后

图 3－5－26

3) 画样

将人台上取下的坯样进行描图，得到紧身衣的结构图。图 3－5－27。

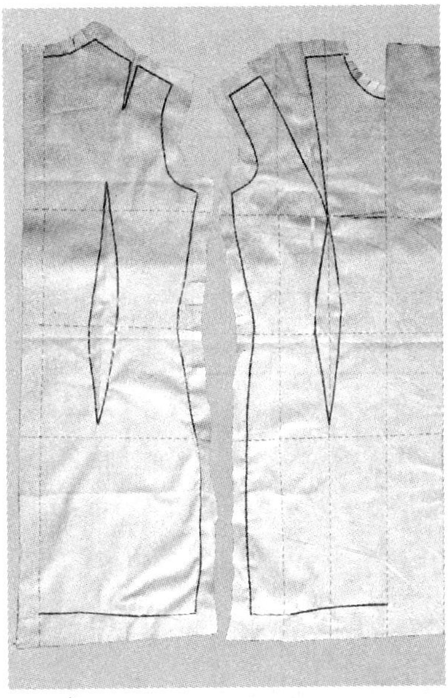

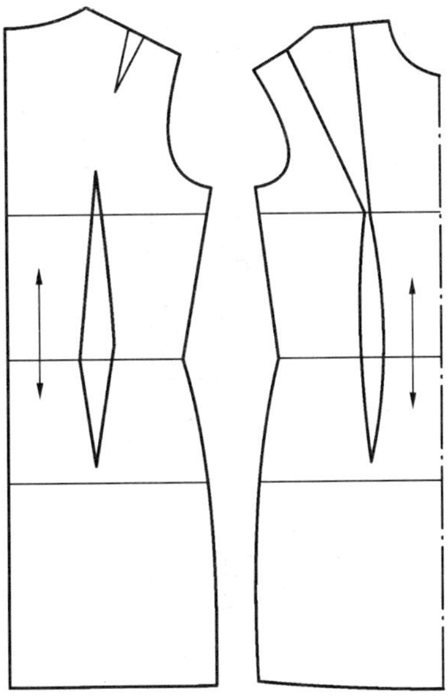

图 3－5－27

4　领的立体裁剪

目标与任务

- 了解立领、连身立领的立体裁剪方法；
- 了解翻领、平翻领的立体裁剪方法；
- 了解驳领的立体裁剪方法；
- 了解领的款式变化的立体裁剪方法。

衣领是构成服装款式的重要部件，它的造型是服装中变化最大、最引人注目的。

4.1　立领的立体裁剪方法

4.1.1　立领

立领的款式造型是领窝按基础领窝、领身，自然包覆颈部，是一种常见的符合颈部形状的领形，不左右偏移，也称为中式领。

1）款式图（图 4-1-1）

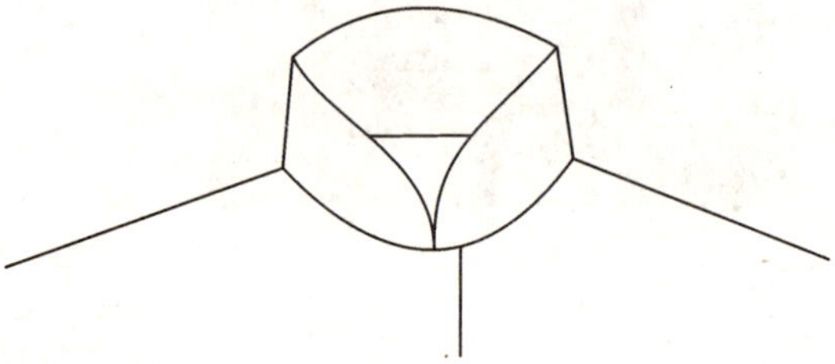

立领

图 4-1-1

2）制作

（1）坯布的准备

取长＝$N/2+5$ cm（余量）、宽＝领宽＋6 cm（预留量）的经向布料。图 4-1-2。

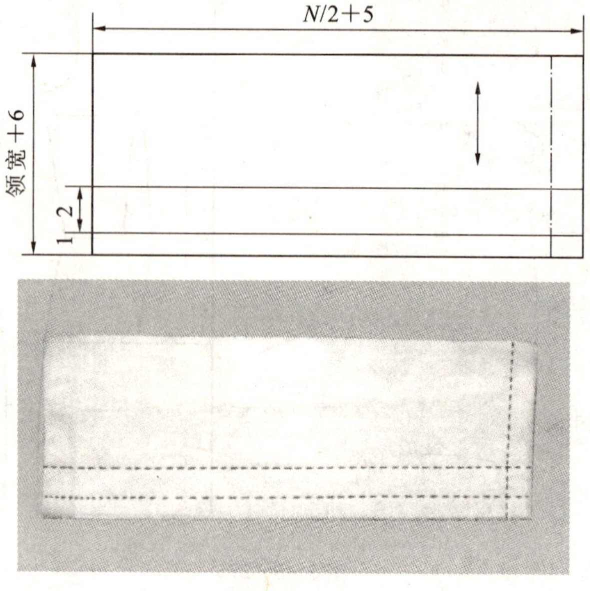

图 4-1-2

(2) 操作步骤

① 将领坯布料的中线与后中心相吻合后，水平地插上大头针固定。图 4－1－3。

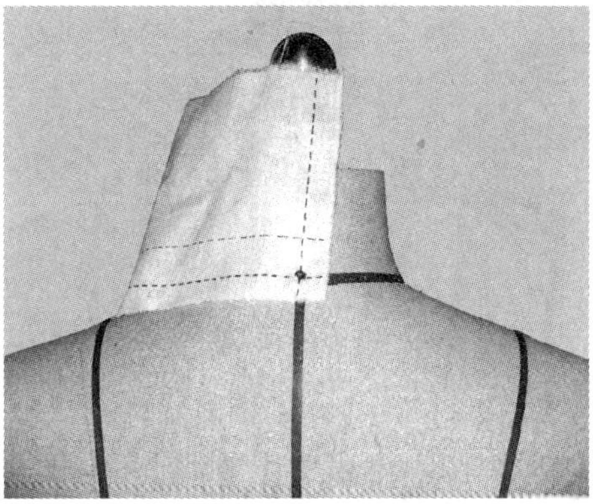

图 4－1－3

② 将领坯布料的下口线按领窝线剪开。图 4－1－4。

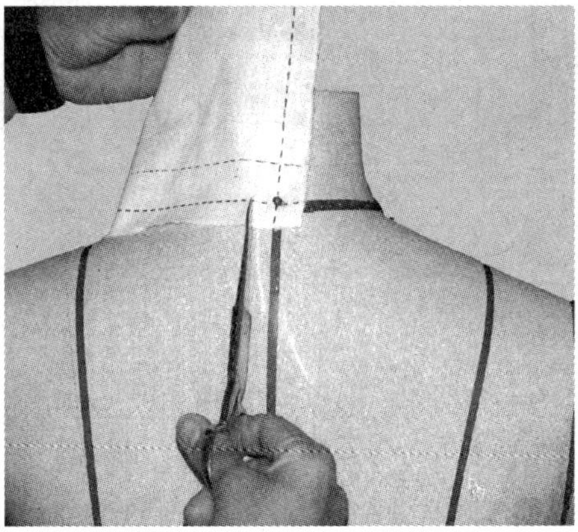

图 4－1－4

③ 然后每隔 2～2.5 cm 左右的位置一边剪开一边用大头针固定领形，布往前绕。图 4－1－5。

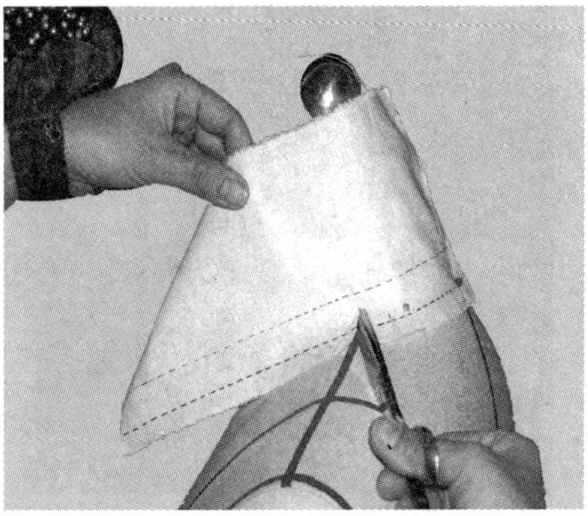

图 4－1－5

④ 在前颈点用大头针固定布。图 4－1－6。

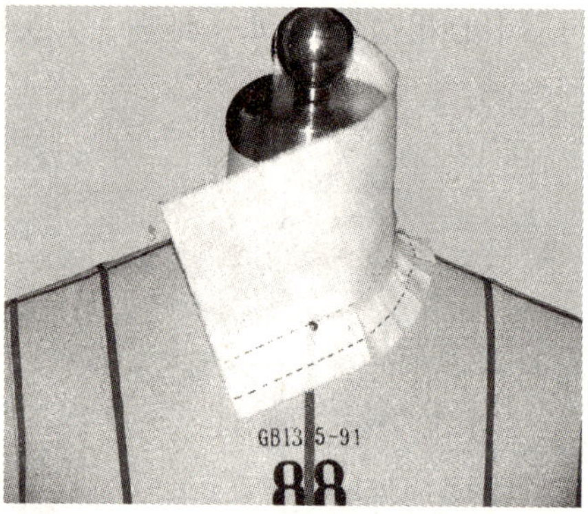

图 4－1－6

⑤ 做标示。调整颈部的空隙状况，确定领的形状（用标记笔点影或用及时贴贴出）。图 4－1－7。

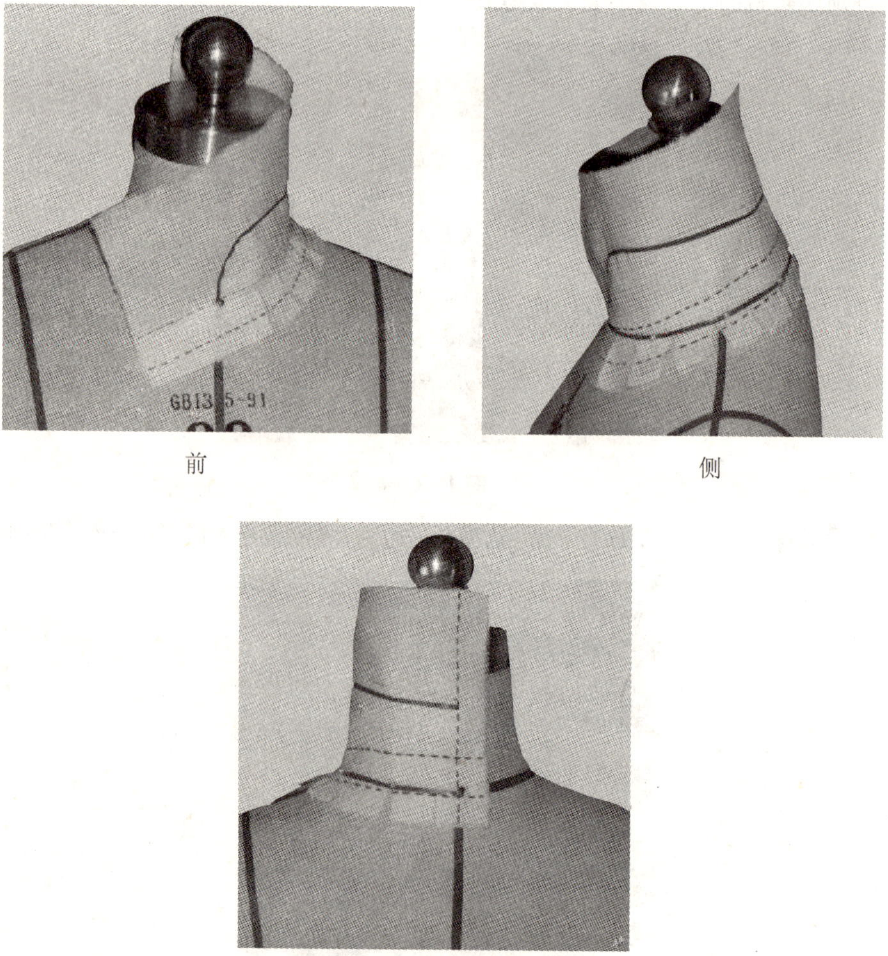

前　　侧

后

图 4－1－7

(3) 完成

将领子多余的量剪去或折叠,整理领的外围 ,用大头针固定成型。图 4-1-8。

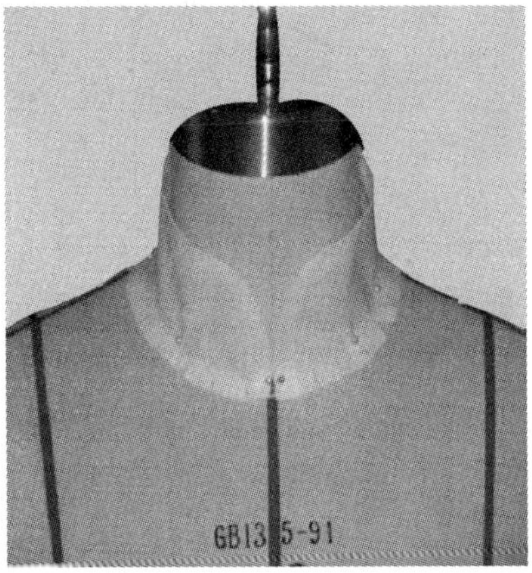

前

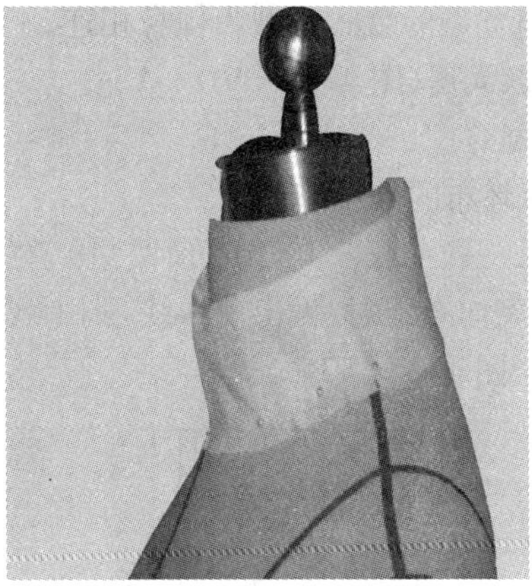

侧

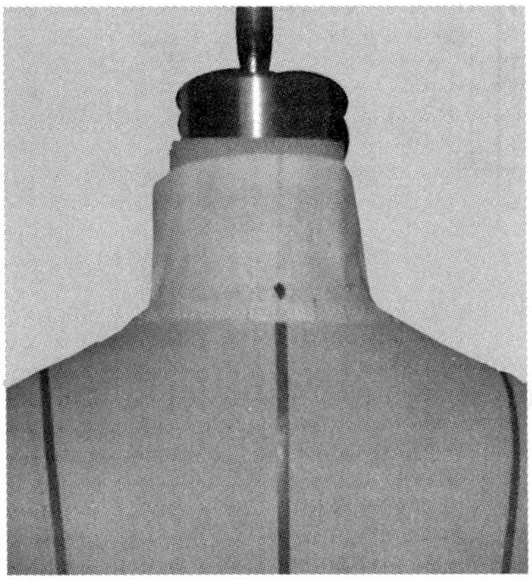

后

图 4-1-8

3) 画样

将人台上取下的领形进行画样得到立领的结构图(为了使侧颈点附近领与颈部间隙统一,装领线时前部向上呈弧线形)。图 4-1-9。

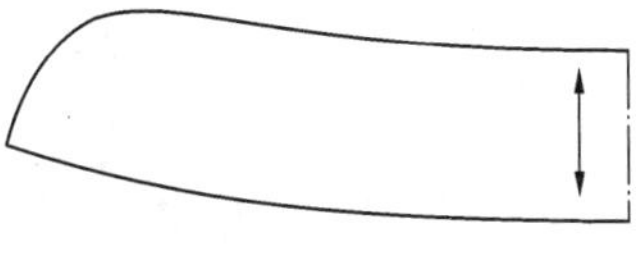

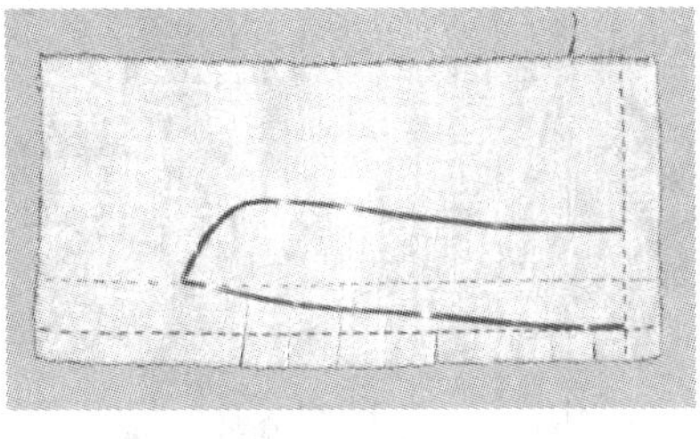

图 4-1-9

4.1.2 连身立领

连身立领的款式造型为领身相连。

1）款式图(图 4-1-10)

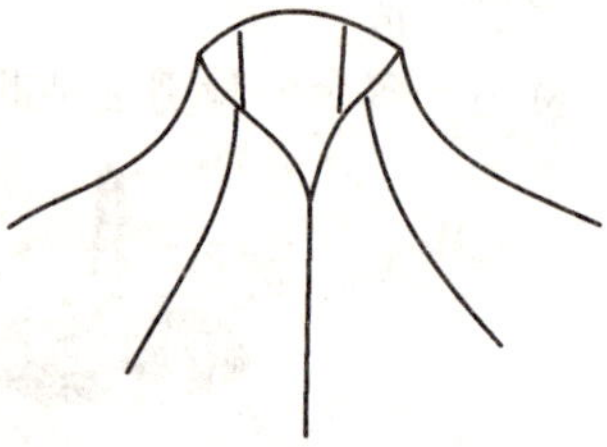

图 4-1-10

2）制作

(1) 坯布的准备

取长＝腰节长＋10 cm(预留量)、宽＝$B/4$＋10 cm(预留量)的经向布料,并做出前中线、胸围线、腰围线。前、后片各1块。图 4-1-11。

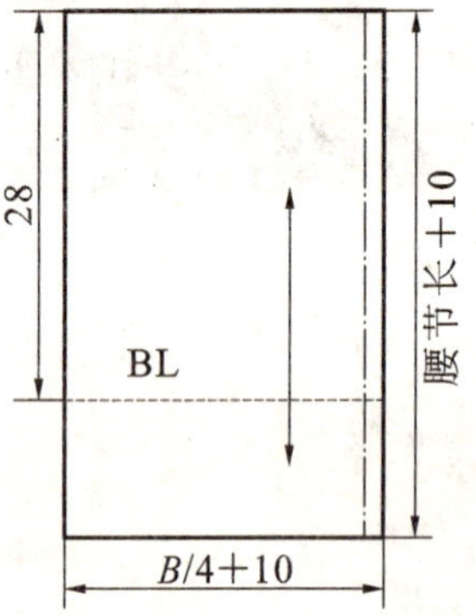

图 4-1-11

(2) 操作步骤

① 前身衣片。坯布的前中心线、胸围线与人台覆合一致。图 4-1-12。

② 把胸围线以上的多余的量推至领口处。图 4-1-13。

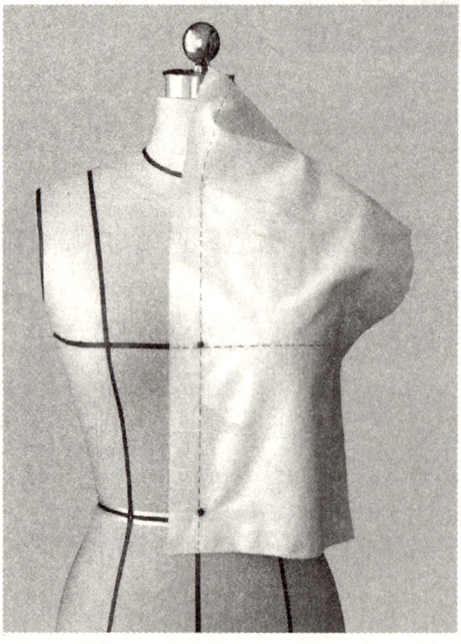

图 4-1-12

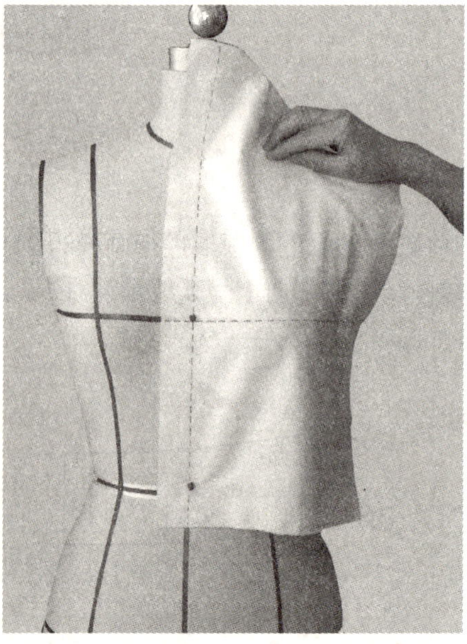

图 4-1-13

③ 在前领窝处把多余的量抓合出省道。图 4－1－14。

④ 后身衣片。取后片坯布，与人台覆合一致。图 4－1－15。

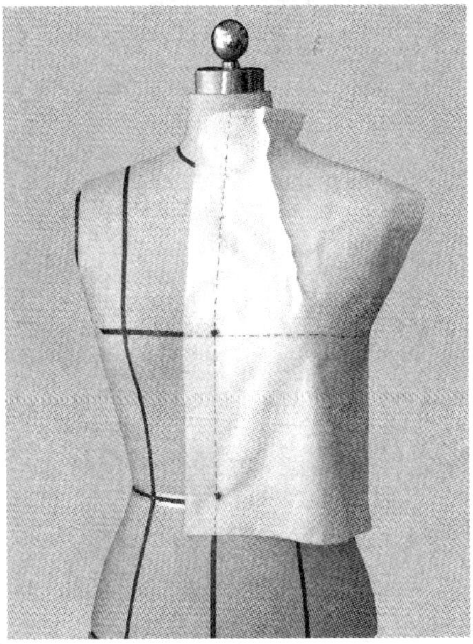

图 4－1－14

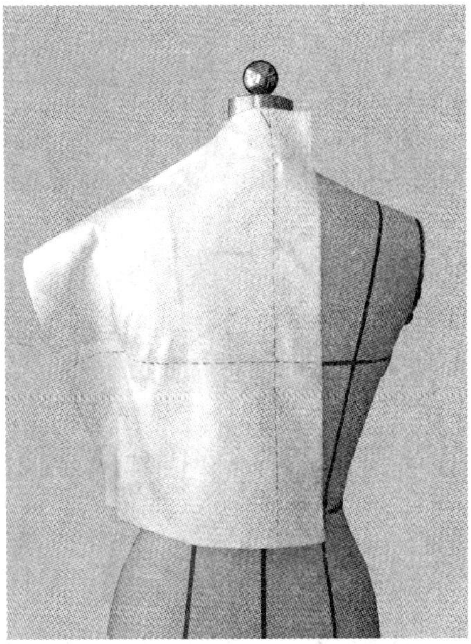

图 4－1－15

⑤ 把胸围线以上多余的量推至领口处。图 4－1－16。

⑥ 在后领口片把多余的量抓合成省道，用掐缝针法固定。图 4－1－17。

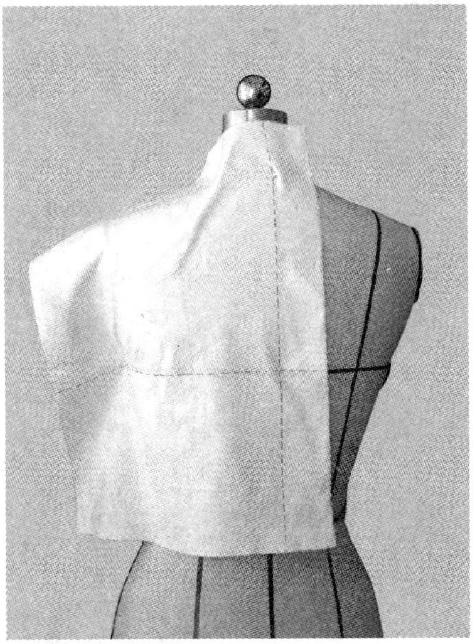

图 4－1－16

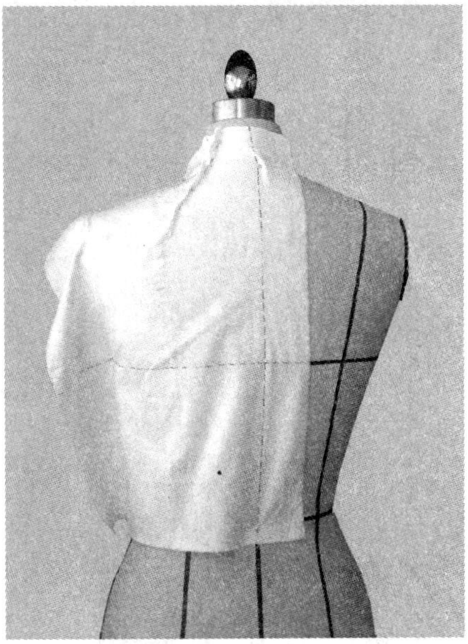

图 4－1－17

⑦ 将前后身的肩缝、侧缝用掐缝针法固定。图 4－1－18。

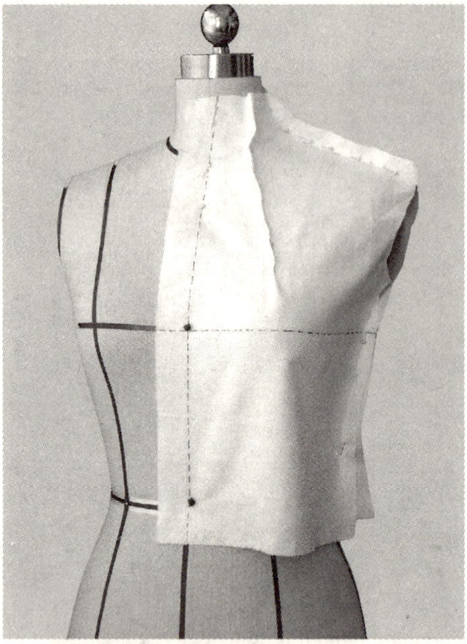

前

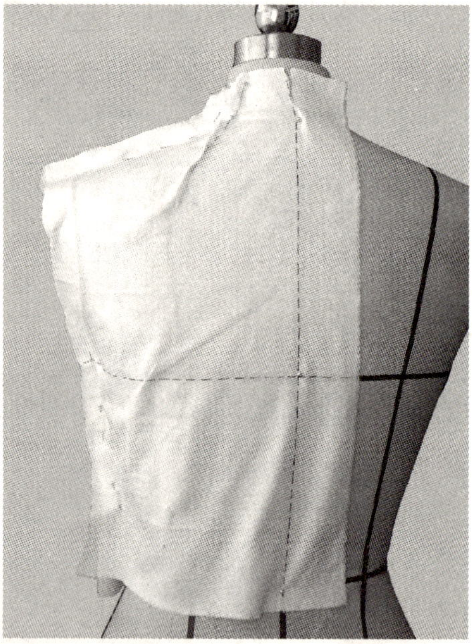

后

图 4－1－18

⑧ 做标示。根据设计的要求，在坯布上调整好领的空隙量，用标志线标出领造型。图4－1－19。

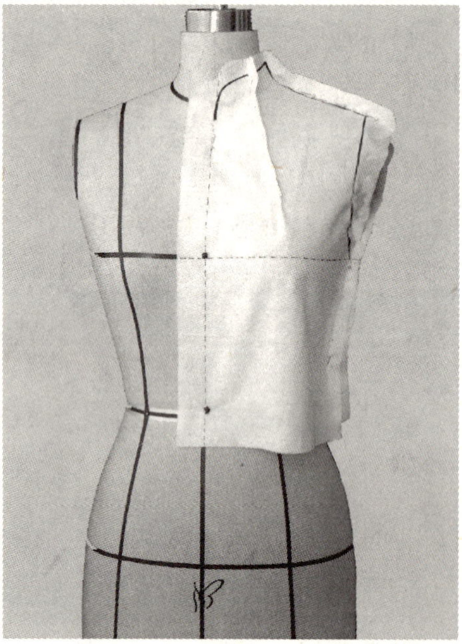

前

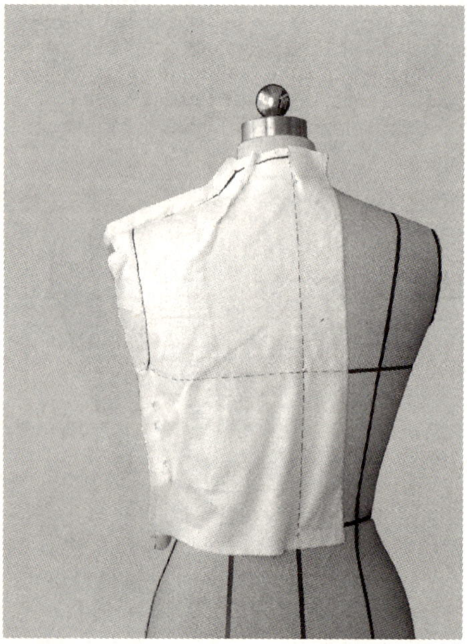

后

图 4－1－19

(3) 完成

将多余的量除去，省道缝合，用折叠针法别好肩缝、侧缝。图 4－1－20。

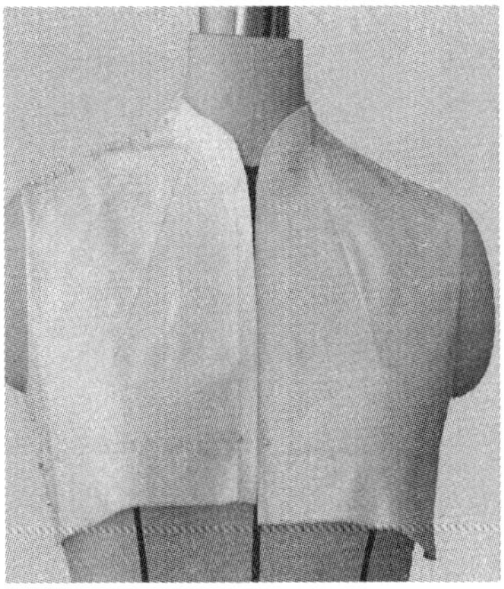

前

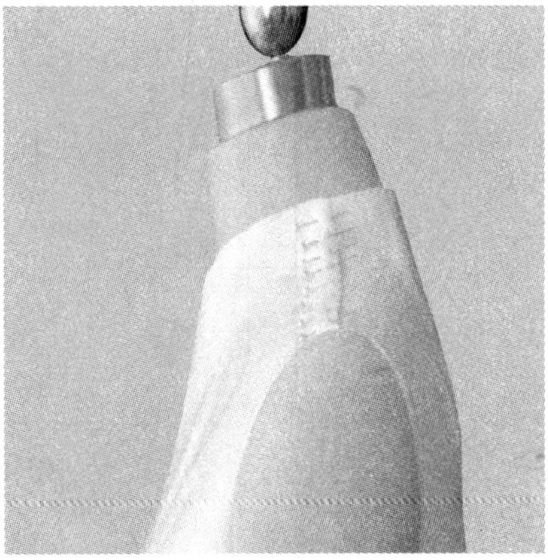

侧

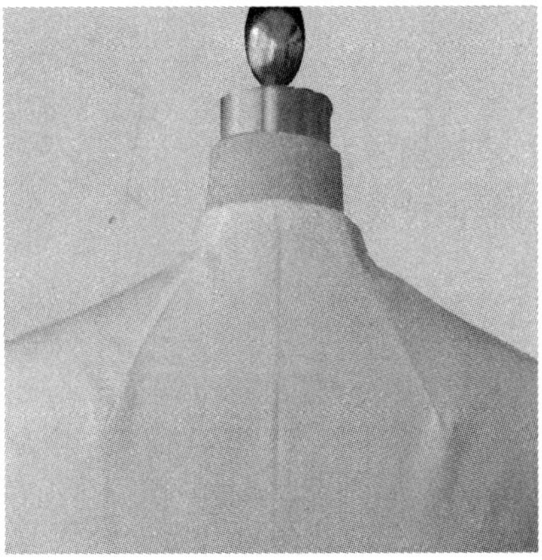

后

图 4－1－20

3) 画样

把人台上取下的坯样进行描图，得到立领的结构图。图 4－1－21。

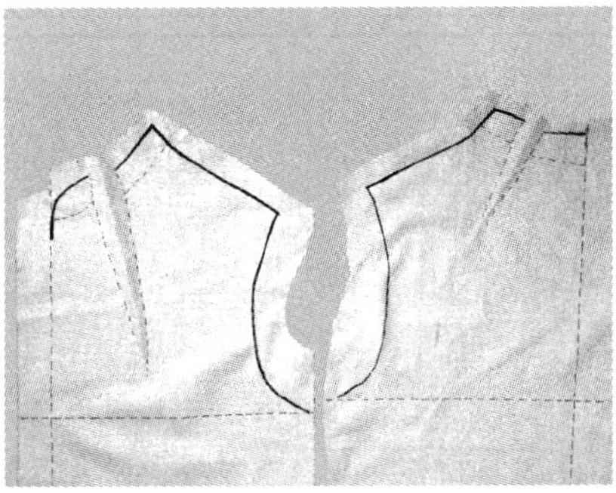

图 4－1－21(a)

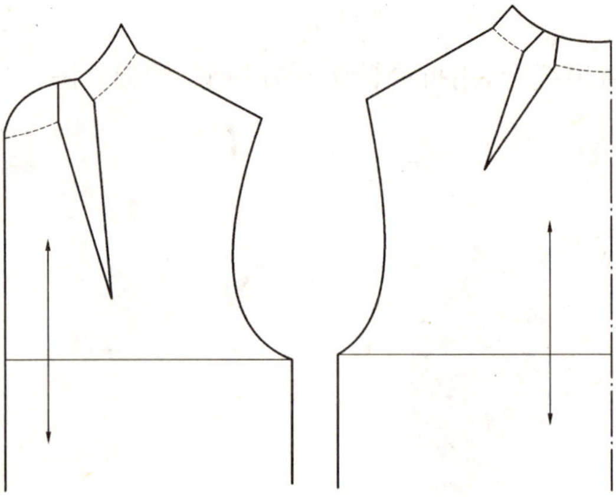

图 4-1-21(b)

4.2　翻领的立体裁剪方法

图 4-2-1

4.2.1　翻领

翻领由立领和翻折领组成，广泛用于衬衫、连衣裙、春秋套装、大衣、风衣等。翻领的种类很多，这里以小方角翻领为例。

1）款式图(图 4-2-1)

2）制作

(1) 坯布的准备

取长＝N/2＋5 cm、宽＝翻领宽＋底领宽＋8 cm，做出中心线。图 4-2-2。

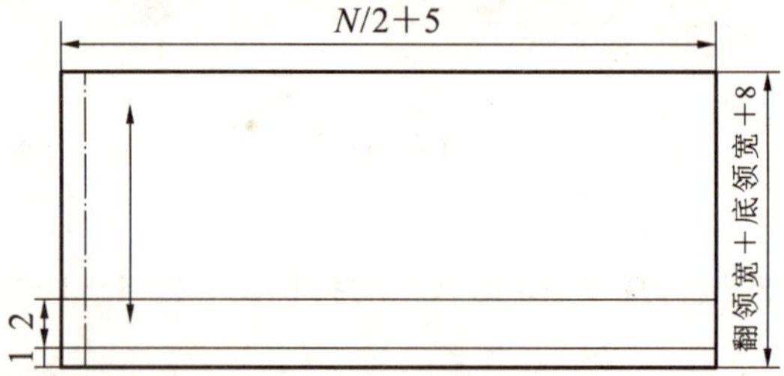

图 4-2-2

(2) 操作步骤

① 将中心线与后领窝的中心线覆合。图 4－2－3。

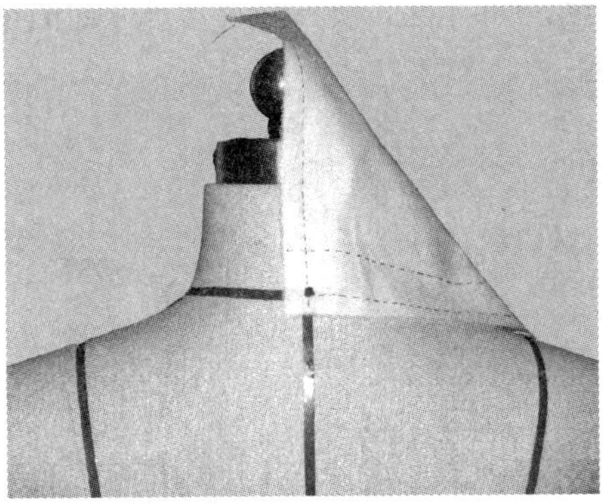

图 4－2－3

② 将领坯布料的下口线按领窝线剪开。图 4－2－4。

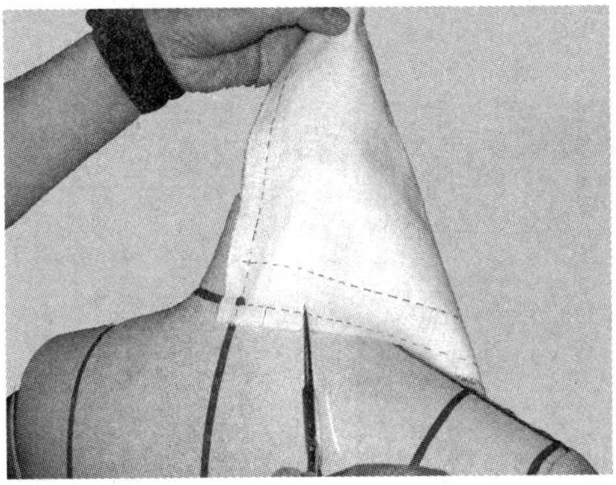

图 4－2－4

③ 然后每隔 2～2.5 cm 左右的位置，一边剪开（为了消除牵扯力，使布料能围绕领进行转动），一边用大头针固定领形，布往前绕。图 4－2－5。

④ 在前颈点用大头针固定前领点。图 4－2－6。

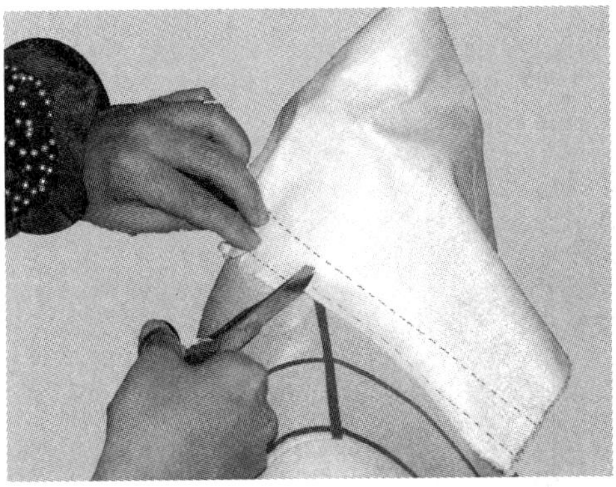

图 4－2－5

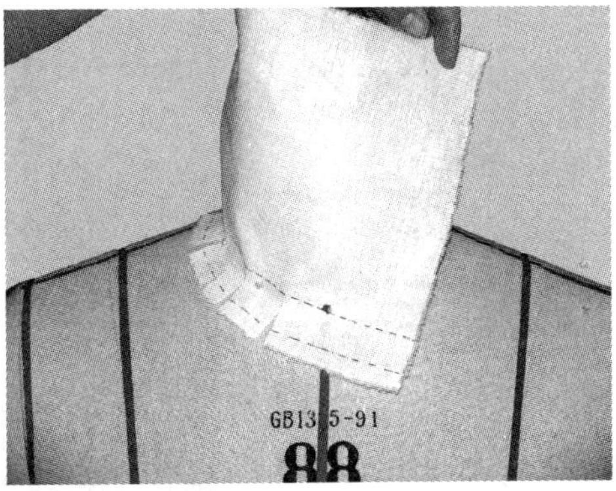

图 4－2－6

⑤ 将领上口的余量翻下折叠，翻向正面，并剪开领布的下边(消除牵扯力)，使后中线与领片后中线吻合。图 4－2－7。

⑥ 调整领的形状。注意：领布下边的剪开量要考虑领面的宽度。图 4－2－8。

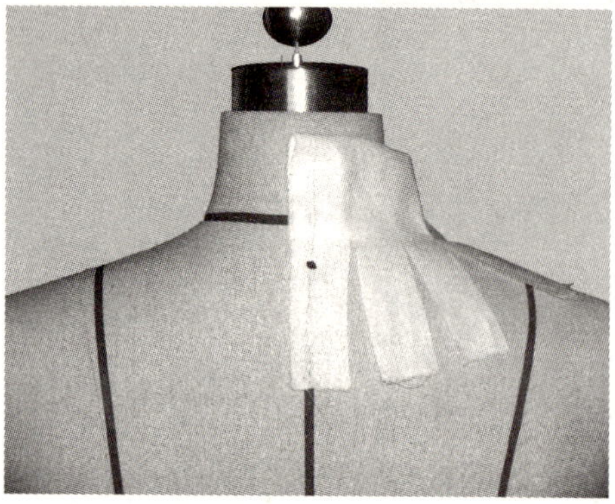

图 4－2－7

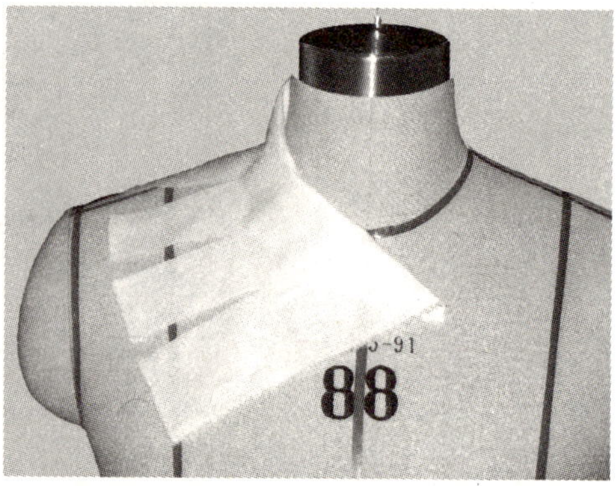

图 4－2－8

⑦ 调整好翻领形态后用标记笔在领窝处做上记号，并用标识带做出翻领的造型。图4－2－9。

前

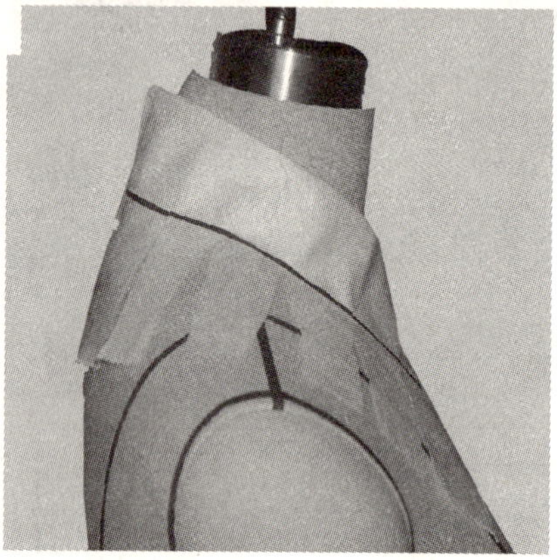

侧

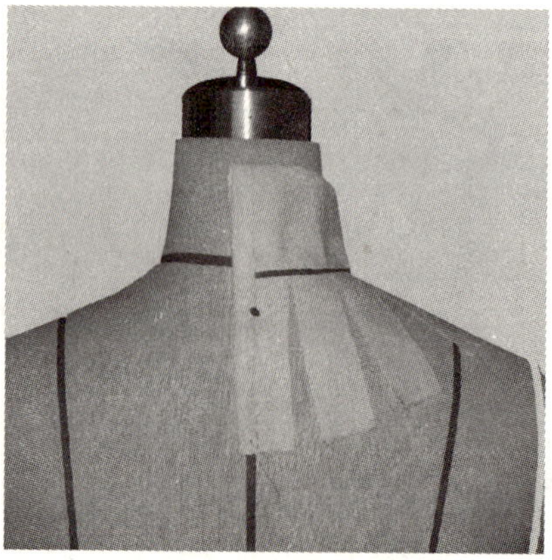

后

图 4－2－9

(3) 完成

将领子多余的量剪去或折叠,整理领的外围 ,用大头针固定成型。图 4-2-10。

前

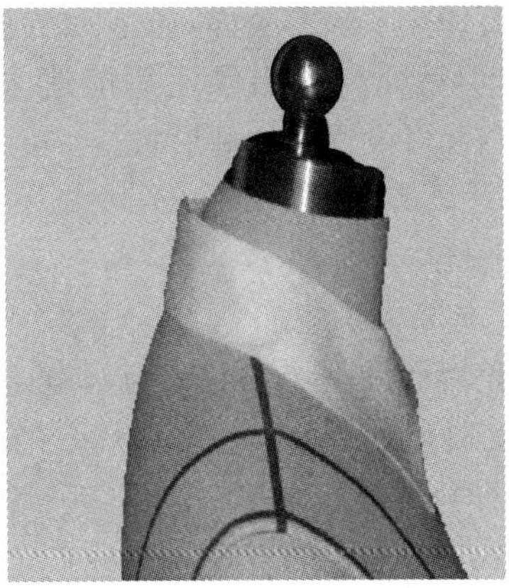

侧

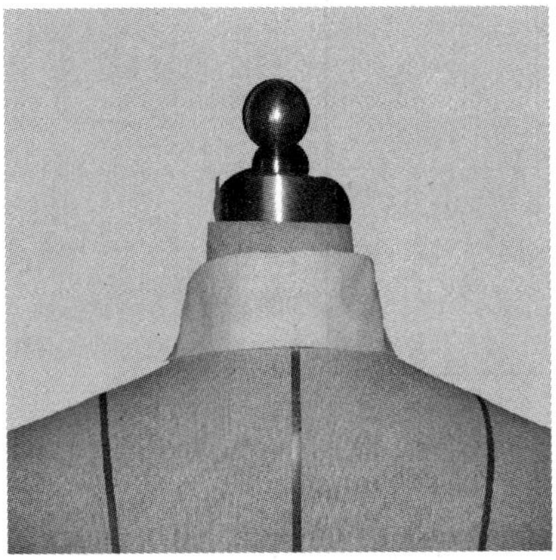

后

图 4-2-10

3) 画样

把人台上取下的领样进行描图,得到翻领的结构图。图 4-2-11。

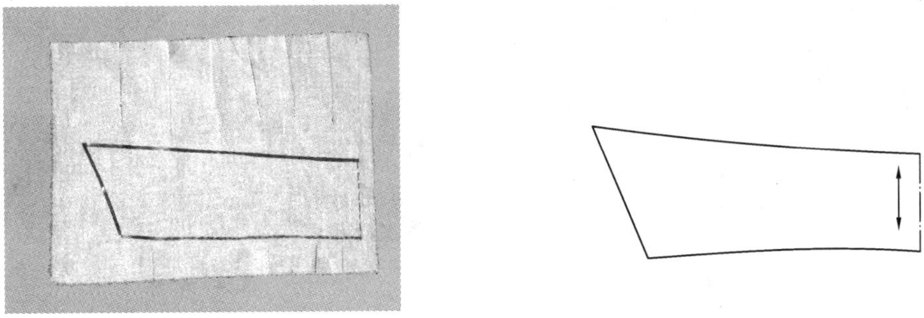

图 4-2-11

4.2.2 平翻领

平翻领是平领的总称，通常为从领口直接翻折，没有领座，但后面稍做出领座后能遮去装领线，非常美观。领前部可设计成各种形状。

1）款式图（图 4-2-12）

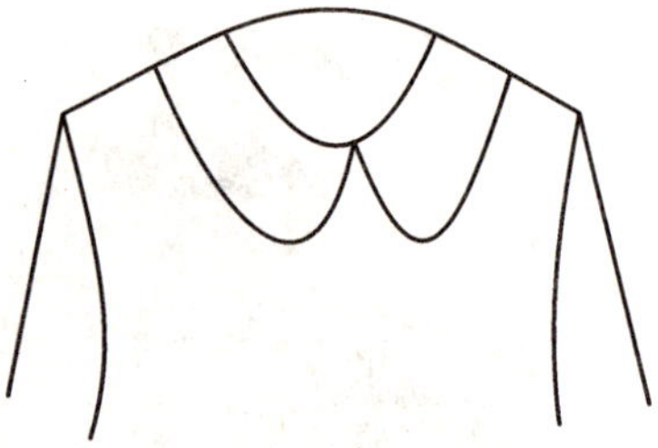

图 4-2-12

2）制作

（1）坯布的准备

取长为 N/2+10 cm、宽为领宽+25 的长方形，并在后中心处剪去长 8 cm、宽 15 cm 的长方形作为后领的宽。图 4-2-13。

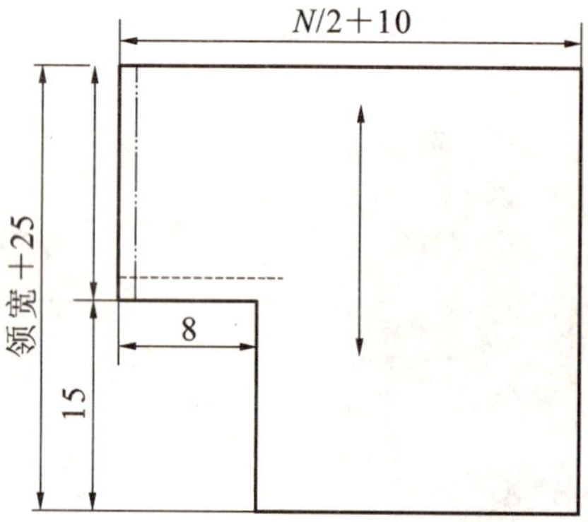

图 4-2-13

（2）操作步骤

① 将中心线与后领窝的中心线覆合。图 4-2-14。

② 将领坯布料的下口线按领窝线剪开。图 4-2-15。

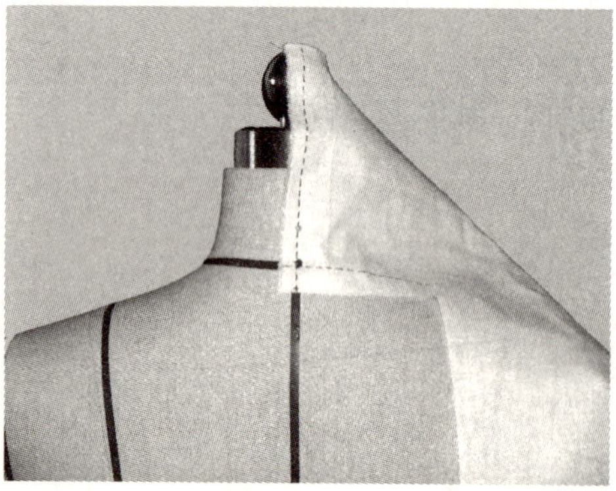

图 4-2-14

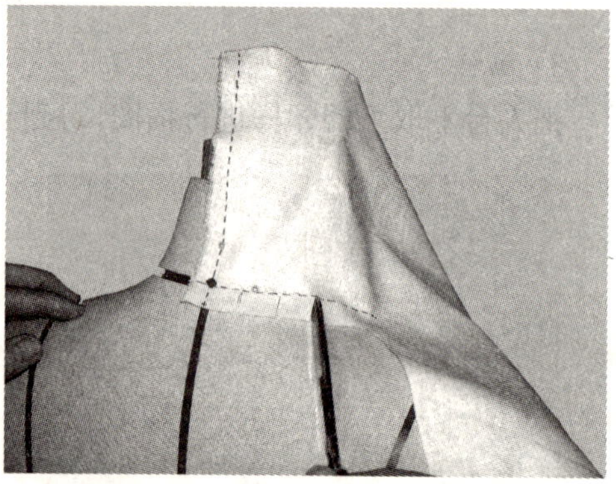

图 4-2-15

③ 然后每隔 2～2.5 cm 左右的位置一边剪开一边用珠针固定，布往前绕。裁去方形的布大小就是后片领口位置。图 4－2－16。

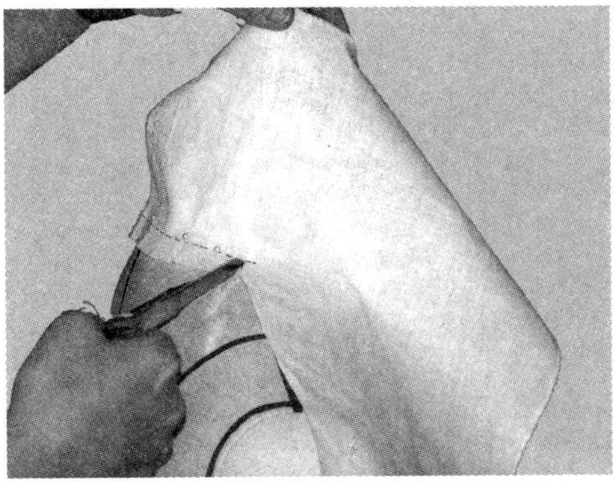

图 4－2－16

④ 在方块周围打剪口，一边剪一边把领布片向前绕并用大头针固定，直到前领中心点位置。图 4－2－17。

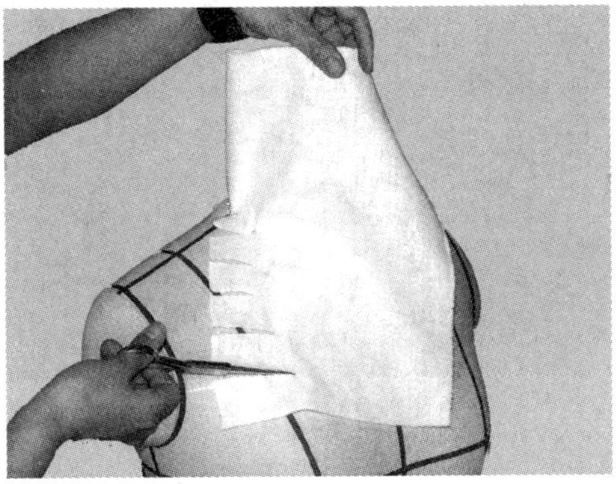

图 4－2－17

⑤ 固定前领中点。图 4－2－18。

⑥ 将上面的布翻下，在领线直接翻折。图 4－2－19。

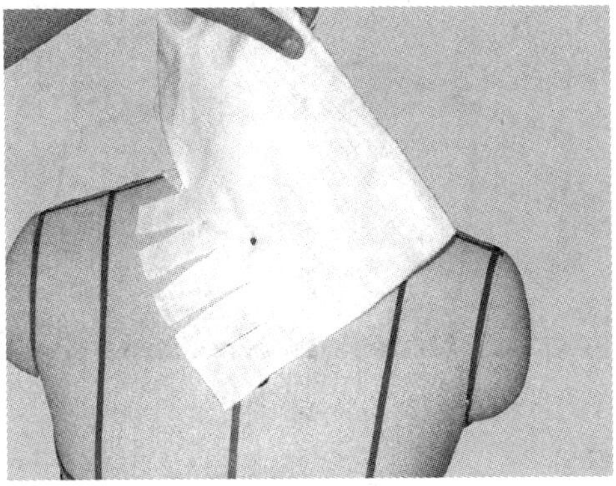

图 4－2－18

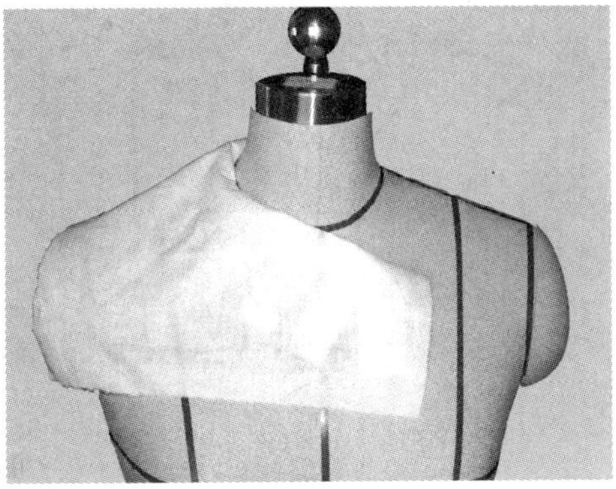

图 4－2－19

⑦ 在领面外口边上打剪口，注意：领面外打剪口时要考虑到领面的形状，并把后中心线对准人台后中心线，用珠针固定。图 4-2-20。

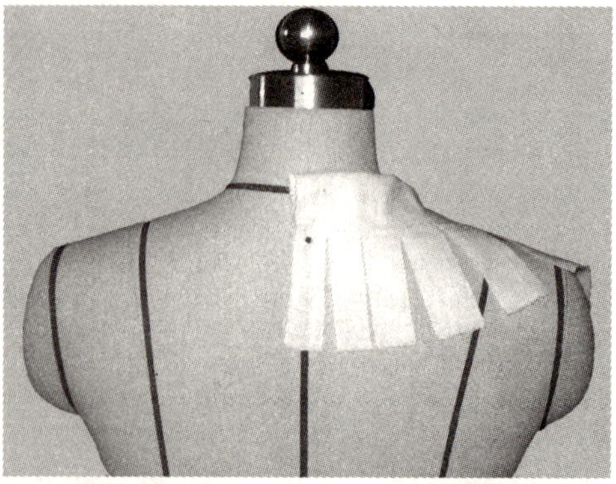

图 4-2-20

⑧ 使领面平服。图 4-2-21。

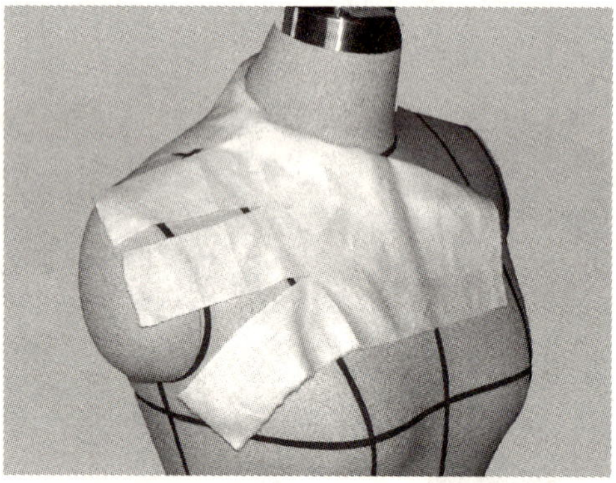

图 4-2-21

⑨ 调整好平翻领形态后用笔在领窝处做上记号，并用标识带做出平翻领的造型。图4-2-22。

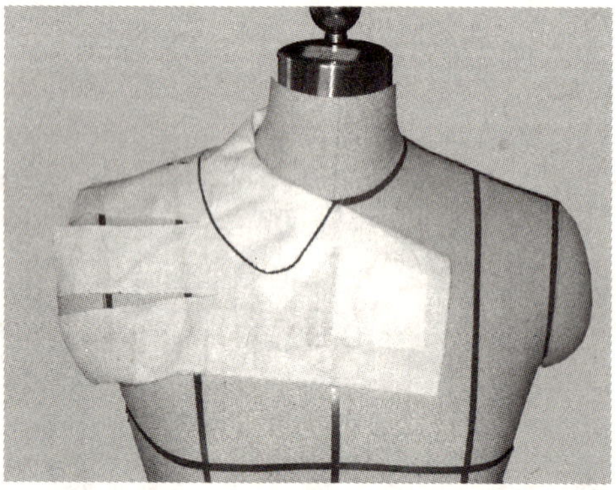

前

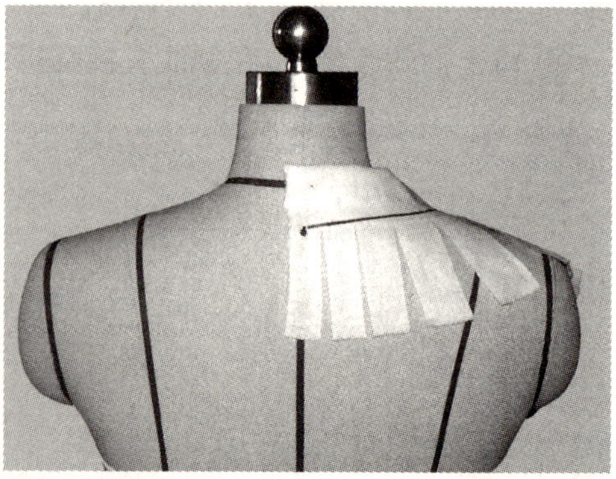

后

图 4-2-22

(3) 完成

把多余的量修剪，做出平翻领的完成图形。图 4－2－23。

前

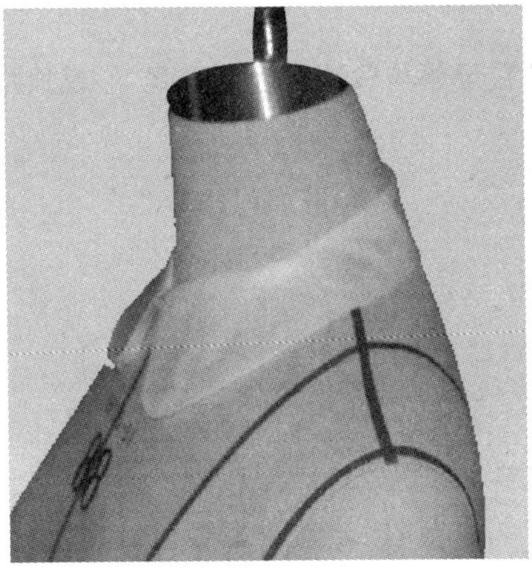

侧

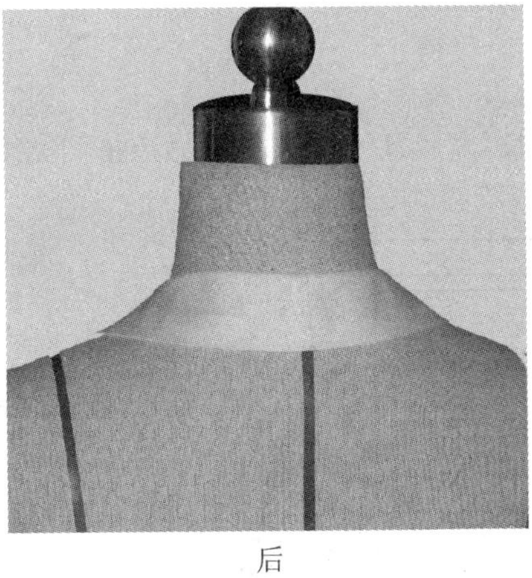

后

图 4－2－23

3）画样

把人台上的坯布取下进行描图，得到平翻领的结构图。图 4－2－24。

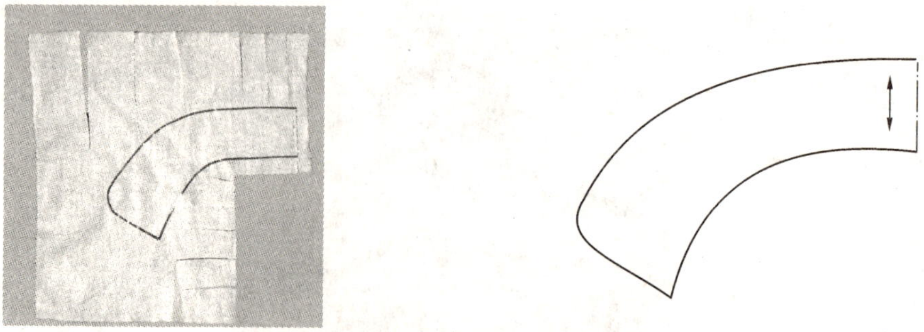

图 4－2－24

4.3 驳领的立体裁剪方法

驳领与翻领的不同之处在于领与驳领连接在一起，形成独特的翻驳领结构，其横开领与直开领都应做相应的调整。

1）款式图（图 4－3－1）

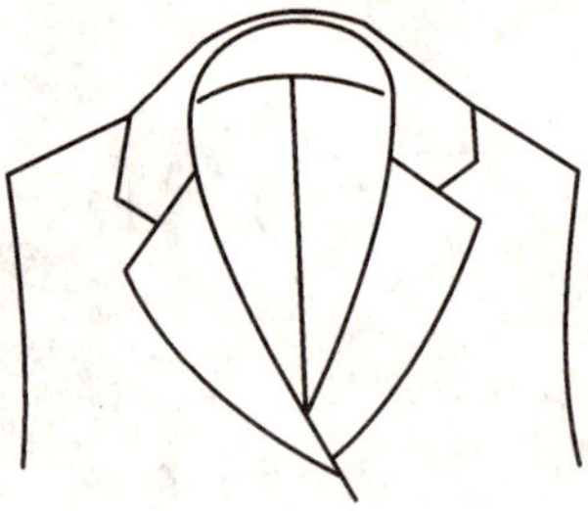

图 4－3－1

2）制作

（1）坯布的准备

① 驳领坯布：取长＝衣长，宽＝$B/4+15$ cm。做出搭门宽线、胸围线。图 4－3－2。

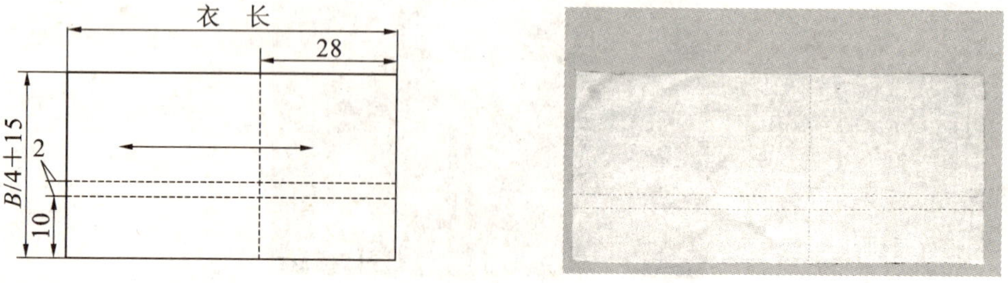

图 4－3－2

② 领坯布：取长＝$N/2+8$ cm、宽＝领宽＋15 cm 的经纱布样，在后领处剪去深 5 cm、宽 8 cm 做成基础领样，将其安装在衣身领窝上。图 4－3－3。

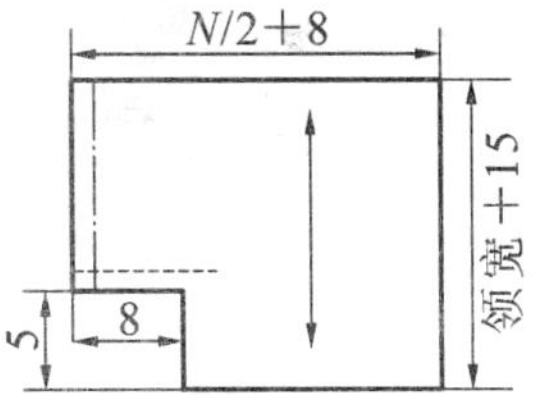

图 4－3－3

(2) 操作步骤

① 坯布与人台覆合一致，叠门线与人台中心线覆合，胸围线与人台胸围线覆合。图4－3－4。

② 在止口线上确定驳领深点。领深由款式来决定。图 4－3－5。

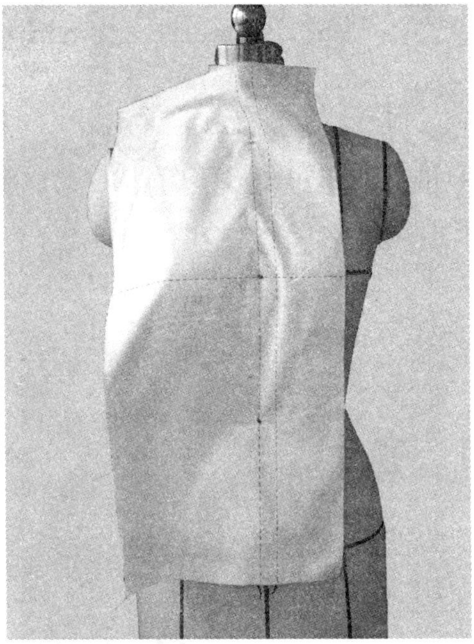

图 4－3－4

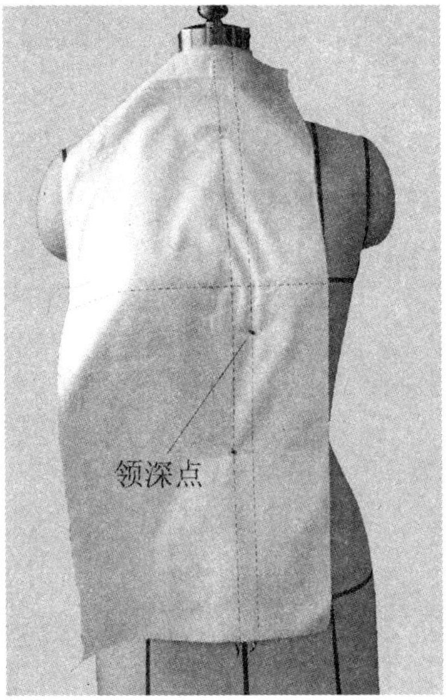

图 4－3－5

③ 打开领口，并在颈侧点打剪口，使驳领能翻折过来。翻出驳领的形状，并确定驳领的大小、形状、串口线的高度等。图 4-3-6。

④ 画出驳领的形状。用标志线做出衣身的驳头造型。图 4-3-7。

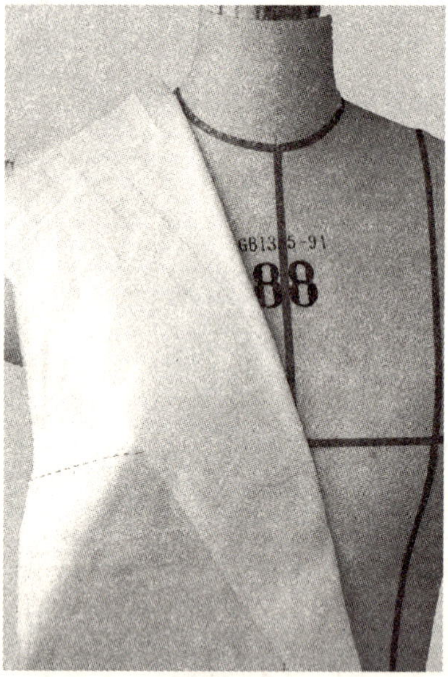

图 4-3-6

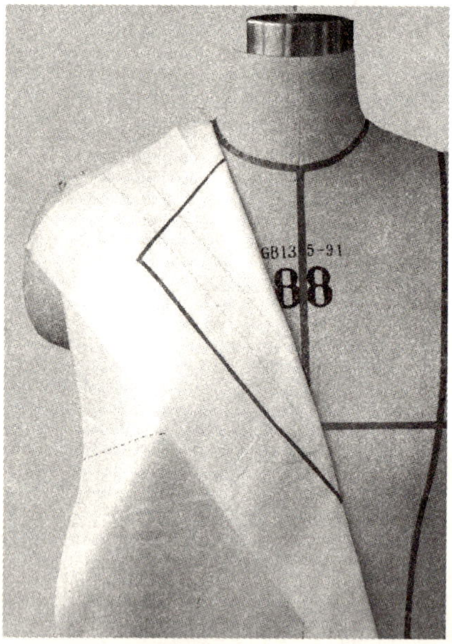

图 4-3-7

⑤ 后领中心线对准固定。图 4-3-8。

⑥ 打剪口固定后领口，把布片围绕驳领翻折线向前转动，并用大头针固定。图 4-3-9。

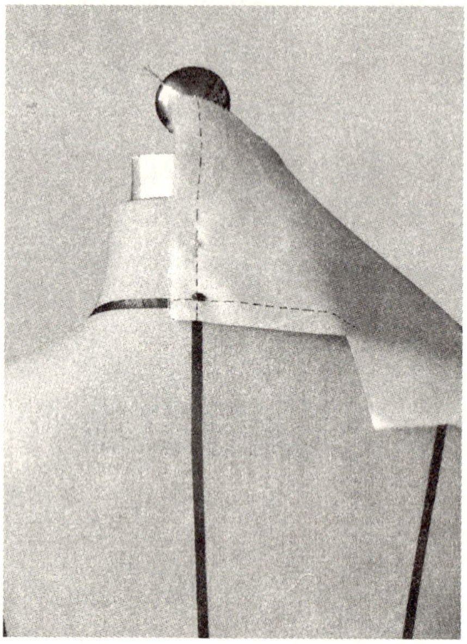

图 4-3-8

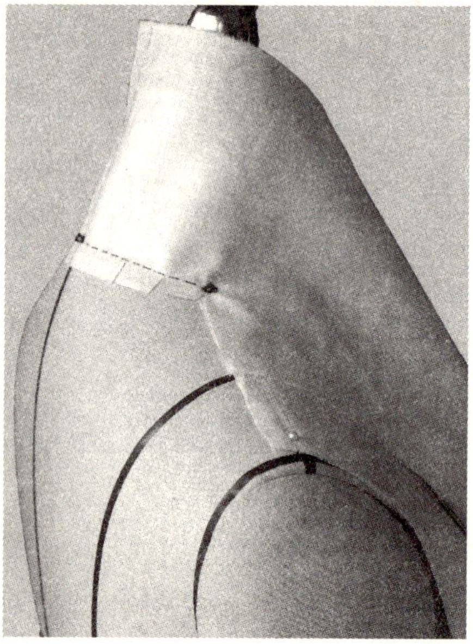

图 4-3-9

⑦ 将后领按翻折线翻折，在领外口打剪口，固定后领中线，并观察其是否平整。图4－3－10。

⑧ 将领样的前端与驳头覆合一致。图 4－3－11。

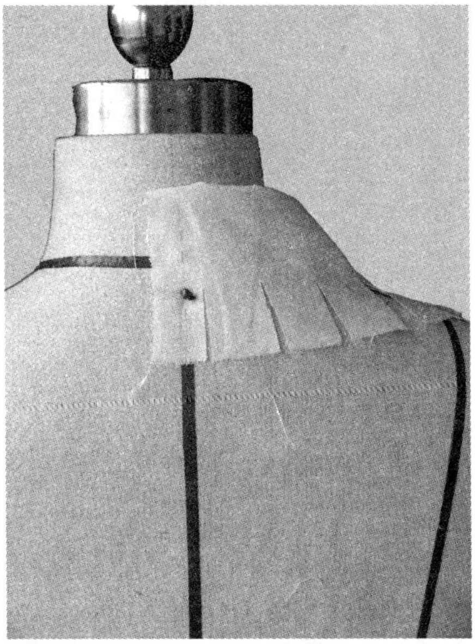

图 4－3－10

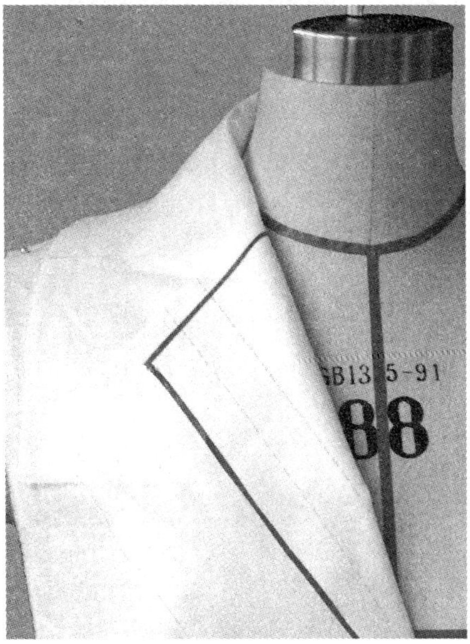

图 4－3－11

⑨ 根据领的造型在领坯布上做好领的形状，并用标志线做出外轮廓造型(或用标记笔画出领的外轮廓造型)。图 4－3－12。

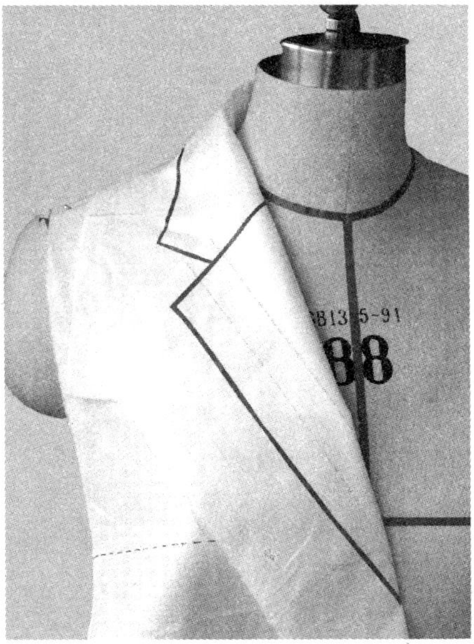

图 4－3－12

(3) 完成

剪去多余的布料，做成最后完成的领样。图 4－3－13。

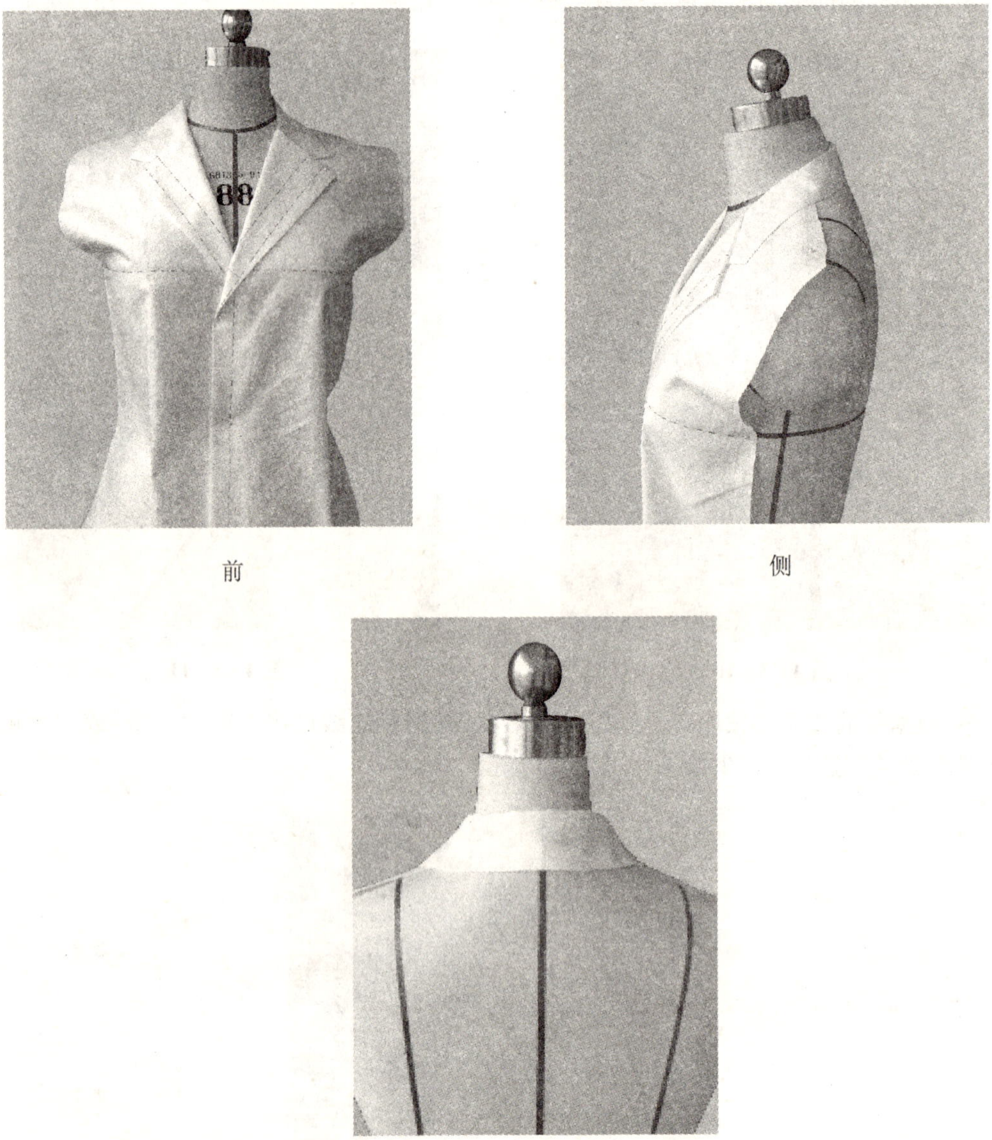

前　　侧

后

图 4－3－13

3）画样

把人台上的坯样取下进行描图，得到西服领的结构图。图 4－3－14。

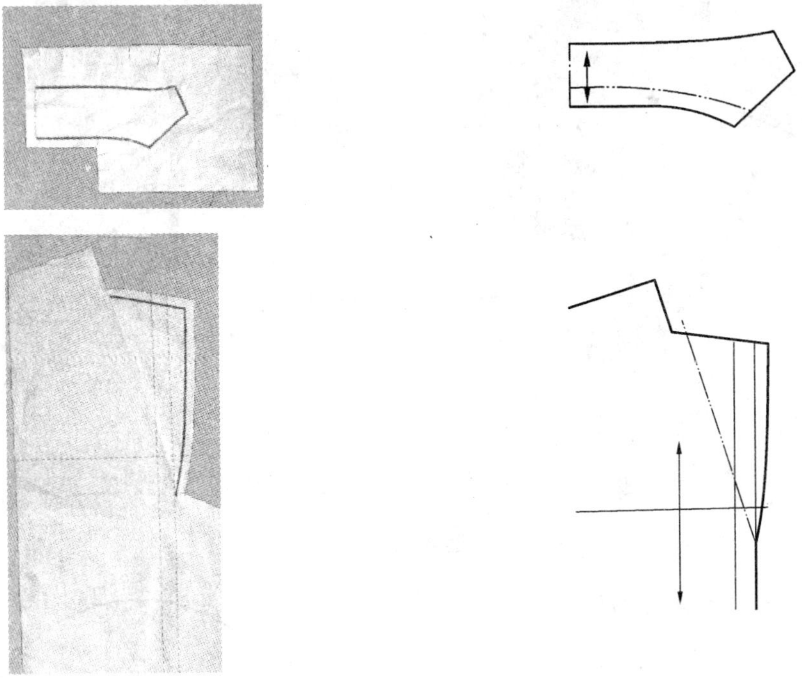

图 4－3－14

4.4　变化领的立体裁剪方法

4.4.1　荷叶领

荷叶边通常应用在领口、袖口处，单层或多层都能做出非常丰富的效果。

1）款式图（图 4－4－1）

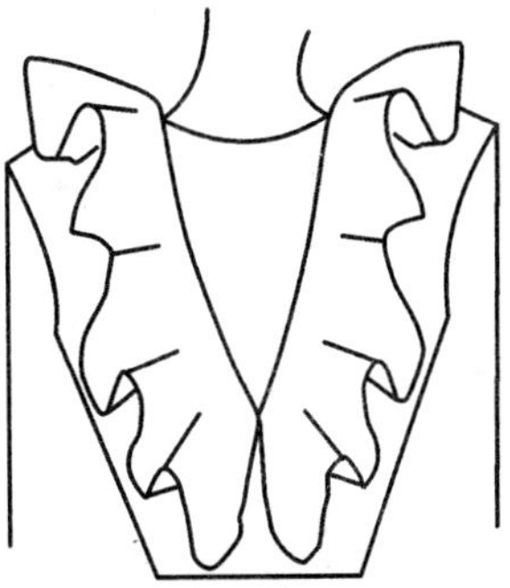

图 4－4－1

2）制作

（1）坯布准备

① 人台的准备

在人台上标示出将要做的荷叶领的位置（领口弧线位置）。图 4－4－2。

② 坯布的准备

在人台上取需要完成的荷叶边领口线的长度。根据这个长度取 2×（领宽＋5＋领底弧长/2π）的正方形，并折叠成四份，沿中心位置修去半径为领底弧长/2π 的圆弧，边缘根据领宽也修成圆弧。展开后是内外两个圆。图 4－4－3。

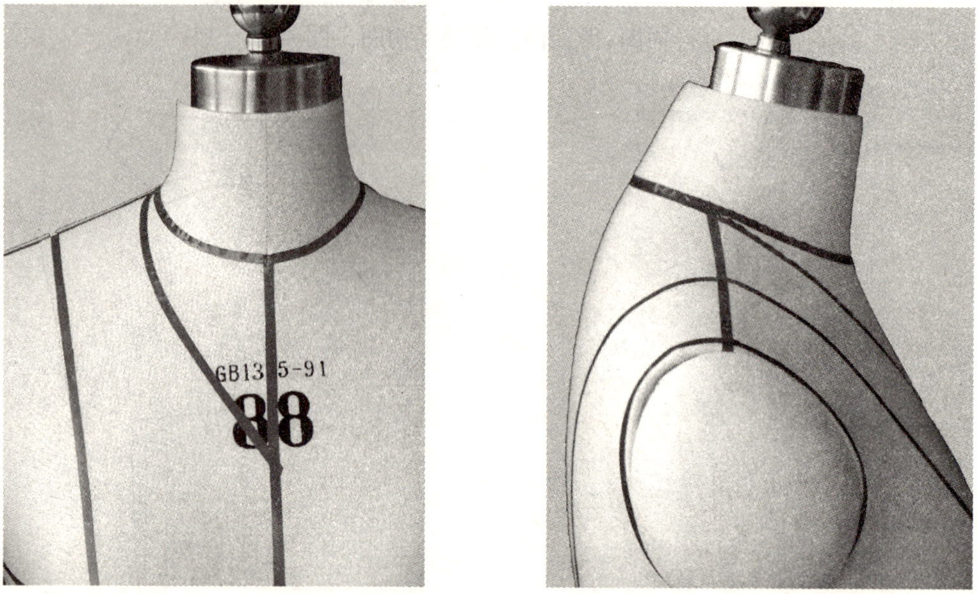

图 4-4-2

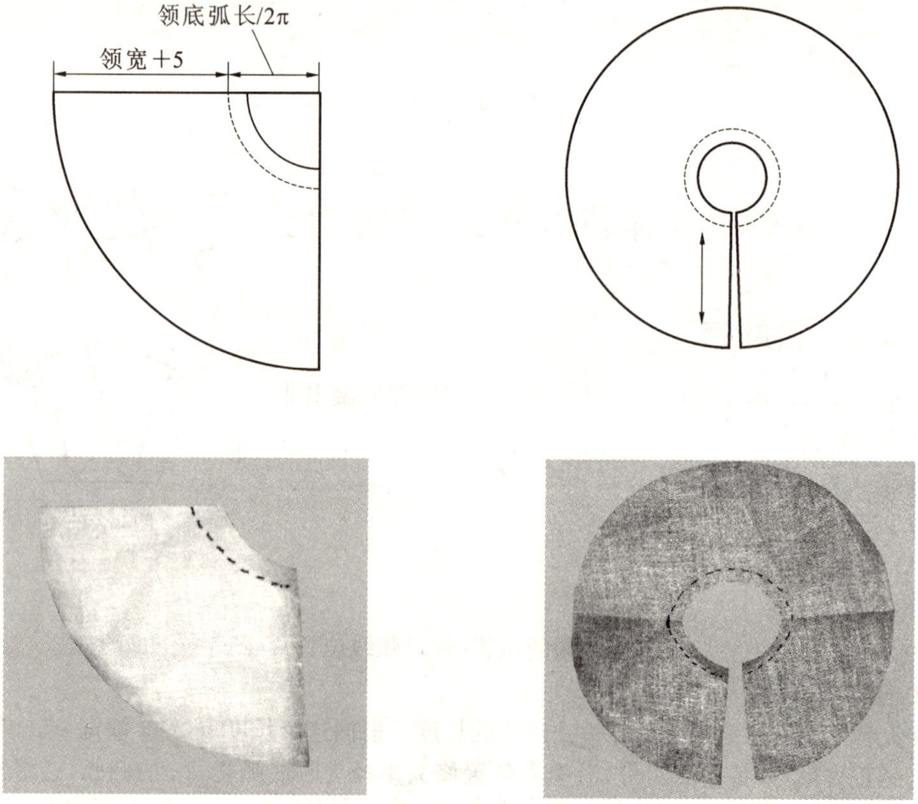

图 4-4-3

(2) 操作步骤

① 将领布料顺沿前中心线对位点固定。图 4－4－4。

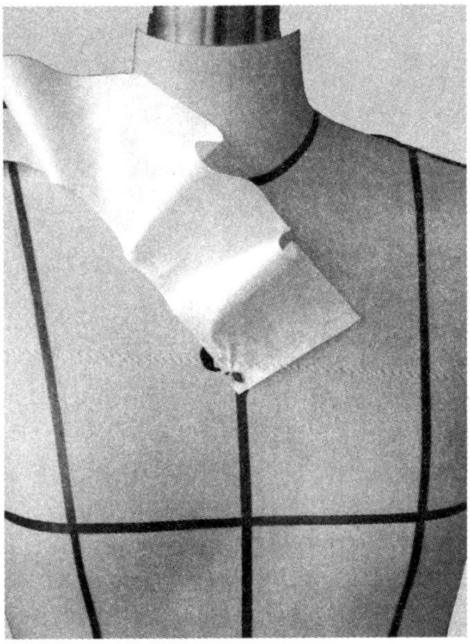

图 4－4－4

② 沿领弧线将领用大头针固定。图 4－4－5。注意：在别针时，不要拉伸领口部的纱向。

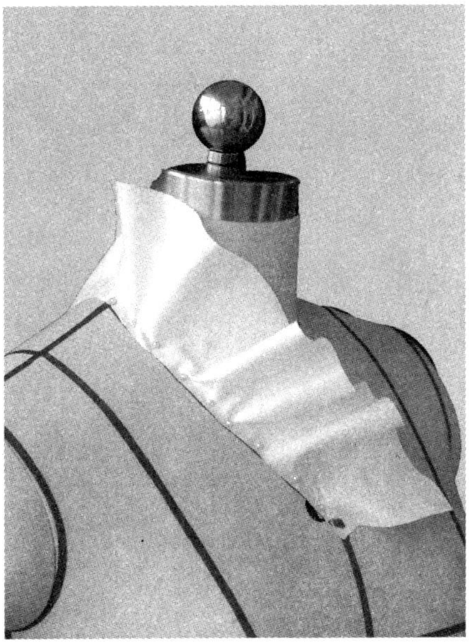

图 4－4－5

③ 沿领弧线直到后领中线用大头针将领坯布固定。图 4－4－6。

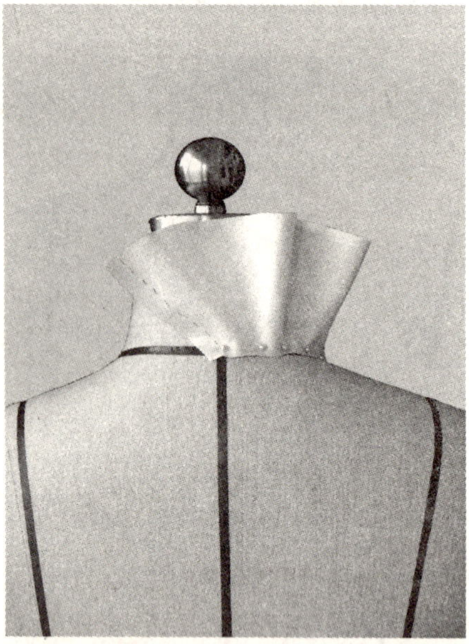

图 4－4－6

④ 将领面翻下，整理好。图 4－4－7。

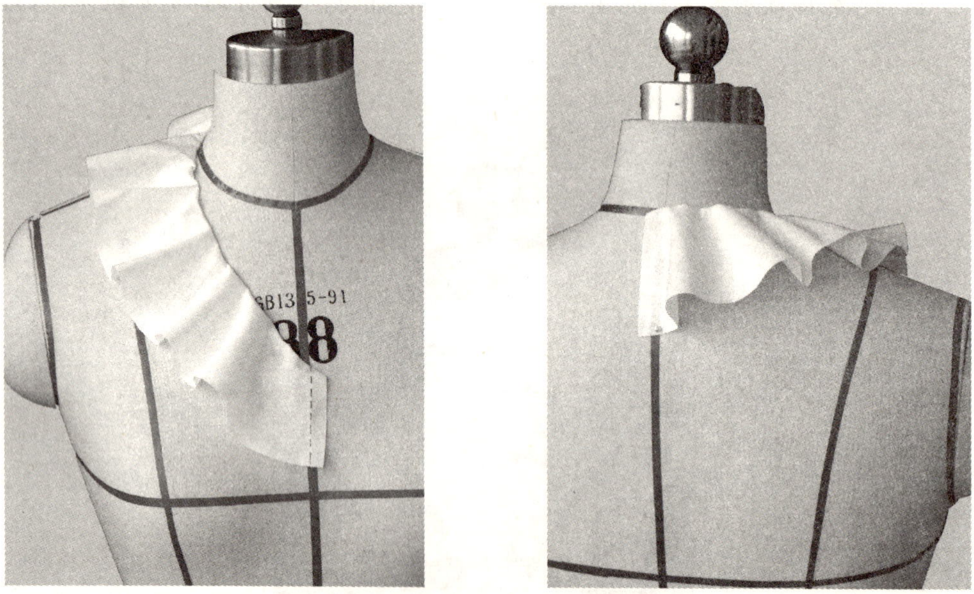

前　　　　后

图 4－4－7

⑤ 在领坯布上根据领的造型做出领的形状，并用标志线做出外轮廓造型（或用标记笔画出领的造型）。图 4－4－8。

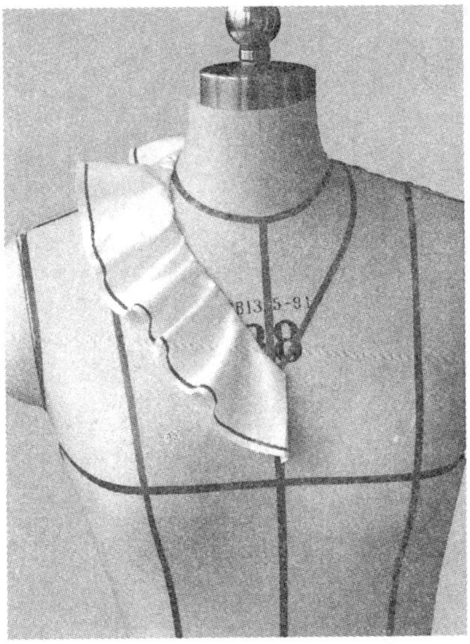

前

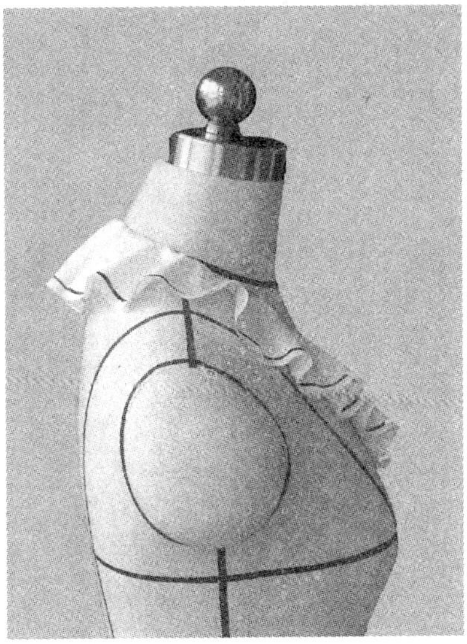

侧

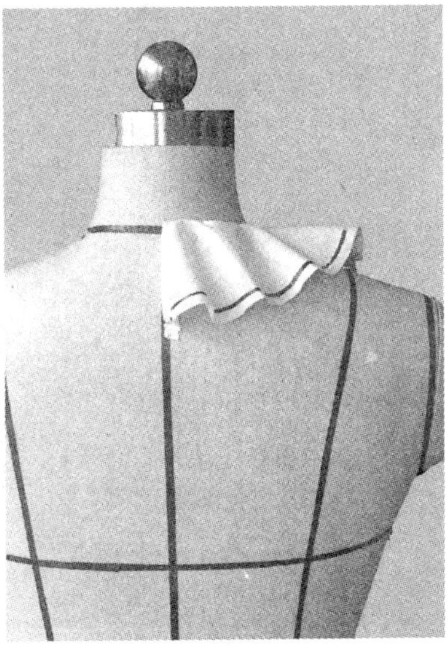

后

图 4－4－8

(3) 完成图

将多余的量去掉,在人台上别出成品。图 4 - 4 - 9。

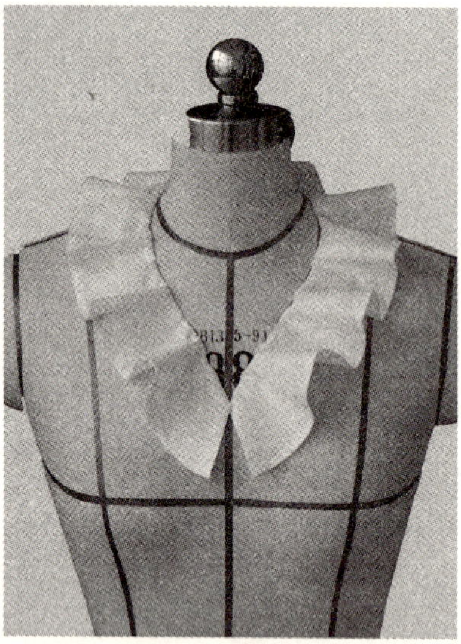

前

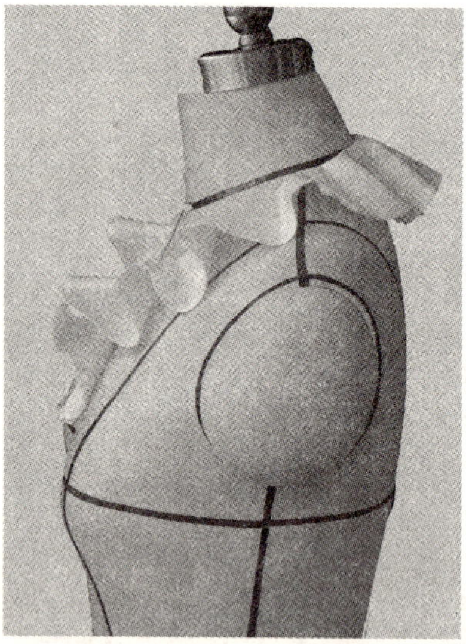

侧

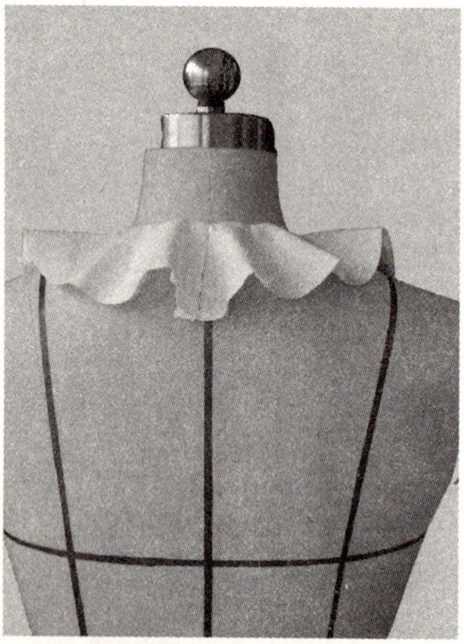

后

图 4 - 4 - 9

3）画样

把人台上的坯样取下，进行描图，形成荷叶领的结构图。图 4－4－10。

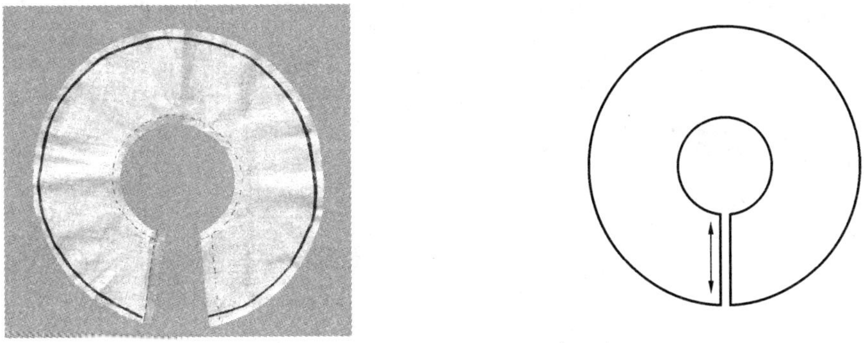

图 4－4－10

4.4.2 荡领

荡领又称花环领，它的位置主要是做在前胸片领口处、后身领口处。根据需要可以形成开深程度不同的荡领效果。

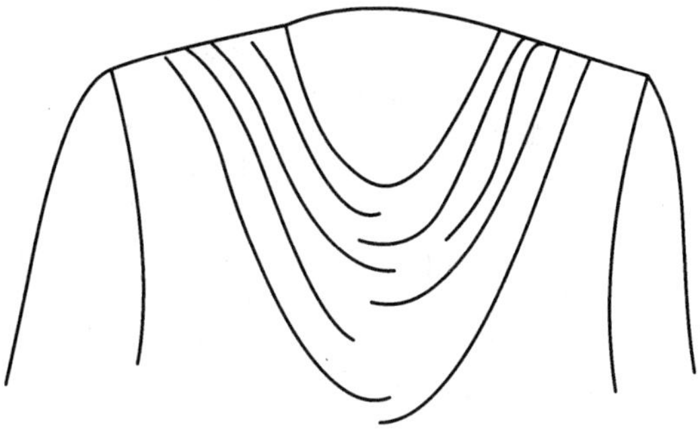

图 4－4－11

1）款式图(图 4－4－11)

2）制作

（1）坯布准备

取长和宽为 75～85 cm 的正方形布料，利用 45°正斜丝位置一侧的对角线的直角，把这个直角进行折叠(折边的长度用来确定荡领的开深程度)并剪去这个直角(也就是把正方形一侧的直角去掉)。同时将折边折叠成光边的造型。图 4－4－12。

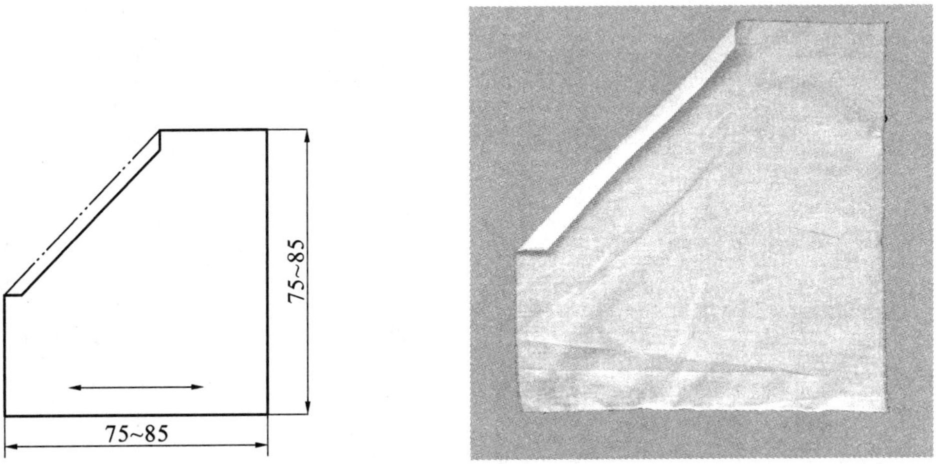

图 4－4－12

(2) 操作步骤

① 把折边对折，找出中心的位置点。图 4－4－13。

② 将中心位置点固定在人台的前中心线上，由这点选择高低来形成荡领的开领深度。图 4－4－14。

图 4－4－13

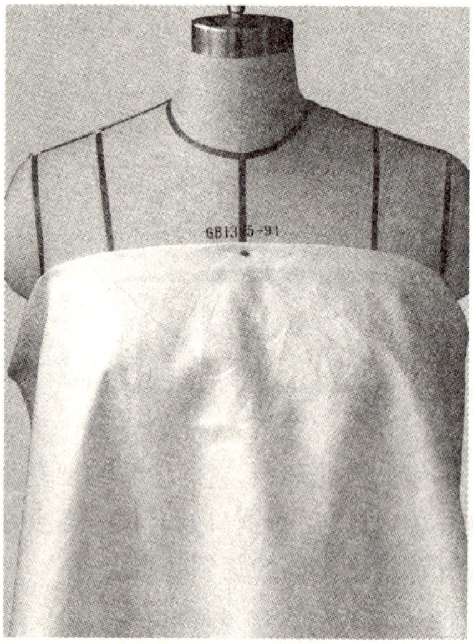

图 4－4－14

③ 在整理面料的同时，将两侧的颈侧点固定，在前领口处形成悬垂性的褶裥效果。图4－4－15。

④ 通过在肩线位置同时打褶的方式，将两侧面料逐渐提起向颈侧点方向折叠，完成褶裥的大小，形成较多排列整齐的褶裥效果。图 4－4－16。

图 4－4－15

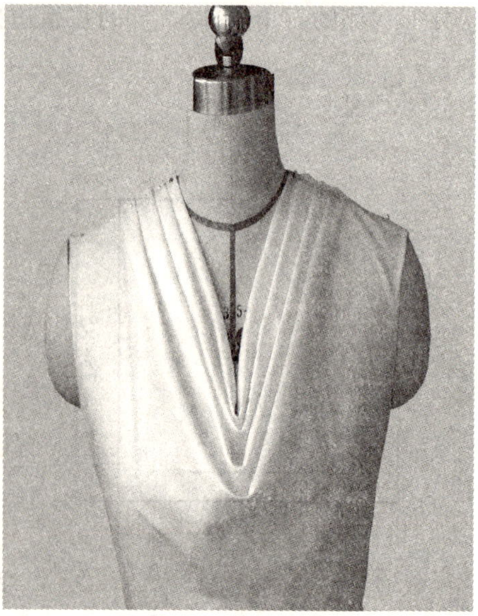

图 4－4－16

⑤ 前中线的褶裥完成后，调整袖窿和腰部多余的面料造型。根据款式的不同，可以在前胸部位留一定的余量，把布面向下逐渐捋平以后，在腰线向下的部位打剪口。图 4-4-17。

⑥ 通过面料逐渐推移，使多余的面料向侧面转动。这时腰线要打剪口，用大头针固定腰部。另一侧以同样的方式完成。图 4-4-18。

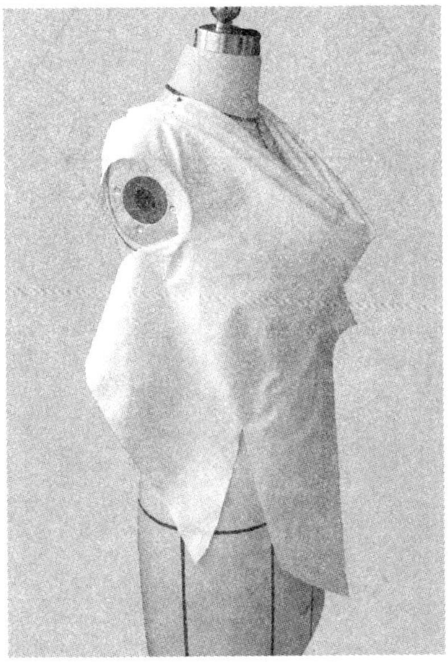

图 4-4-17

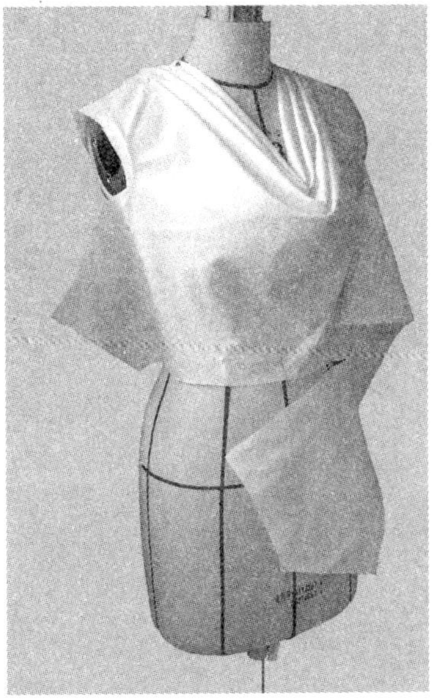

图 4-4-18

⑦ 做标记。在肩缝处、袖窿处、侧缝处、腰线处用标记笔点影，做好标记。图 4-4-19。

(3) 完成图

将多余的量去掉，用大头针别出成品。图 4-4-20。

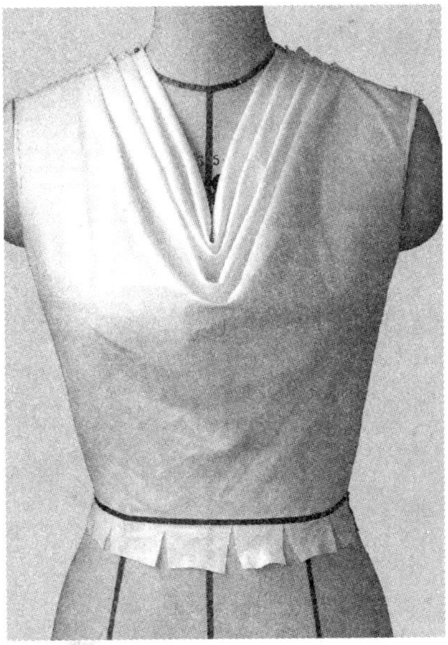

图 4-4-19

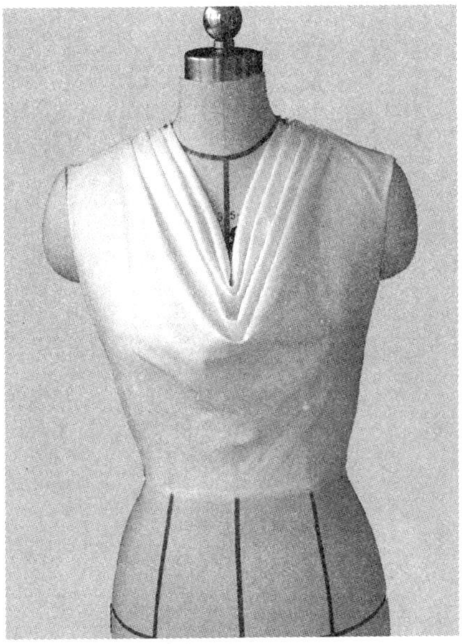

图 4-4-20

3）画样

把人台上的坯样取下，进行描图，得到荡领的结构图。图 4－4－21。

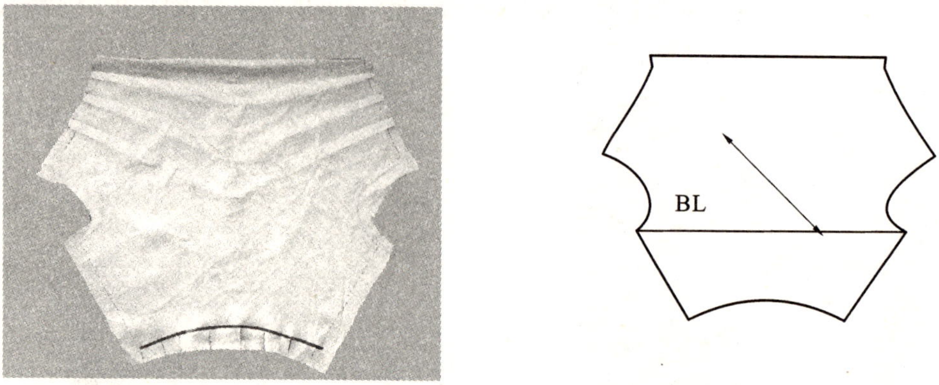

图 4－4－21

5 袖的立体裁剪

目标与任务

- 了解一片袖的立体裁剪方法；
- 了解两片袖的立体裁剪方法；
- 了解插肩袖的立体裁剪方法；
- 了解袖款式变化的立体裁剪方法。

衣袖的种类虽不及领的变化，但仍是构成服装款式的重要部件，它的造型是服装审美的主要方面。通常袖的构成方法采用平面裁剪、立体检验的方法，但变化的袖款一般都采用立体裁剪构成。

5.1 一片袖的立体裁剪方法

一片袖属基础袖型，袖的很多变化都是通过基础袖型进行变化。由小肩点至腋窝点为基本值定袖山及袖窿深度。要根据不同款式、不同季节的要求加放相应的松度量，才能作为实际结构制图的尺寸。

1）款式图（图 5－1－1）

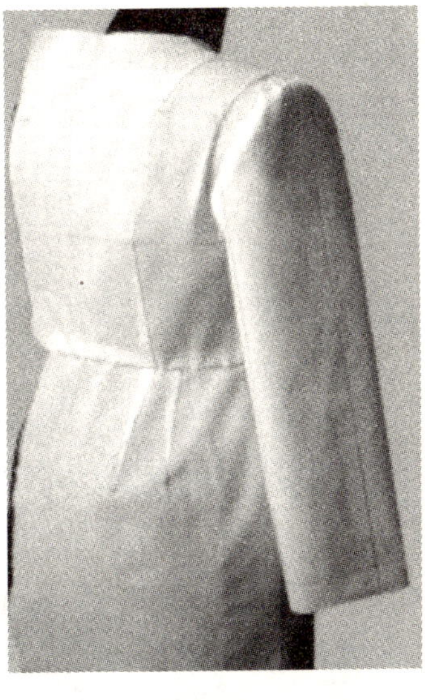

图 5－1－1

2）制作

（1）测量

在平面上制出一片袖的结构。在人台上根据上身衣片测量出适当袖窿深，袖长定为55 cm。图 5－1－2，图 5－1－3。

图 5－1－2

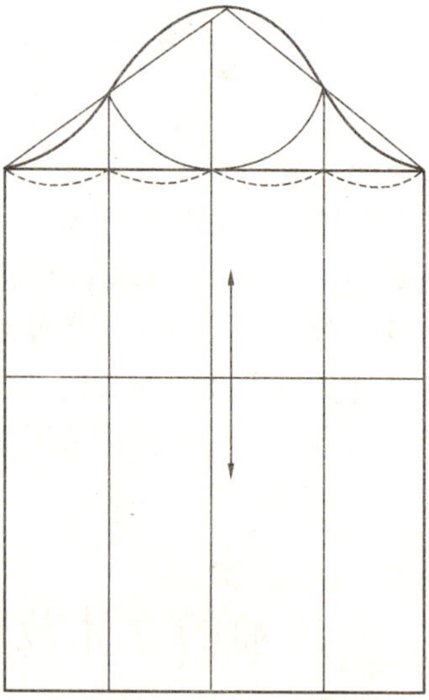

图 5－1－3

（2）坯布的准备

取长＝袖长＋5 cm（余量），宽＝袖肥＋2 cm（余量）的经向布料，裁剪出袖样并缝合袖底缝。图 5－1－4。

（3）操作步骤

① 将袖样固定在肩部，要求袖山中点对应肩缝。根据一片袖的造型，要求袖型有略向前趋的形状，在距肩端点约 7 cm 处固定。图 5－1－5，图 5－1－6。

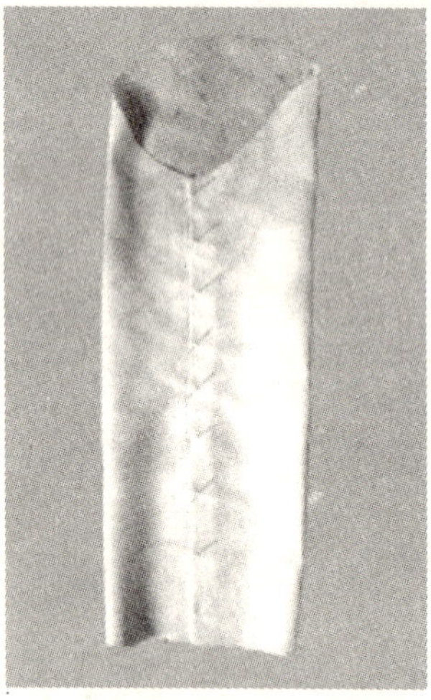

图 5－1－4

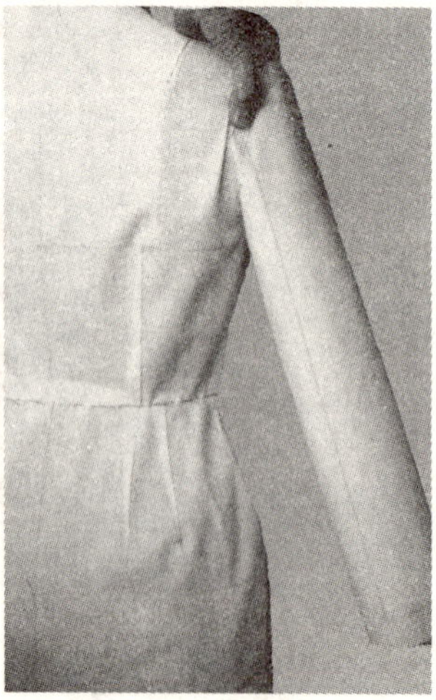

图 5－1－5

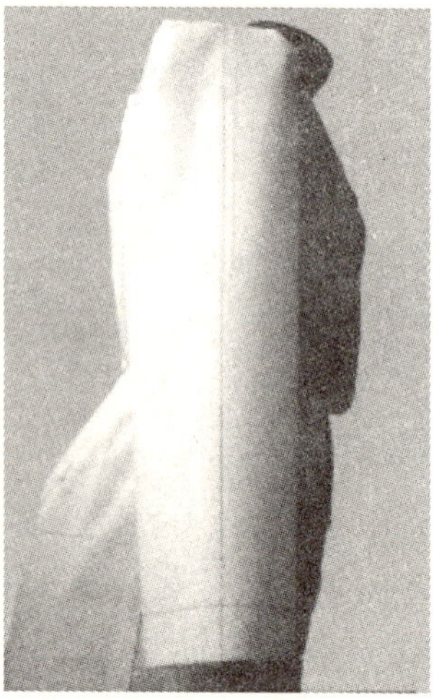

图 5－1－6

② 近一步调整，观察造型是否恰当，确定后用大头针固定在袖窿上，调整好缩缝量。图5-1-7～图5-1-11。

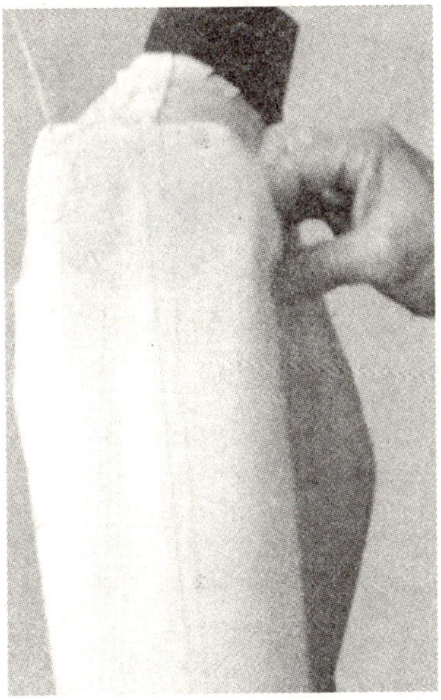

图5-1-7

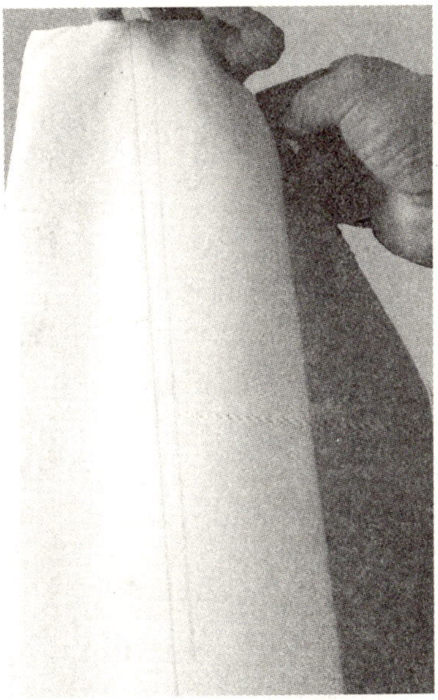

图5-1-8

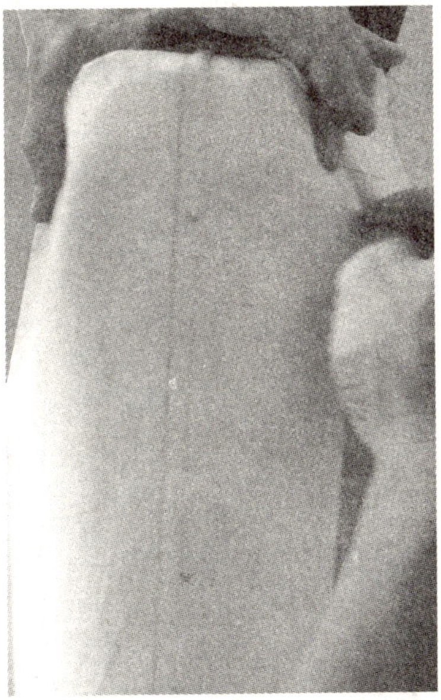

图5-1-9

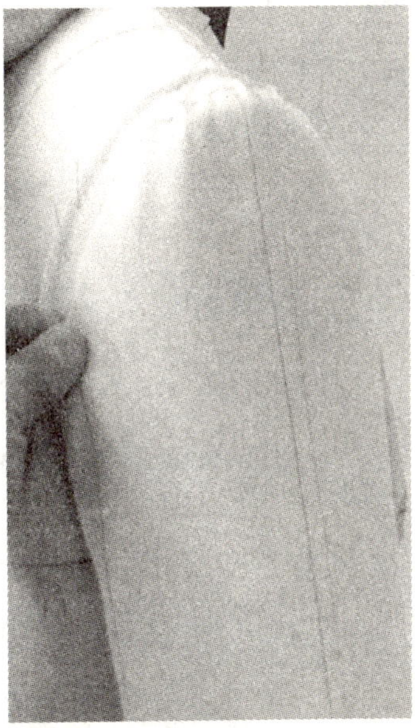

图5-1-10

③ 画好点影线，将衣服从人台上脱下，看袖底弧线是否与袖窿弧线相一致，经修改确认后用白坯布重新裁袖片，然后先与袖窿底部固定。图 5－1－12。

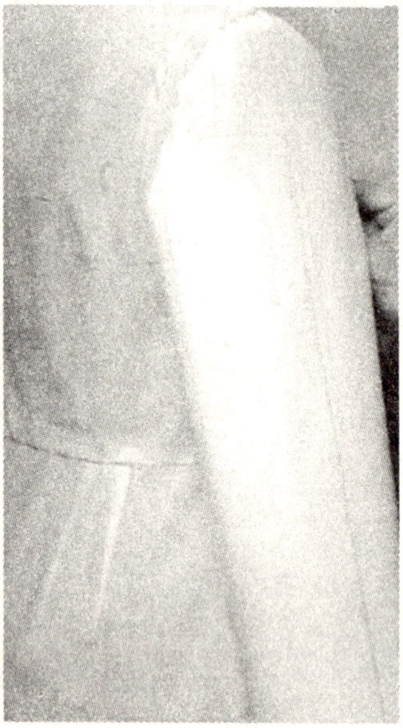

图 5－1－11

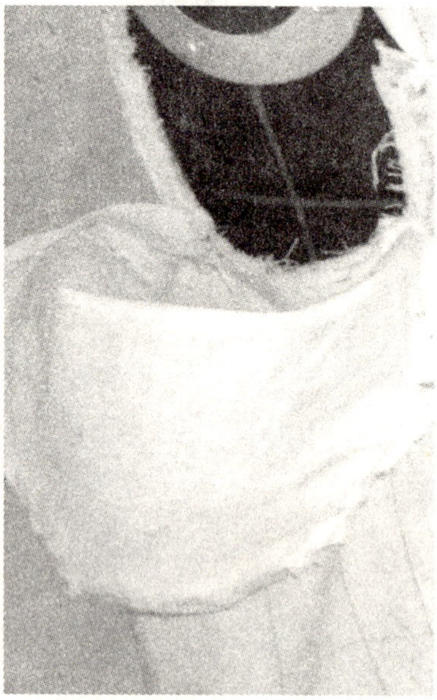

图 5－1－12

（4）完成

将袖山折叠成圆形在袖山顶部作缩缝量，然后固定于袖窿上。图 5－1－13、图 5－1－14 为袖的前视图和后视图。

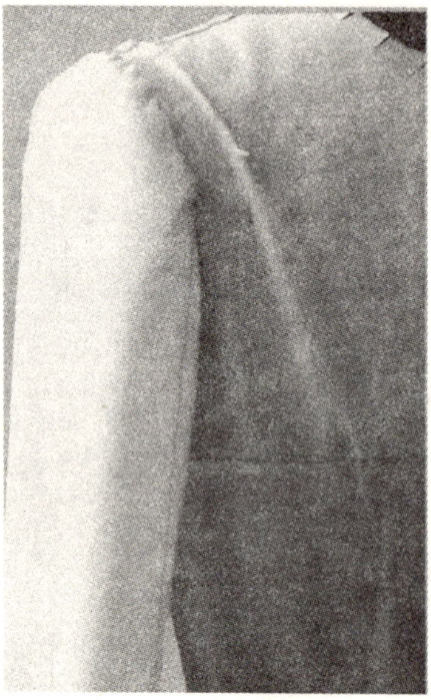

图 5－1－13

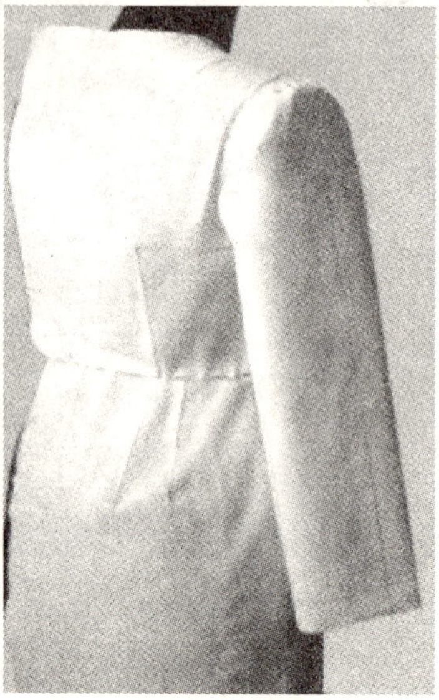

图 5－1－14

5.2 两片袖的立体裁剪方法

图 5-2-1

两片袖是上衣当中最符合人体的一种袖型。它与上衣配套使用，袖子开剪成两片袖，主要用于手臂弯曲的形状，成型后的袖子呈由里外弯势。

1）款式图（图 5-2-1）

2）制作

两片袖的制作步骤和上节所讲的一片袖制作步骤一样。

（1）制图

在平面上制出两片袖的结构，袖山高按 AH/2＋0～0.5 cm（视款式及面料厚度而定）。图 5-2-2。

（2）坯布的准备

取长＝袖长＋5 cm（余量）、宽＝袖宽＋2 cm（余量）的经向布料，裁剪出袖样并缝合袖侧缝。图 5-2-3。

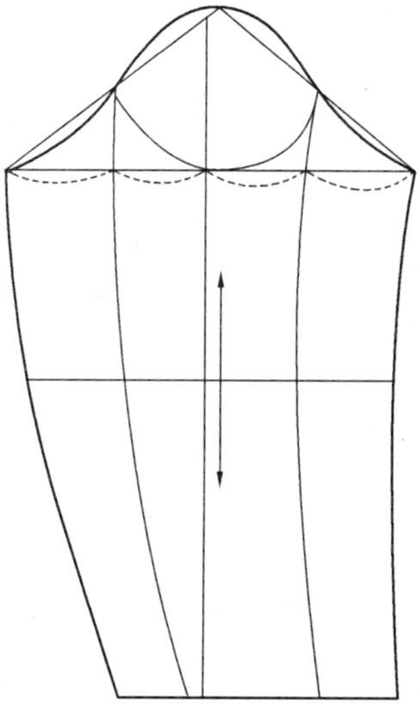

图 5-2-2

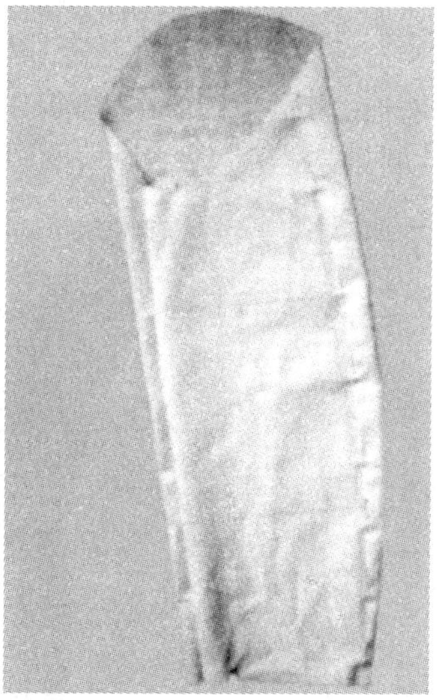

图 5-2-3

(3) 操作步骤

① 将袖样固定在肩部，要求袖中线与人体模型的布手臂覆合一致。根据两片袖的造型，要求袖型有略向前趋的形状，观察造型是否恰当，确定后用大头针固定在袖窿上，调整好缩缝量。图 5-2-4。

② 画好点影线，在平面上将袖布样摊平，经修改确认后用白坯布重新裁袖片，然后先与袖窿底部固定。图 5-2-5。

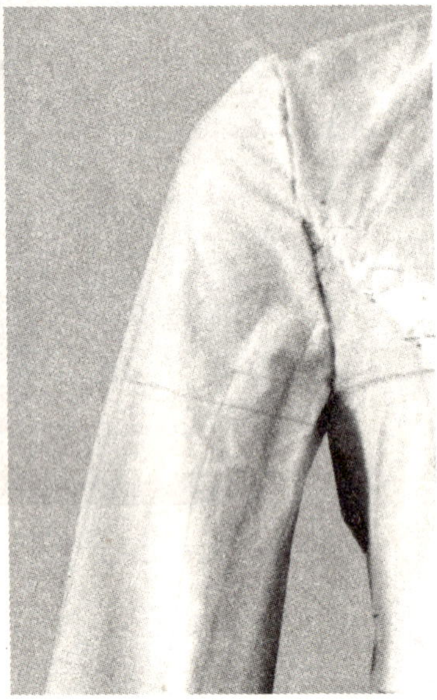

图 5-2-4

图 5-2-5

③ 将袖山折叠成圆形在袖山顶部作缩缝量，然后固定于袖窿上。图 5-2-6、图 5-2-7 为袖的前视图和后视图。

图 5-2-6

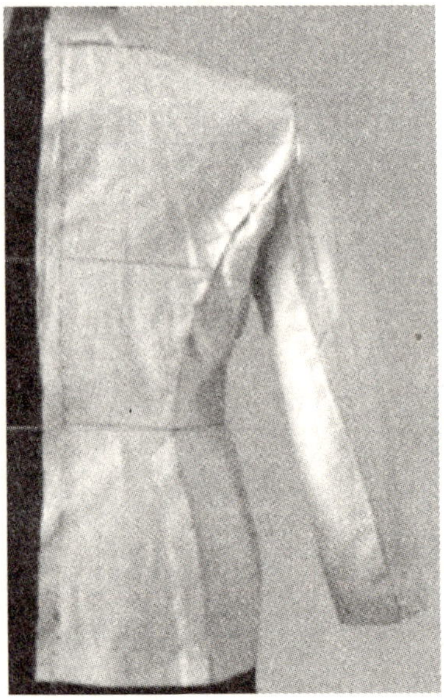

图 5-2-7

5.3 插肩袖的立体裁剪方法

图 5-3-1

插肩袖的袖窿不在衣身的袖窿位置，领窝紧连着袖山，设计变化很大。插肩袖有许多形状，多用于风衣、雨衣。穿用舒服，机能性好，所以在套装中也运用得比较多。

1）款式图(图 5-3-1)

2）制作

(1) 坯布的准备

取长＝袖长＋单肩宽＋10 cm(余量)、宽＝袖肥＋10 cm(余量)的经向布料，在布料上标出袖中线、袖山高线。

(2) 操作步骤

① 在人台上用标志线标出分割线。分割线的位置自领窝至袖窿底部，要求线条流畅、美观。取一布料作前衣身，并画出前中线、胸围线和腰围线，同时按人台上的分割线形状剪切袖窿形状。图 5-3-2，图5-3-3。

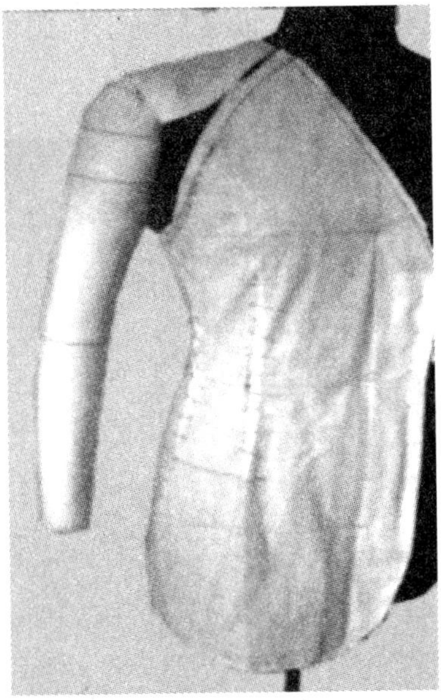

图 5-3-2

图 5-3-3

② 将坯布覆盖在布手臂上，袖山高按款式的宽松程度而确定，然后如图 5－3－1 所示将袖布样的袖中线与布手臂的中线覆合一致。

③ 将手臂抬高至所需衣袖的运动高度，确定袖的运动舒适量后将肩部布料加以固定，并标出袖窿上段的点影线。图 5－3－4，图 5－3－5。

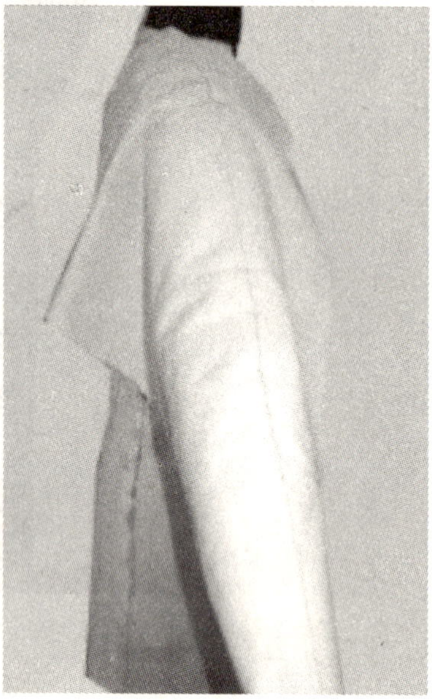

图 5－3－4

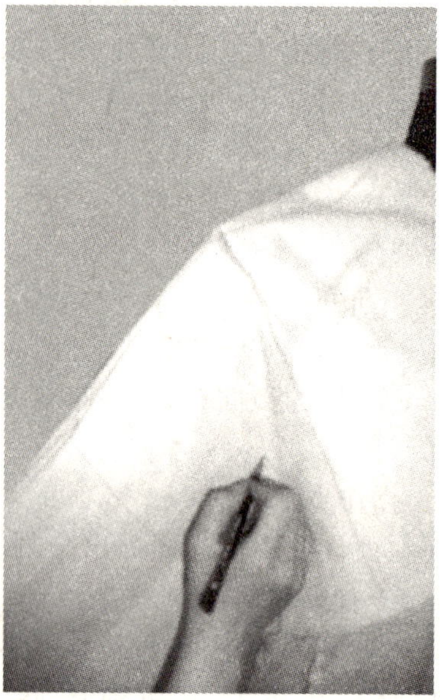

图 5－3－5

④ 用软尺测得衣身袖窿的袖窿弧线。图 5－3－6。

⑤ 在袖布样上用软尺沿袖窿点影线量出袖山弧线的大小，以最后确定袖肥的大小。图5－3－7。

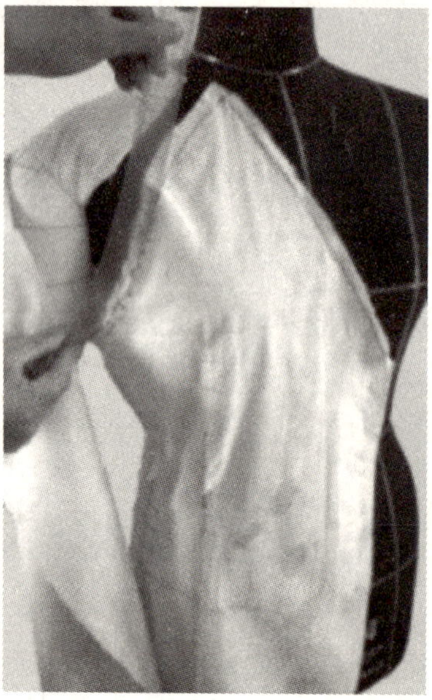

图 5－3－6

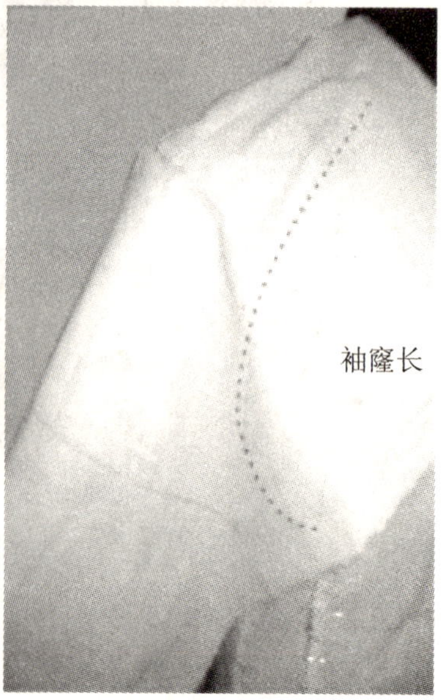

图 5－3－7

⑥ 将布手臂抬起至所需运动高度，画准袖山弧线，并剪去多余面料；将袖布样的袖山弧线与衣身的袖窿的弧线覆合一致，在袖窿的近前胸宽处，用手推出 1.5/10($B-B^{*}$)大小的松量。图 5-3-8。

⑦ 将布手臂抬起，使袖山弧线的下端与衣身袖窿弧线覆合一致。图 5-3-9。

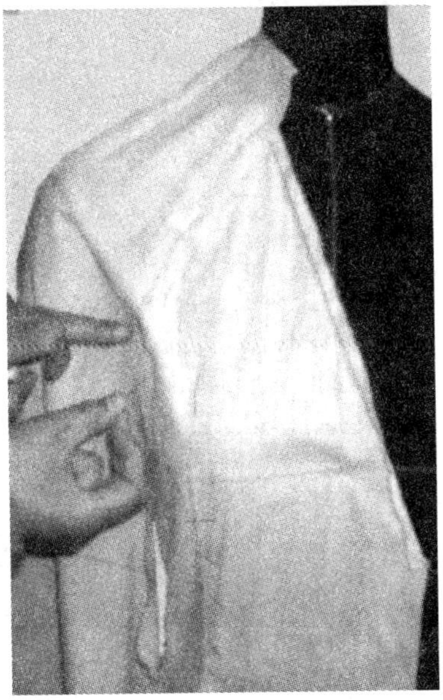

图 5-3-8

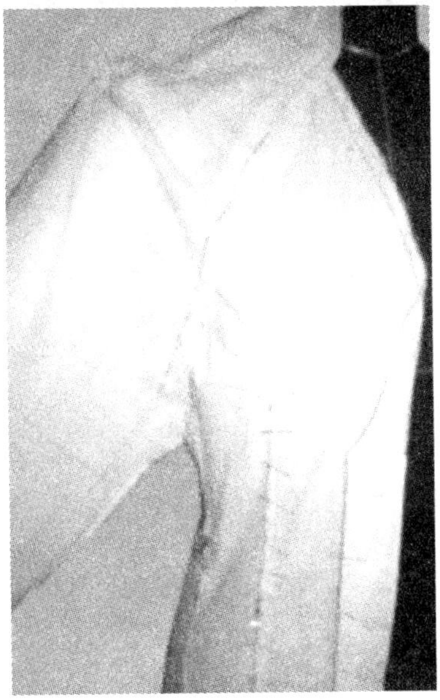

图 5-3-9

⑧ 根据款式造型做出后片衣身，按人台上的分割线的形状剪切后袖窿形状。图5-3-10。

⑨ 取一块与前袖布相同的后袖布，并标出袖中线与袖山高线，然后将后袖布中线与布手臂中线覆合一致。图 5-3-11。

图 5-3-10

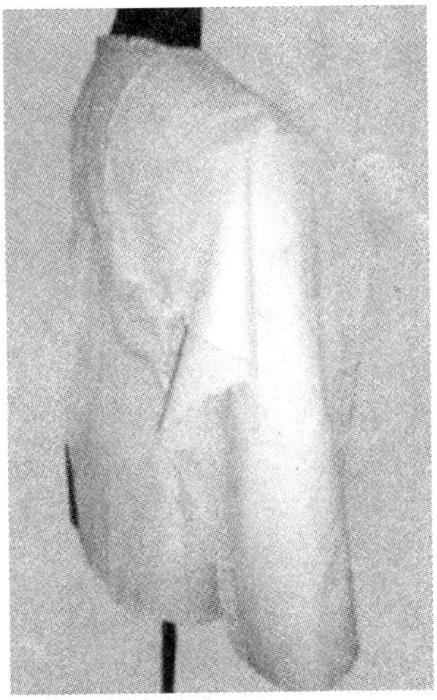

图 5-3-11

⑩ 将布手臂抬起至所需运动高度后，将肩部袖布捋平。图 5－3－12。

⑪ 按前述步骤在袖窿的近后背宽处，用手推出 1.5/10（$B-B^*$）大小的松量。图 5－3－13。

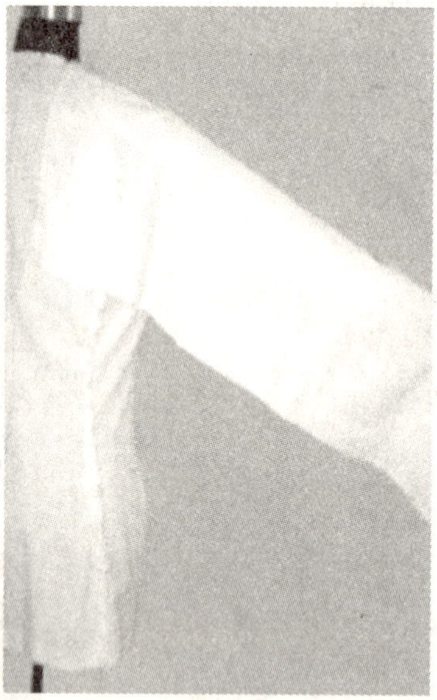

图 5－3－12

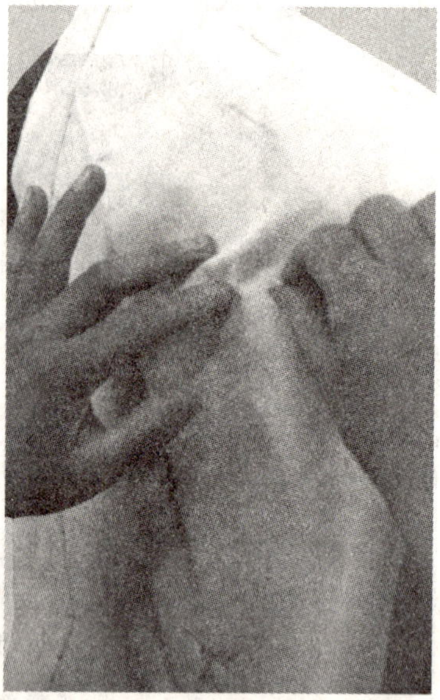

图 5－3－13

⑫ 与前片相同用软尺测得衣身袖窿的袖窿弧线后，在袖布样上用软尺沿袖窿点影线量出袖山弧线的大小，以最后确定袖肥的大小。图 5－3－14。

⑬ 抬起布手臂后将袖布与袖窿对齐并加以固定。

⑭ 画好点影线，在平面上将袖布样摊平，经修改确认后用白坯布重新裁袖片，然后与袖窿底部固定。图 5－3－15～图 5－3－21。

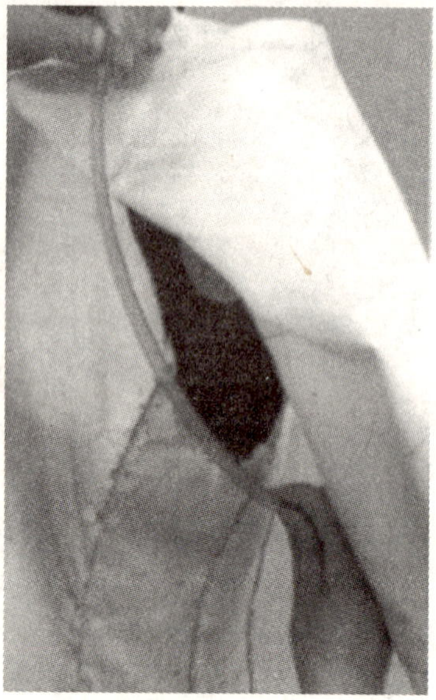

图 5－3－14

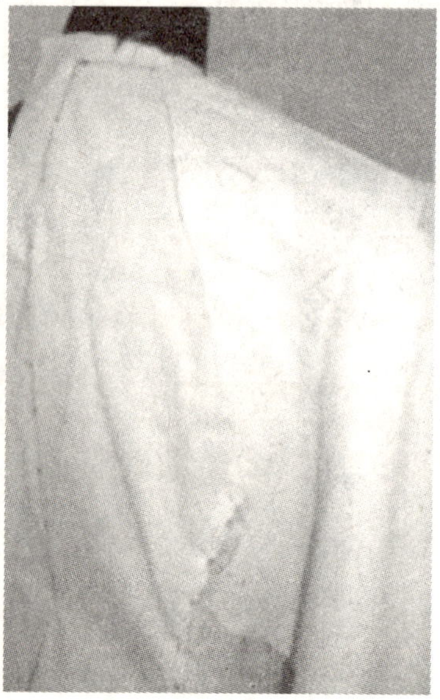

图 5－3－15

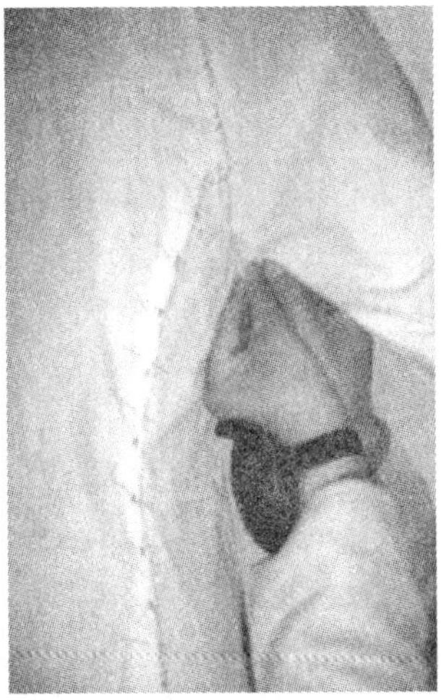

图 5-3-16

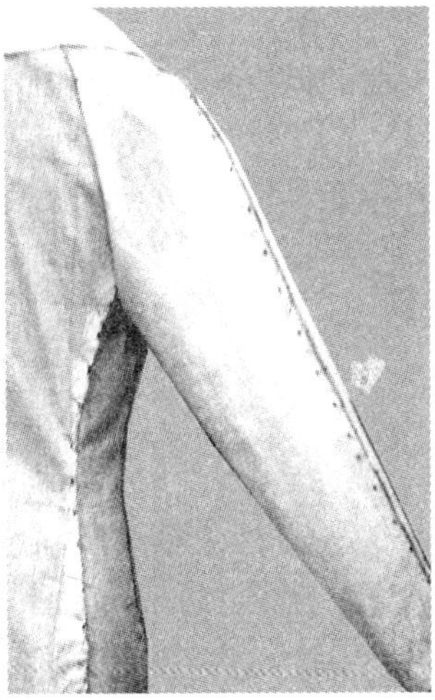

图 5-3-17

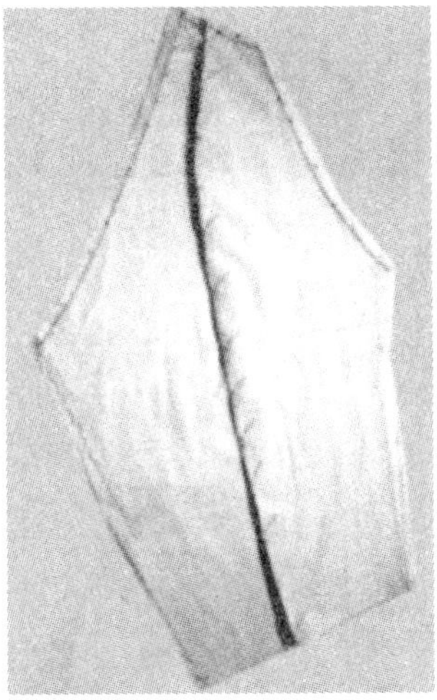

图 5-3-18

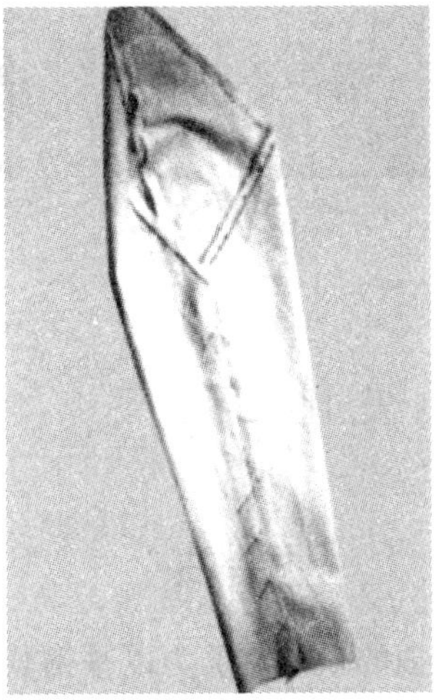

图 5-3-19

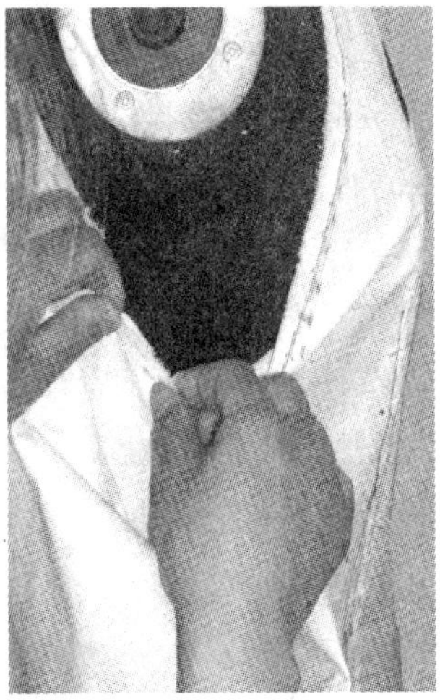

图 5-3-20

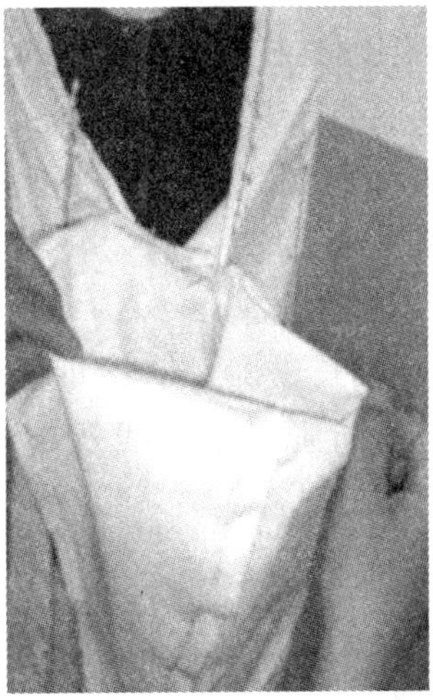

图 5-3-21

(3) 完成

最后完成的插肩袖前视图和侧视图见图 5-3-22、图 5-3-23。

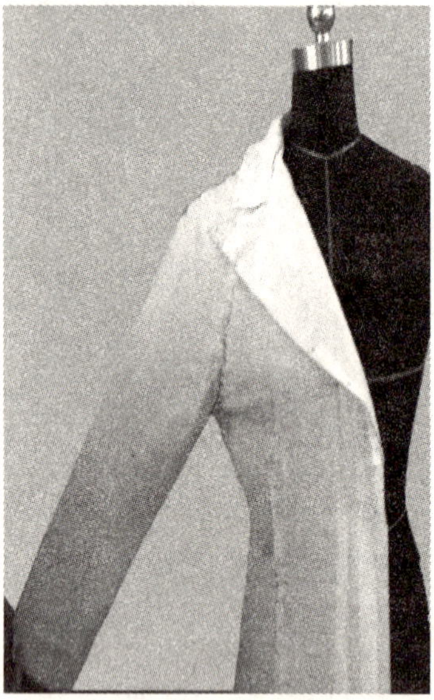

图 5-3-22

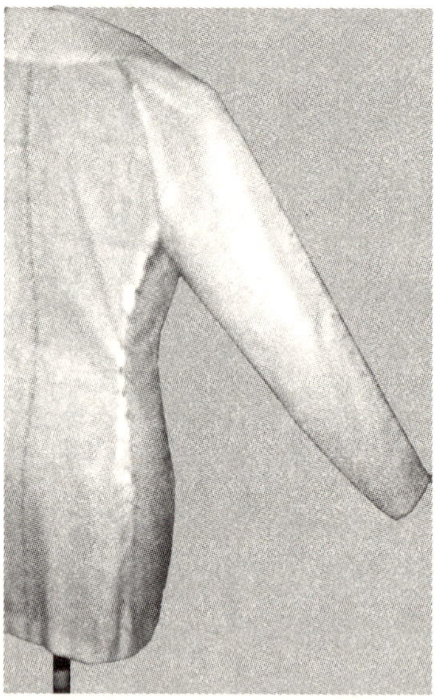

图 5-3-23

5.4 变化袖款式

5.4.1 垂褶袖

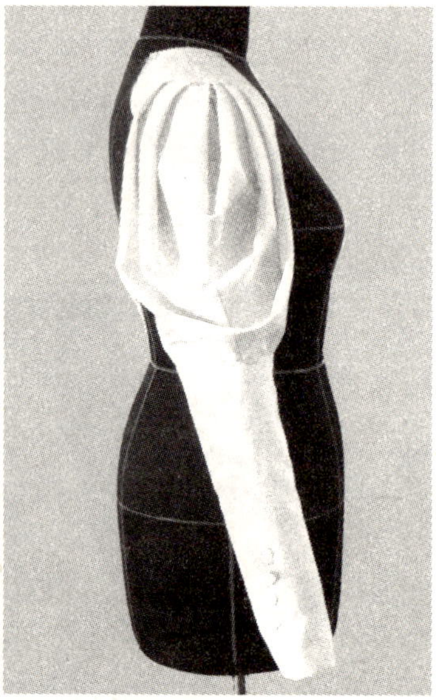

图 5-4-1

垂褶袖的款式特征为以垂褶代替传统的袖山造型，上臂将随着垂褶的飘荡而若隐若现，使女性的魅力倍增。为表现垂褶的飘曳，要选择悬垂性良好的织物且具备适当的挺度，这样能增加垂褶的立体感，如素缎、涤纶乔其纱、美丽绸等织物。

1) 款式图(图 5-4-1)

2) 制作

(1) 坯布的准备

取长＝袖长＋30 cm(褶量及预留量)的正方形布料，按 45°斜向画出中心线及布纹方向线，并将上口折光。

(2) 操作步骤

① 将布料的中心线对准布手臂的中心线，在上口距离袖山顶点 4～5 cm 处固定袖中线。图 5-4-2。

② 确定第一个垂褶量为 10 cm 左右且固定于肩端点。图 5-4-3。

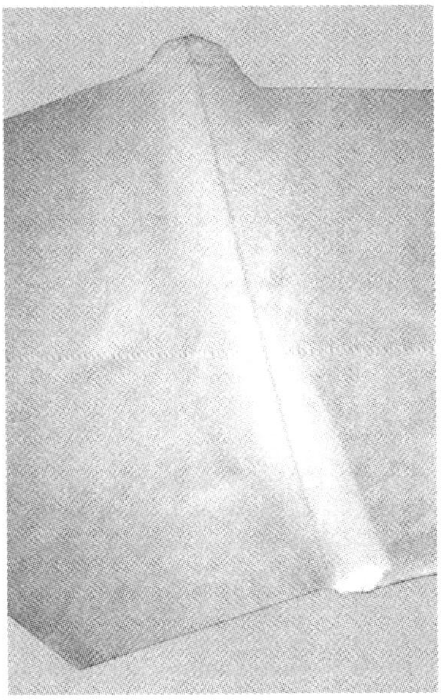

图 5-4-2

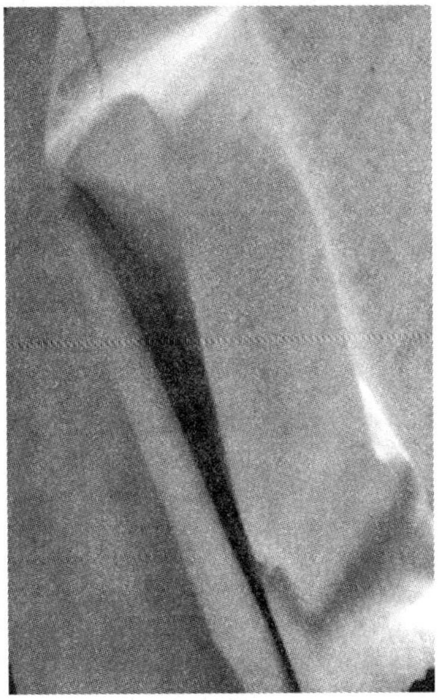

图 5-4-3

③ 根据造型需要，做出 2～3 个垂褶并固定于手臂臂根边沿上。注意造型左右对称、垂褶稳定且袖中线不可歪斜。图 5-4-4～图 5-4-6。

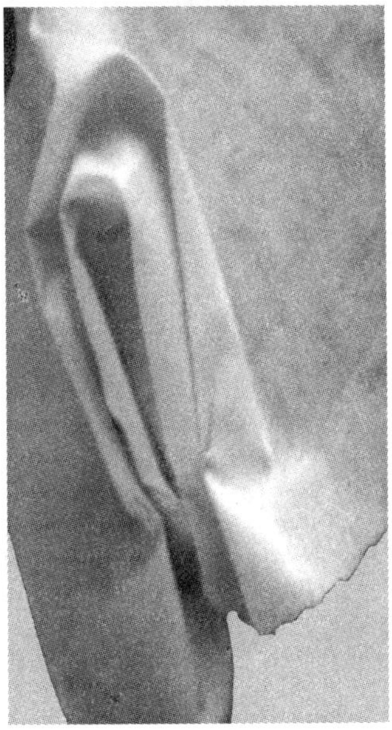

图 5-4-4

图 5-4-5

④ 推放出一定的袖宽松量也是保证垂褶稳定的重要因素之一，连接袖底缝。图 5－4－7。

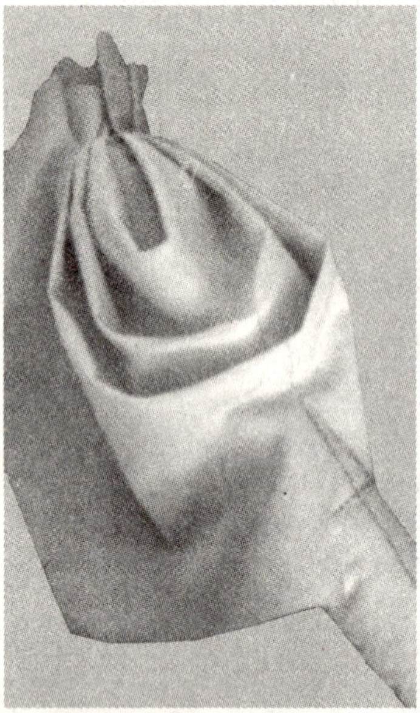

图 5－4－6

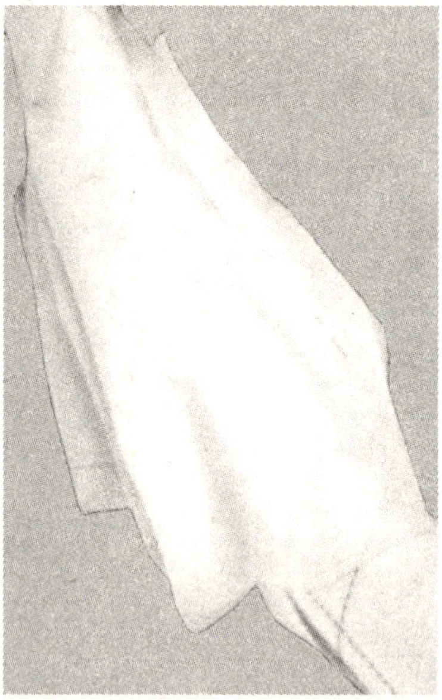

图 5－4－7

⑤ 用软尺确定袖山弧线，为满足舒适性，袖山底部可离开臂跟底部 3～4 cm，然后按放出缝 1 cm 修剪袖山弧线。图 5－4－8。

⑥ 修剪袖口使之平齐，整理垂褶，可作局部修正。画好点影线，在平面上将袖布样摊平，经修改确认后用白坯布重新裁袖片。图 5－4－9 为成型垂褶袖侧视图。

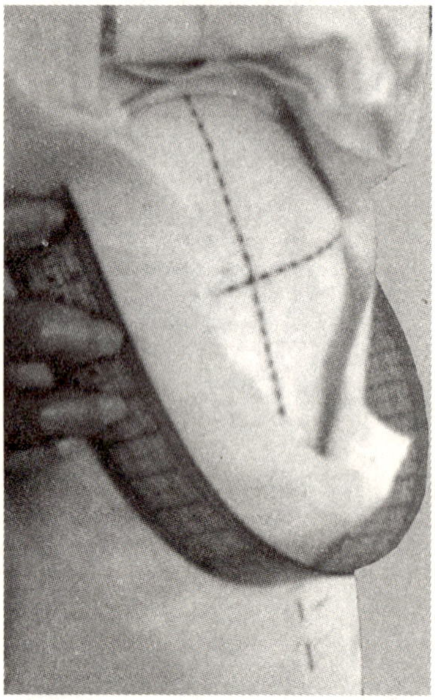

图 5－4－8

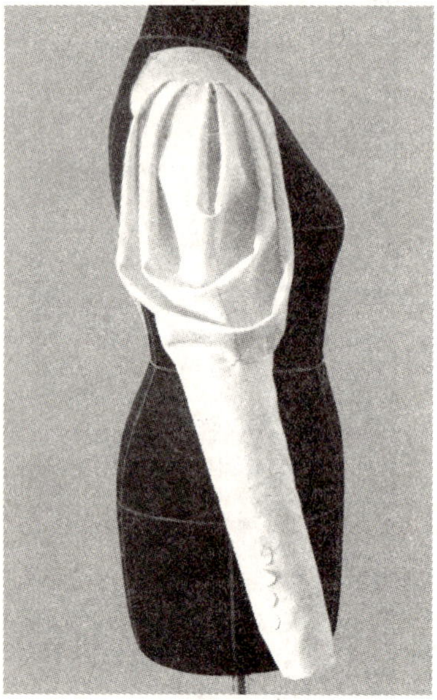

图 5－4－9

5.4.2 波浪袖

波浪袖的特征是袖口张开呈波浪状，犹如倒挂的牵牛花，可作为礼服的一款袖型而配合不同的衣身结构，从而带来意想不到的靓丽效果。

1）款式图（图 5－4－10）

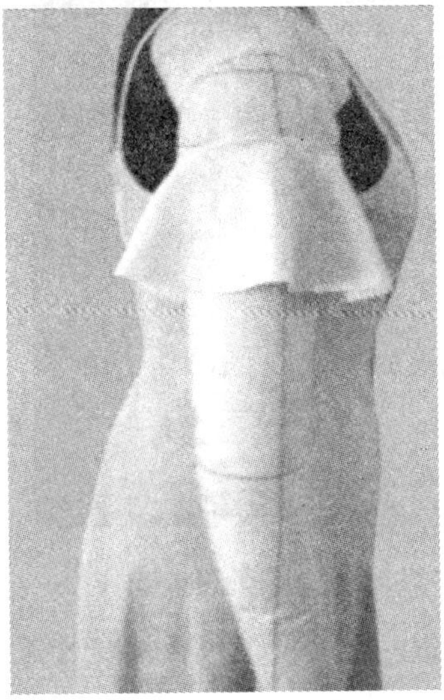

图 5－4－10

2）制作

（1）坯布的准备

取边长为 40 cm 的正方形布样，在布料上标出 45°斜纱向线。

（2）操作步骤

① 在布手臂上标出波浪袖的位置。图 5－4－11。

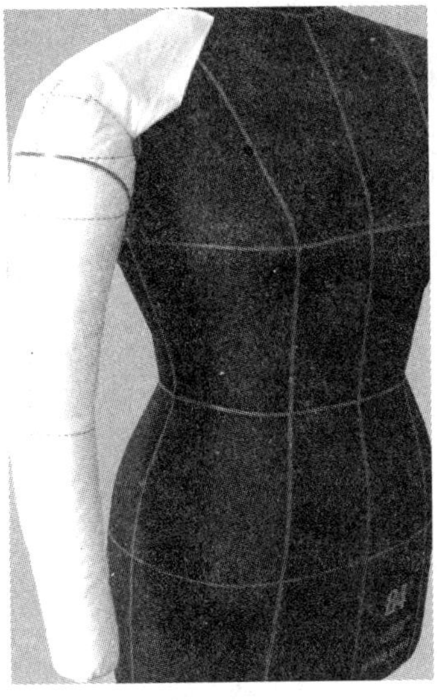

图 5－4－11

② 将欲做成波浪部位的布料，在标志线处向上提拉形成波浪。波浪量就越大，向上提拉的量就越大。将标志线处的面料留下 1 cm 缝份后剪齐。图 5－4－12～图 5－4－14。

图 5－4－12

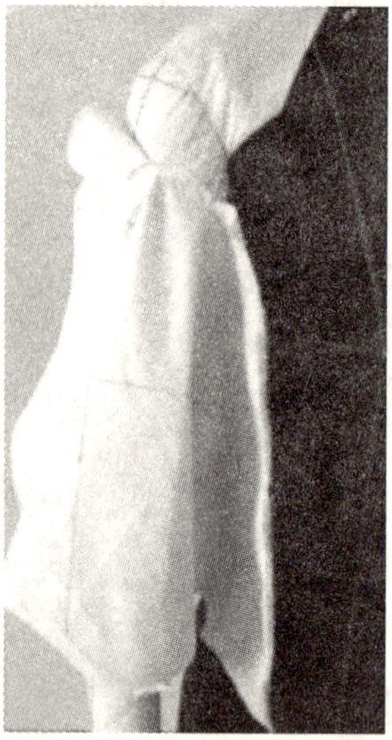

图 5－4－13

图 5－4－14

③ 缝合袖底缝，仔细观察，进一步调整波浪及袖身长短直至满意为止，并将袖底边剪成水平状。图 5－4－15。

④ 画好点影线，在平面上将袖布样摊平，经修改确认后用白坯布重新裁袖片。图 5－4－16 为成型波浪袖侧视图。

图 5－4－15

图 5－4－16

6 下装的立体裁剪实例

目标与任务

学习裙装及裤装的立体裁剪方法

- 了解直筒裙的立体裁剪方法；
- 了解抽褶裙的立体裁剪方法；
- 了解波浪裙的立体裁剪方法；
- 了解各式变化裙的立体裁剪方法；
- 了解裤装的立体裁剪方法。

6.1 直筒裙的立体裁剪实例

直筒裙是一种合体裙，腰部省道的设计，使臀部、腰部成形。省道将多余的面料集中于腰部。由于直筒裙在设计很多不同样板时具有的通用性，因此它在各种裙型的立体裁剪中最重要，其腰省也可以转化为抽褶、褶裥、育克、造型线等不同款式。

6.1.1 直筒裙

1）款式分析

前后各有 4 个腰省，较合体，长及膝盖，在后中开衩，共由三片组成。

图 6-1-1

2）制作

（1）坯布准备

① 撕取坯布：从人台腰围上方 5 cm 处量到人台底部再延伸 10 cm（即认为合适的裙子下摆位置再加 10 cm 的余量），即为裙长；再分别从人台前后中心线量到人台侧缝加 10 cm 的余量，即为前后裙片宽，撕取前后两块面料。

② 熨烫整形处理：由于撕取的面料经纬纱已不垂直、不平整，故应进行整形、整烫处理。方法是沿面料对角拉直，理顺经纬纱，再用熨斗分别在垂直方向和水平方向进行整烫。

③ 绘制对称轴线：在熨烫好的两块坯布离光边 5 cm 处画好两条辅助线作为前后中心线，再在人台上量取腰、臀之间的距离，在坯布上画好辅助线。图 6－1－2。

图 6－1－2

（2）操作步骤

前片的制作方法：

① 将前片的中心线对齐人台的前中心线，腰围、臀围辅助线对齐人台的腰围线、臀围线，并在前中心线上别好大头针。然后距前中心线 1/4（前中心线与侧缝的距离）处作一放松量，1/2（前中心线与侧缝的距离）处做出第一个省道。图 6－1－3。

（注：由于人的运动、吃饭等原因，人的腰围、臀围会发生变化，故制作的直筒裙的腰围、臀围应比人台的要大，其差即为放松量。放松量的大小应视款式而定。理论上放松量个数越多，制作出的样片就越精确、越美观，但实际操作时每片放置 1～2 个即可，且放松量上下不是一样大小。比如裙子腰围与人台腰围差为 2 cm，臀围差为 6 cm，则此时这个放松量在腰围处放 0.5 cm，在臀围处放 1.5 cm，图 6－1－3。省道是臀围与腰围之差，再减去腰线与侧缝线处的撇势。裙片臀围与腰围之间的侧缝线是一段弧线，弧线到臀围出侧缝的垂直距离就是撇势，这是因为人体是曲面的、立体的，要使裙子造型符合人体曲面，就必须在此撇去一部分量。该款撇势在 1.9 cm 左右）

② 在腰节上方留出缝份，剪去多余的面料，并垂直与腰线每隔 1.5 cm 剪一个刀眼。图 6－1－4。

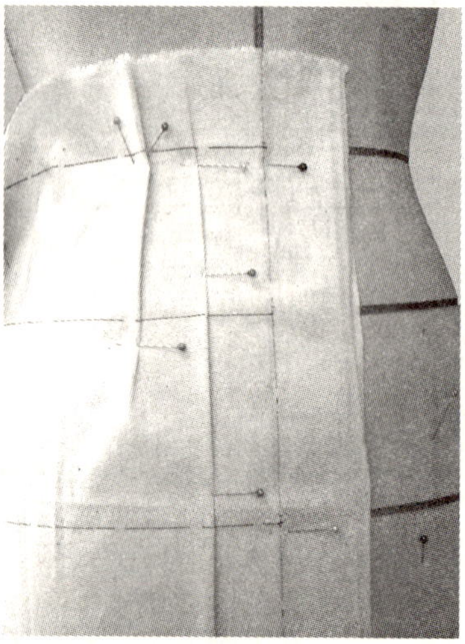

图 6－1－3

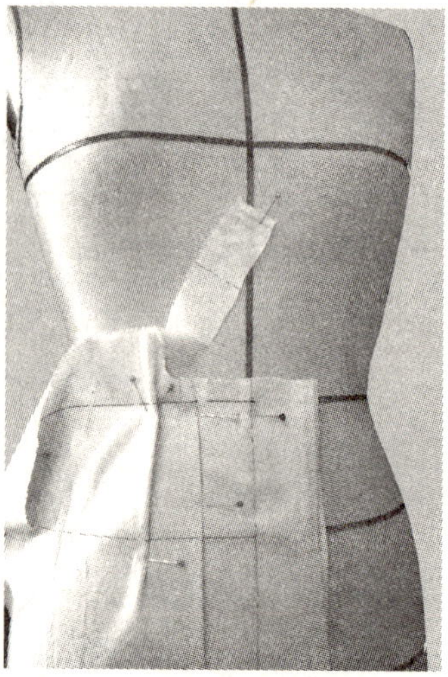

图 6－1－4

③ 在第一个省道与侧缝之间把剩余的面料捏合成第二个省道。图 6－1－5。

④ 剪掉腰线以上多余的面料，沿侧缝留下缝份剪掉多余的面料，并垂直侧缝线剪出刀眼。图 6－1－6。

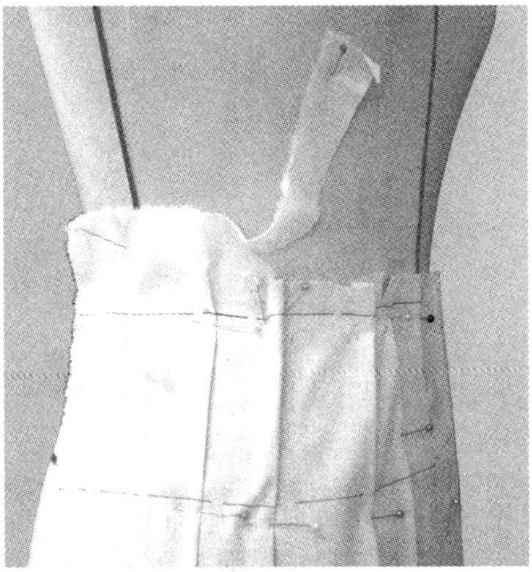

图 6－1－5

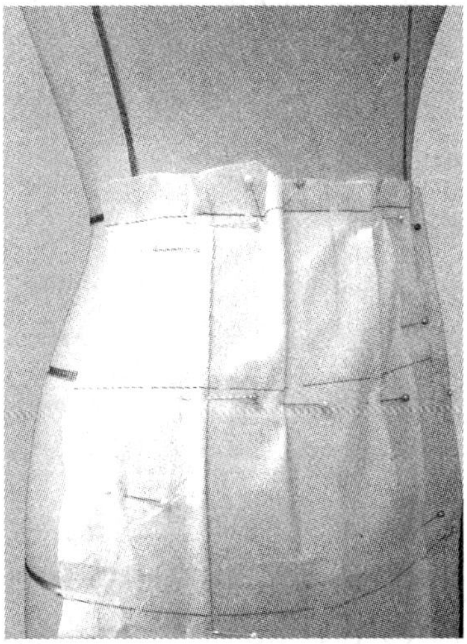

图 6－1－6

后片的制作方法：

⑤ 后片的制作方法与前片的制作方法差不多。图 6－1－7～图 6－1－9。

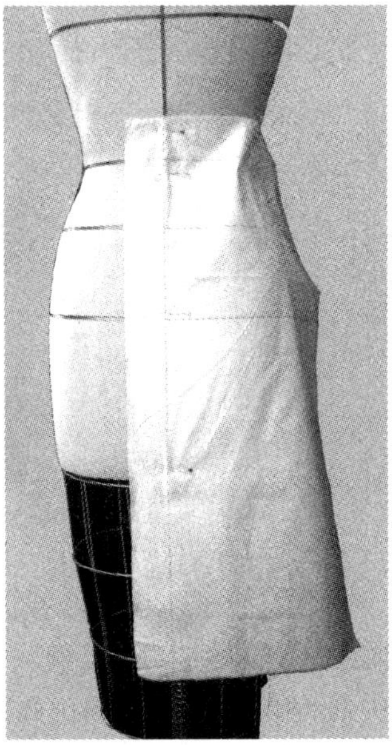

图 6－1－7

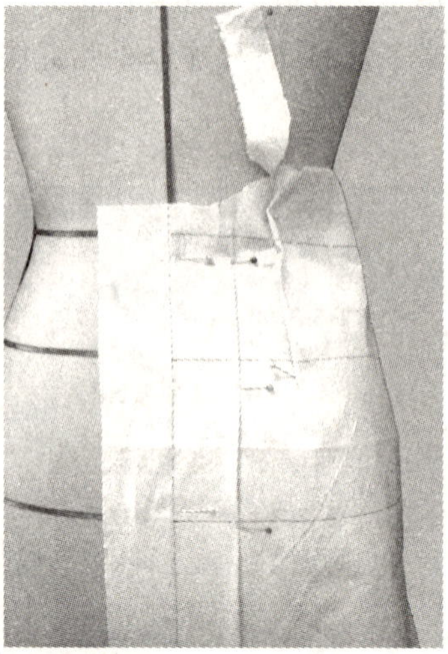

图 6-1-8

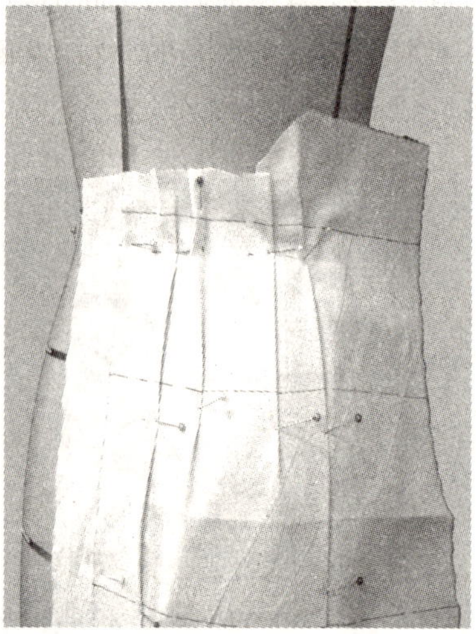

图 6-1-9

⑥ 划线、修剪沿侧缝，用抓合固定法把前后裙片用大头针别合好(图 6-1-10、图 6-1-11)，别好后用铅笔轻轻沿大头针痕迹点划，然后将侧缝打开，在臀围上下各做一个对位记号，并把记号移至正面。图 6-1-12。

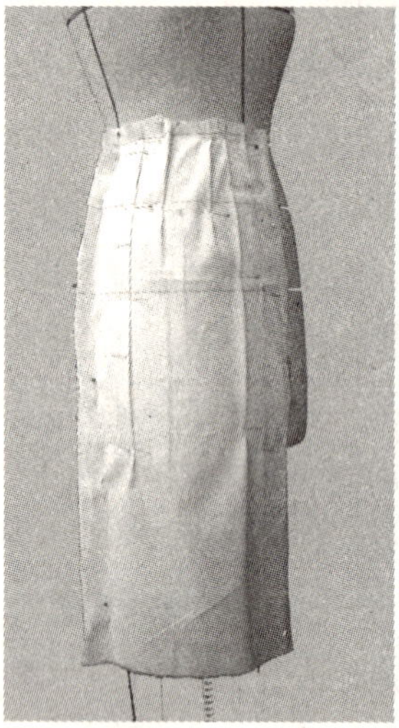

图 6-1-10

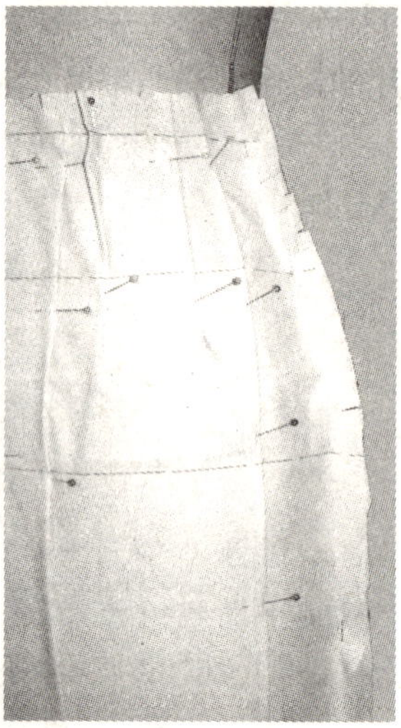

图 6-1-11

⑦ 沿人台的腰围线在坯布上画好线迹、画好省道(省道倒向侧缝)，然后将前后裙片从人台上取下，仔细检查是否有漏画的线，然后展开，熨烫裁片，用直尺、曲线板、铅笔等画出(画清楚，画圆顺)裙片的轮廓线，并把对位记号复制到正面并标明。沿裁剪线在其周围留出 1～2cm 的缝头，剪掉多余的布料，底边要多留一点，以防下摆嫌短，即得到前后裙片平面裁剪图。图 6-1-13。

(注：第一遍修正时要多留点缝头，以 1.5 cm 或更多些)

⑧ 连缝：将修剪好的裁片用大头针别合好，别合时将前片压在后片上。

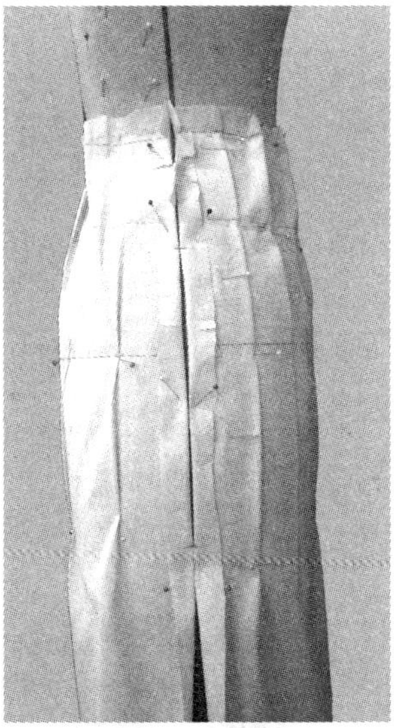

图 6-1-12

图 6-1-13

⑨ 模型试样将别合好的裁片放在人台上对照效果图看效果，注意裁片上的标示线与人台上的标示线要对齐。图 6-1-14～图 6-1-16。

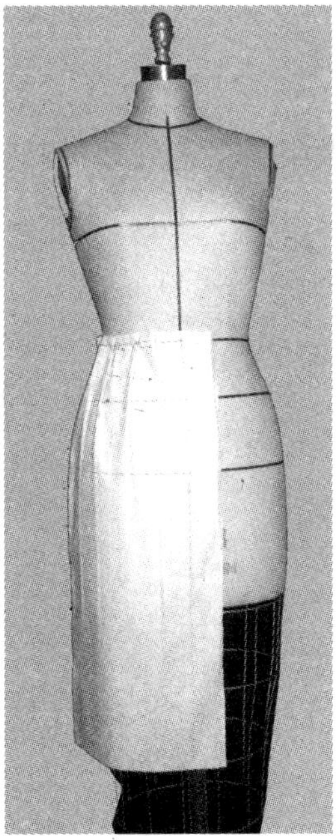

图 6-1-14

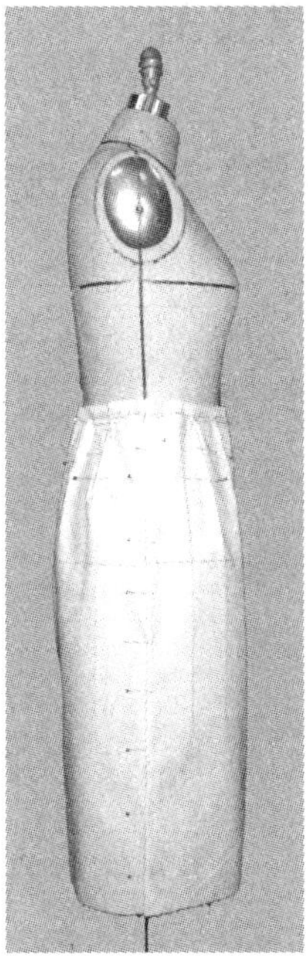

图 6-1-15

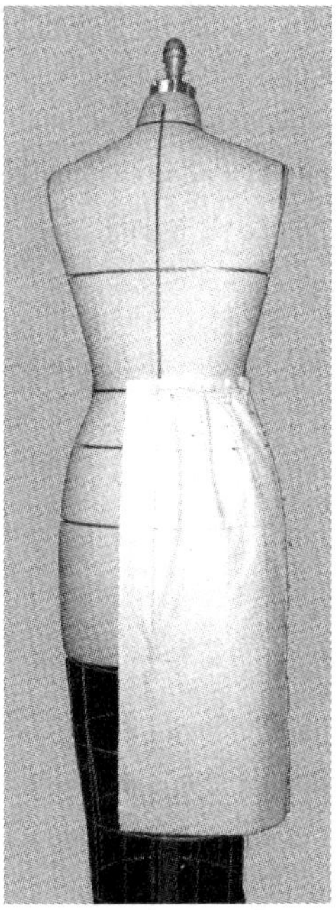

图 6-1-16

⑩ 调整样衣，以符合规格：在看裙身长度是否合适，腰、臀处放量是否美观等时，若发现出问题，可以在人台上及时调整处理（别出要修改的地方）。

⑪ 做出裙腰片。图 6－1－17、图 6－1－18。

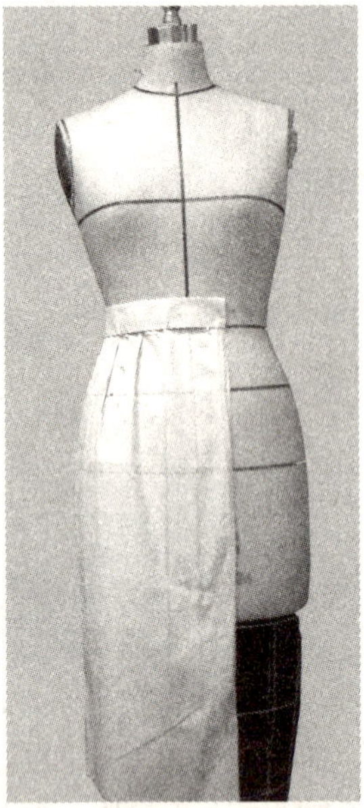

图 6－1－17

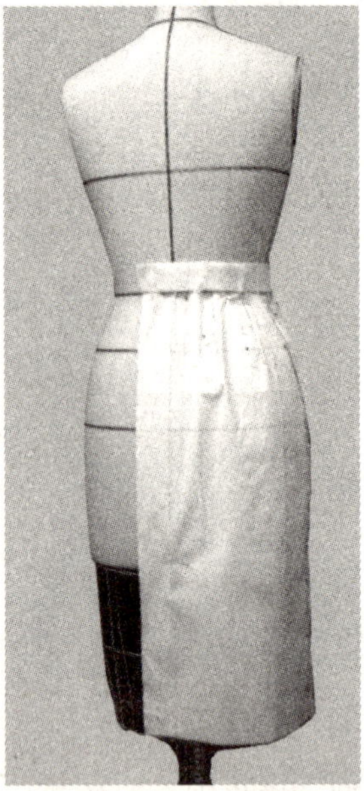

图 6－1－18

6.1.2　竖向分割的直筒裙实例

1）款式分析

前后共六片，较合体，长及小腿，前后有公主线，并在裙子下摆做阴褶工艺处理，侧缝开合。图 6－1－19。

图 6－1－19

2）制作

（1）服装裁剪线的标定

一款服装放置一个裁剪线，是暂时固定在人台上的标示线，为制作裁片所必需的标识线，可用白色或红色、蓝色以外的颜色。在人台上进行标定。见图 6－1－20、图 6－1－21。

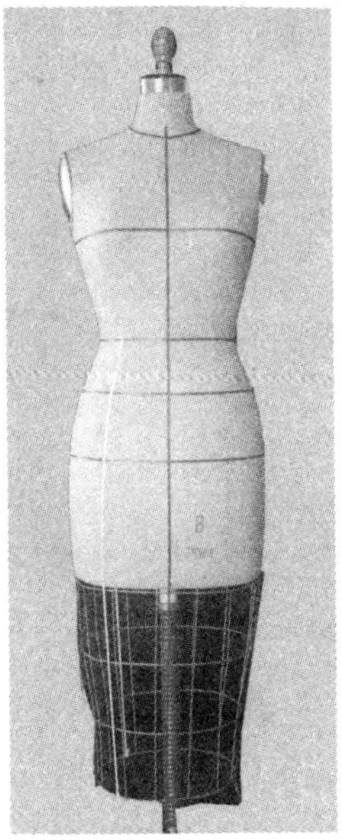

图 6－1－20

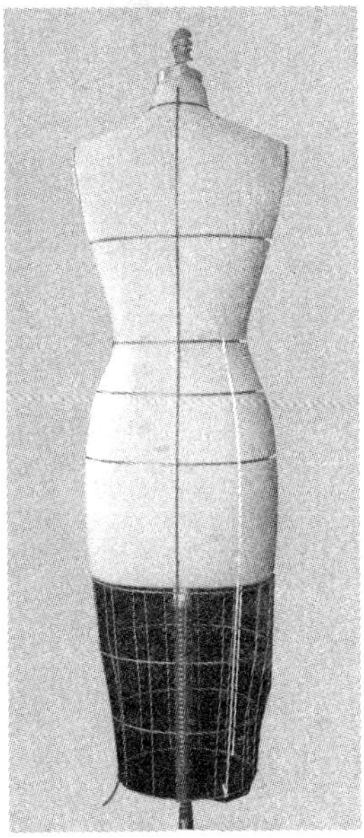

图 6－1－21

（2）坯布准备

① 撕取坯布：从人台腰围上方 5 cm 处量到人台底部再延伸 10 cm（即认为合适的裙子下摆位置再加 10 cm 的余量），即为裙长；量出人台上每片的最宽处再分别加 20 cm 的余量，即为各裙片宽，撕取各片面料。前后中片用有光边的面料（由于该款直筒裙下摆处作阴褶工艺处理的，所以，每片的宽度的余量应根据阴褶的大小适当加大）。

② 整形、整烫处理：由于撕取的面料经纬纱已不垂直、不平整，故应进行整形、整烫处理。方法是沿面料对角拉直，理顺经纬纱，再用熨斗分别在垂直方向和水平方向进行整烫。

③ 绘对称轴线：在熨烫好的前后中片离光边 5 cm处画好两条辅助线作为前后中心线，在前后侧片的中间各画一条垂直辅助线，然后再在人台上量取腰、臀之间的距离，在各块坯布上画好辅助线。图 6－1－22。

图 6－1－22

（3）操作步骤

前中片的制作方法：

① 将前中片的中心线对齐人台的前中心线，腰围、臀围辅助线对齐人台的腰围线、臀围线，并在

前中心线上别好大头针。图 6-1-23。

② 在前中心线与公主线的 1/2 处作一放松量。图 6-1-24。

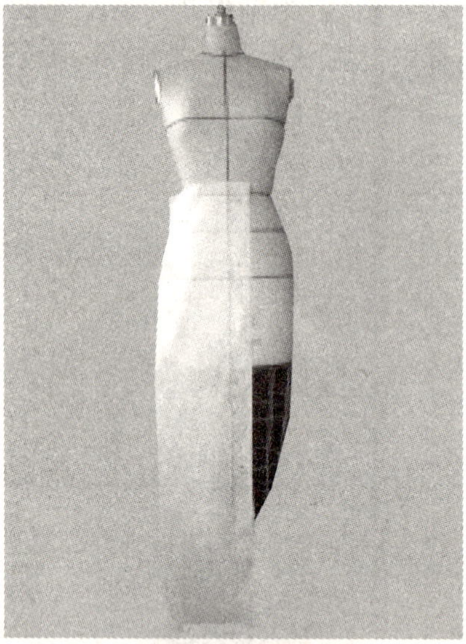

图 6-1-23

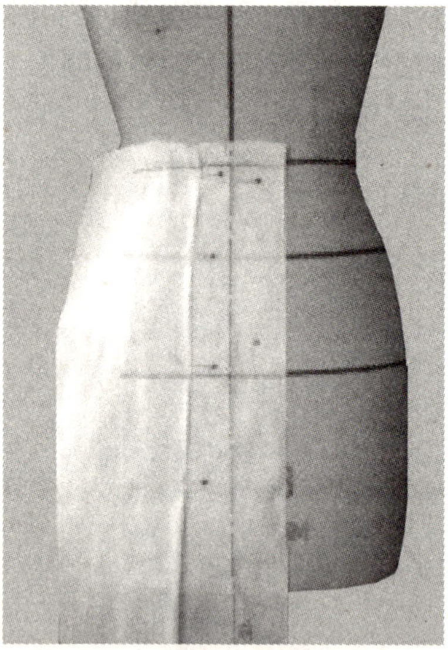

图 6-1-24

③ 在腰节上方留出缝份,剪去多余的面料,并垂直于腰线每隔 1.5 cm 剪一个刀眼。剪去公主线处多余的面料,并剪刀眼。图 6-1-25。

(注:由于坯布在人台下肢部分不好别合,故臀围以下的坯布可暂时不剪,可以用平面的方法做出)

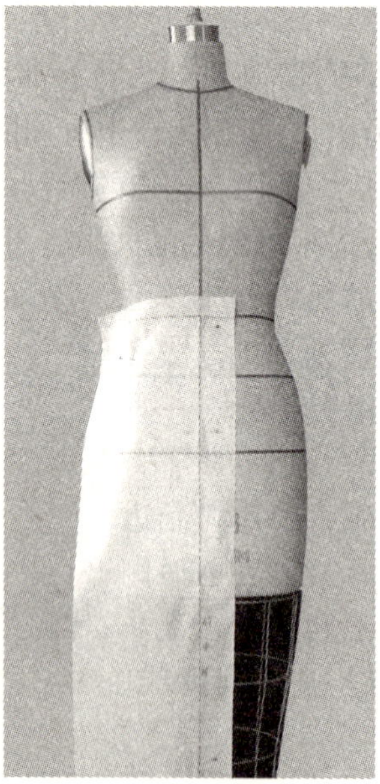

图 6-1-25

后中片的制作方法：

④ 后中片的制作方法与前中片的制作方法差不多。图 6－1－26、图 6－1－27。

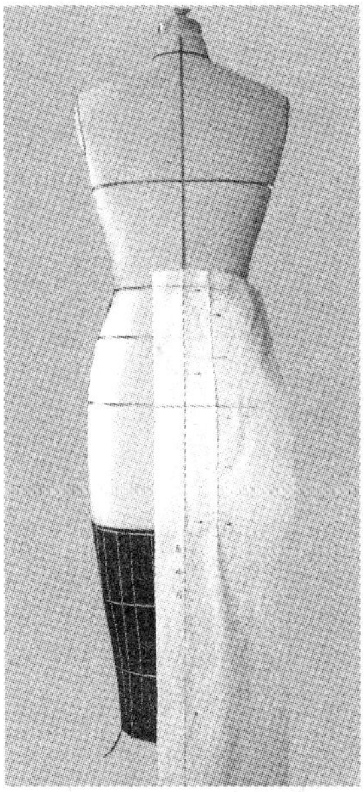

图 6－1－26

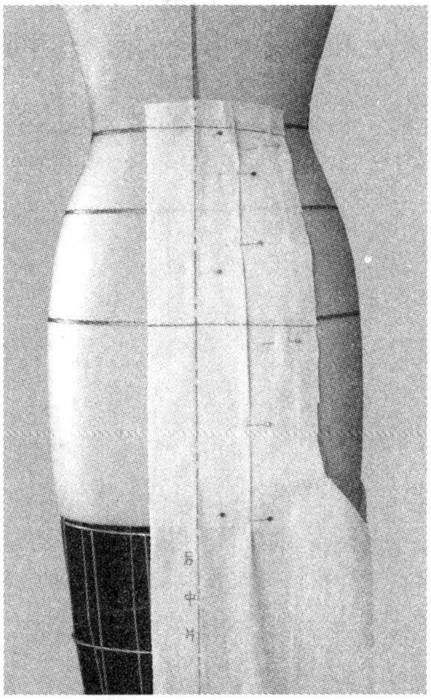

图 6－1－27

前侧片的制作方法：

⑤ 将坯布的臀围线与人台的臀围线对齐，并使坯布的中心辅助线大致在人台前侧片的中间，在中心线上别合大头针。图 6－1－28。

⑥ 在中心线的两侧分别至侧缝、公主线的中间做两个放松量，两个量的和与前中片的放松量相等。图 6－1－29。

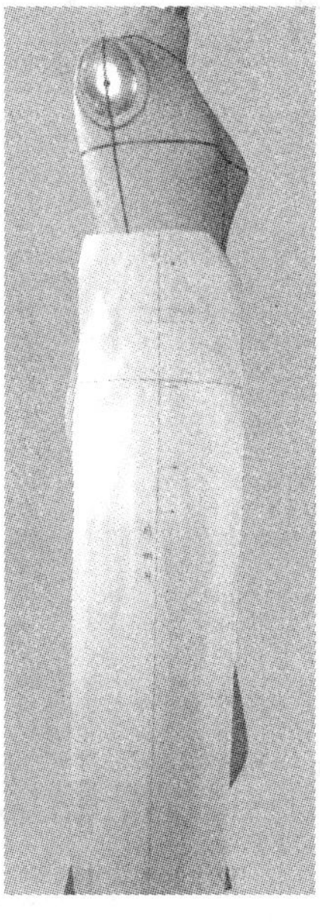

图 6－1－28

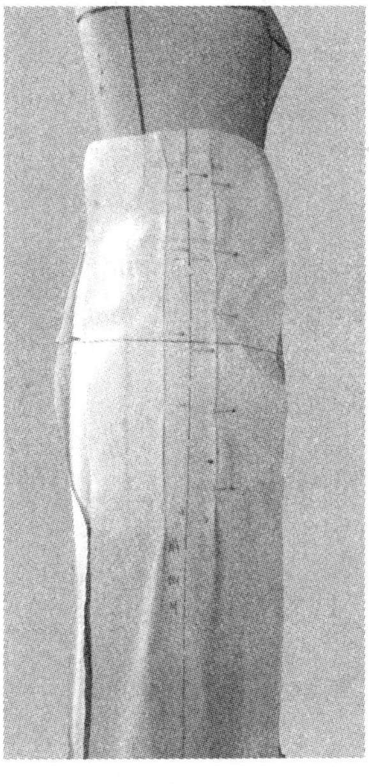

图 6－1－29

（注：放松量的大小应视款式而定。理论上放松量个数越多，制作出的样片就越精确、越美观，但实际操作时每片放置 1～2 个即可，且放松量上下不是一样大小）

⑦ 在腰节上方留出缝份，剪去多余的面料，并垂直于腰线每隔 1.5 cm 剪一个刀眼。剪去公主线处和侧缝处多余的面料，并剪刀眼。图 6－1－30。

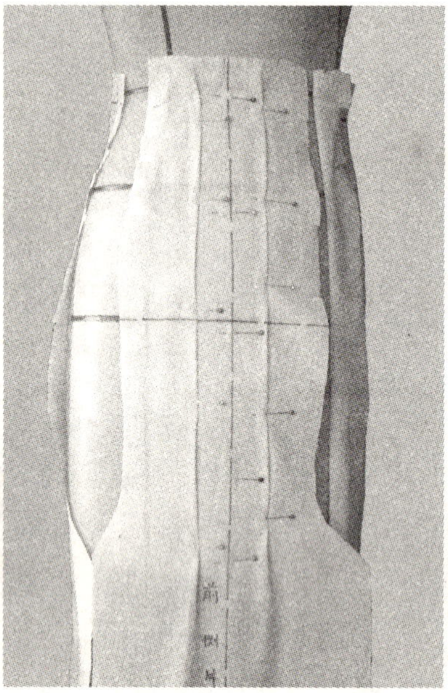

图 6－1－30

后侧片的制作方法：

⑧ 后侧片的制作方法与前侧片的制作方法差不多。图 6－1－31～图6－1－33。

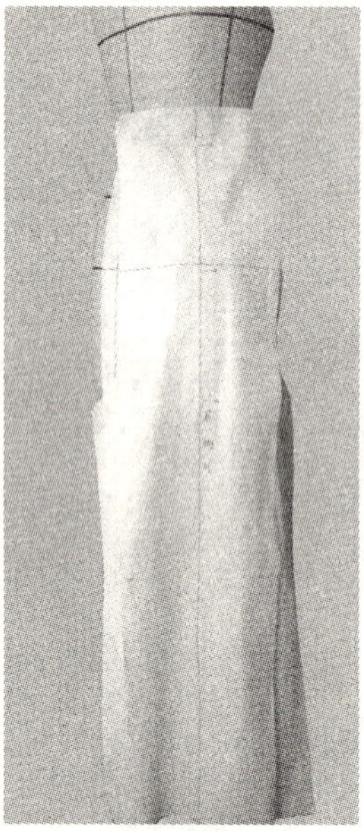

图 6－1－31

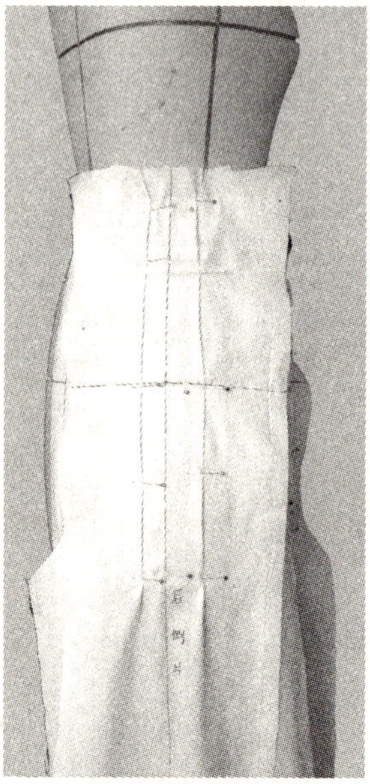

图 6－1－32

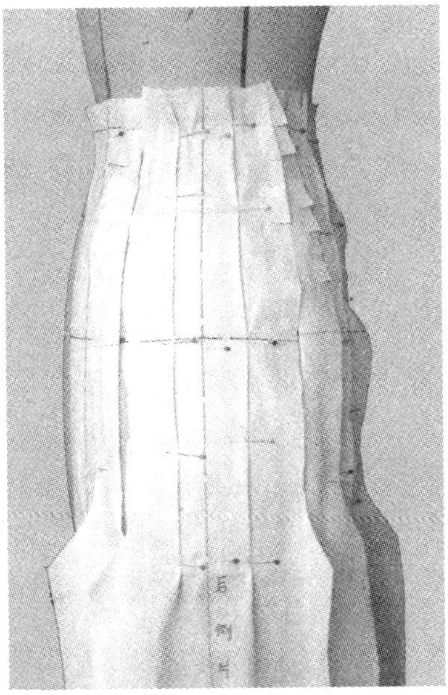

图 6-1-33

⑨ 沿侧缝、公主线用抓合固定法把前后各裙片用大头针别合好，如图 6-1-34、图 6-1-35。别好后用铅笔轻轻沿大头针痕迹点画，然后将侧缝、公主线缝打开并在臀围上下各做一个对位记号，并把记号移至正面。在认为合适的做阴褶工艺处理的开始处用有色带做出记号并用铅笔画好线迹，图 6-1-36。

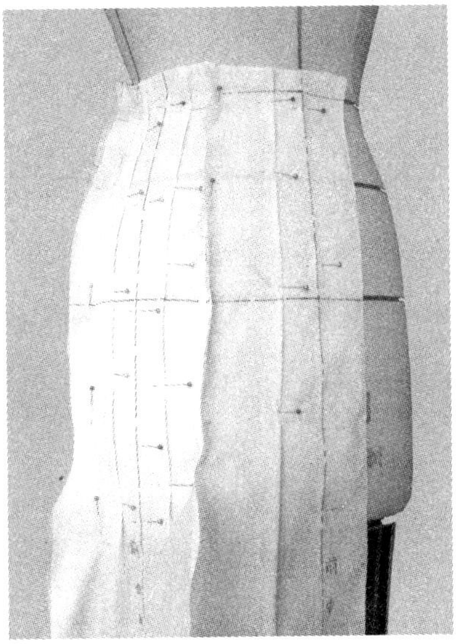

图 6-1-34

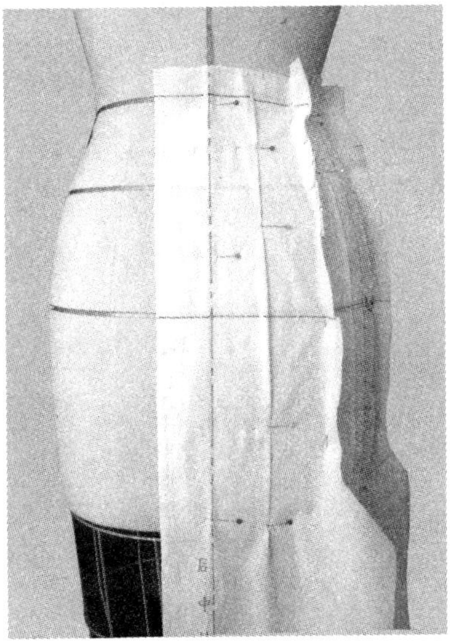

图 6-1-35

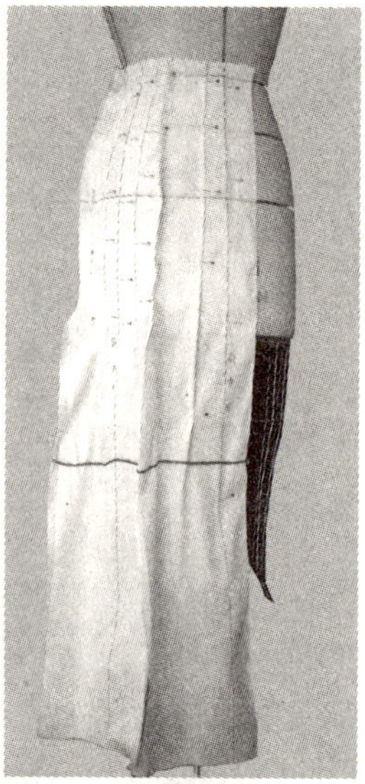

图 6-1-36

⑩ 沿人台的腰围线在坯布上画好线迹，然后将前后各裙片从人台上取下，仔细检查是否有漏画的线，然后展开，熨烫裁片，用直尺、曲线板、铅笔等画出(画清楚，画圆顺)裙片的轮廓线，并把对位记号复制到正面并标明。从各片臀围线与铅笔线迹交点做中心线或中心辅助线的平行线，然后再留出阴褶量的大小，沿裁剪线在其周围留出 1～2 cm 的缝份，剪掉多余的布料，底边要多留一点，以防下摆嫌短，即得到前后各裙片平面裁剪图。图 6-1-37。

(注:第一遍修正时要多留点缝头，以 1.5 cm 或更多些)

图 6-1-37

⑪ 连缝:将修剪好的裁片用大头针别合好，烫好阴褶并别合。别合时将前中片压在前侧片上，后中片压在后侧片上，前侧片压在后侧片上。

⑫ 模型试样：将别合好的裁片放在人台上对照效果图看效果，注意裁片上的标示线与人台上的标示线要对齐。图 6 - 1 - 38、图 6 - 1 - 39。

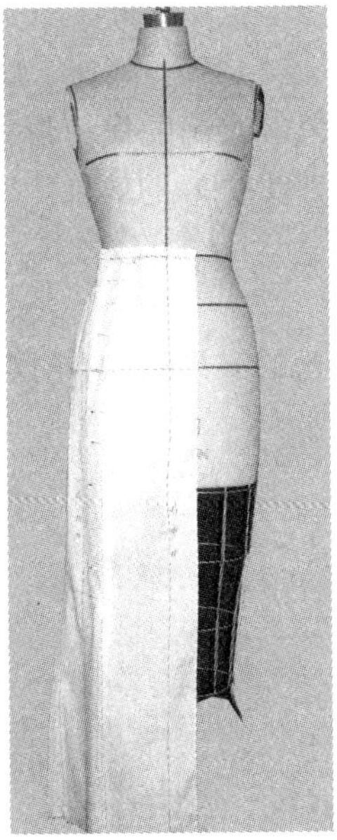

图 6 - 1 - 38

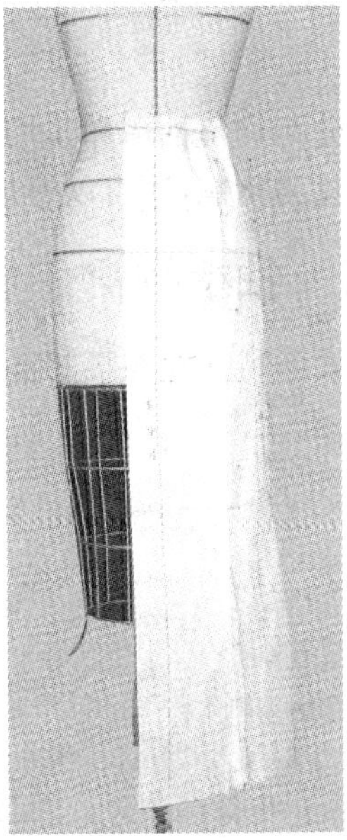

图 6 - 1 - 39

⑬ 调整样衣，以符合规格。在看裙身长度是否合适，腰、臀处放量是否美观等时，若发现问题，可以在人台上及时调整处理(别出要修改的地方)。

⑭ 做出裙腰片。图 6 - 1 - 40、图 6 - 1 - 41。

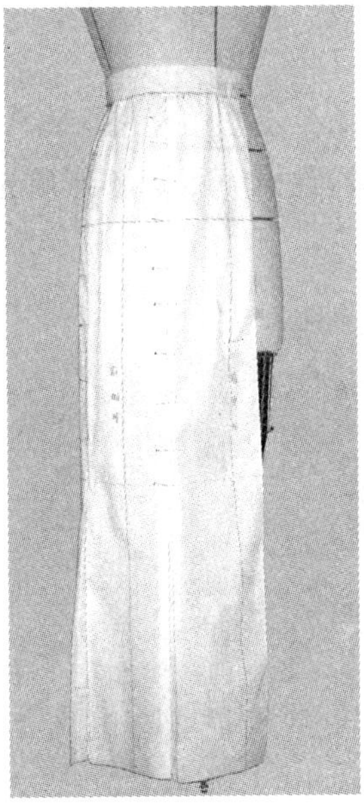

图 6 - 1 - 40

图 6 - 1 - 41

6.2 抽褶裙的立体裁剪实例

抽褶裙分为均匀抽褶和非均匀抽褶。它是将腰臀差化为褶或裥的设计形式，它可以单纯地把差量化为褶裥，还可以追加多余的量，形成特殊的美，产生更好的效果。

6.2.1 抽褶裥裙

这种款式的特征是在腰部抽均匀的褶裥，使裙身形成蓬松的皱褶，它的裙摆量较大。

1）款式图(图 6－2－1)

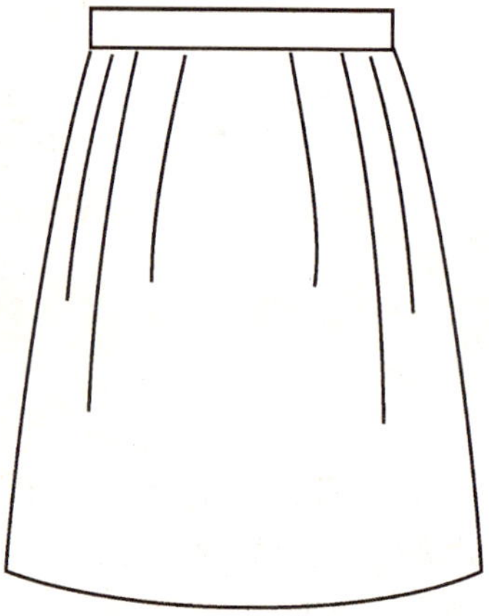

图 6－2－1

2）制作

(1) 坯布的准备

取长＝裙长＋10 cm(预留量)，宽＝$H/4$＋18 cm(余量，注意下摆以不影响走路而留出松量)经向布料。标注前、后中线和臀围线。图 6－2－2。

图 6－2－2(a)

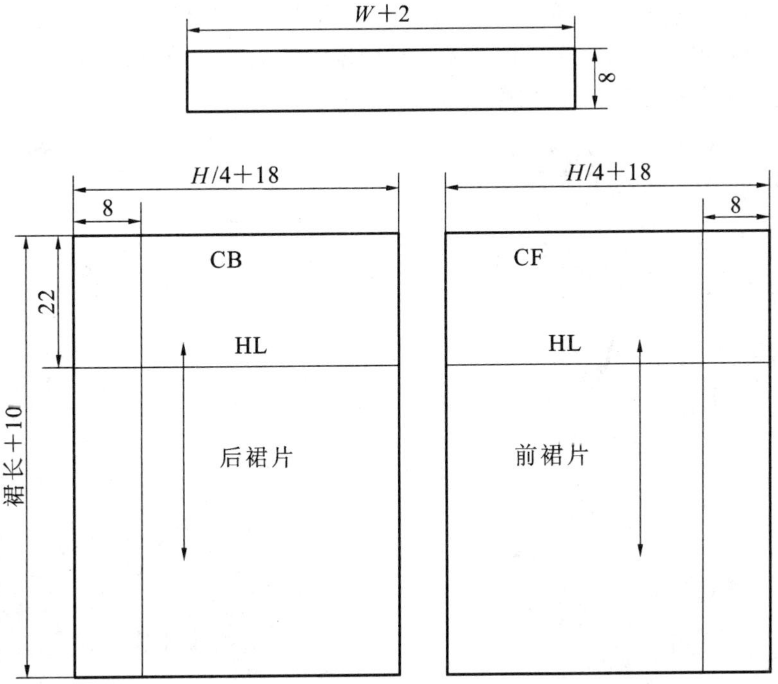

图 6-2-2(b)

(2) 操作步骤

① 将确定好的前片与人台上的臀围线、前中心线相覆合,保持臀围线的水平,并用大头针固定。图 6-2-3。

② 把腰部与臀部之间的差量分配成三个省道,用大头针固定。图 6-2-4。

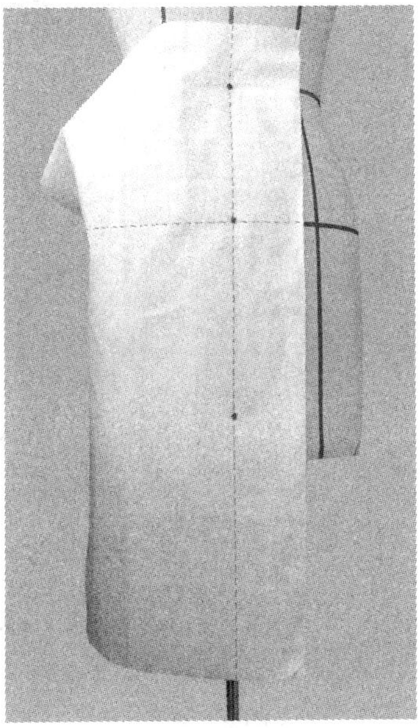

图 6-2-3

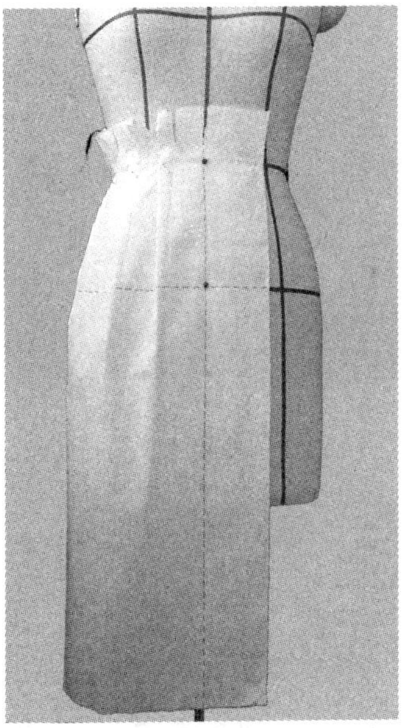

图 6-2-4

③ 在腰部打一些剪口，把褶裥倒向侧缝（由于褶裥的倒向给人的感觉是不同的，倒向侧缝给人一种开放的感觉，向前中心倒给人一种稳定的感觉）。图 6－2－5。

④ 侧面让布保持箱形的立体感。图 6－2－6。

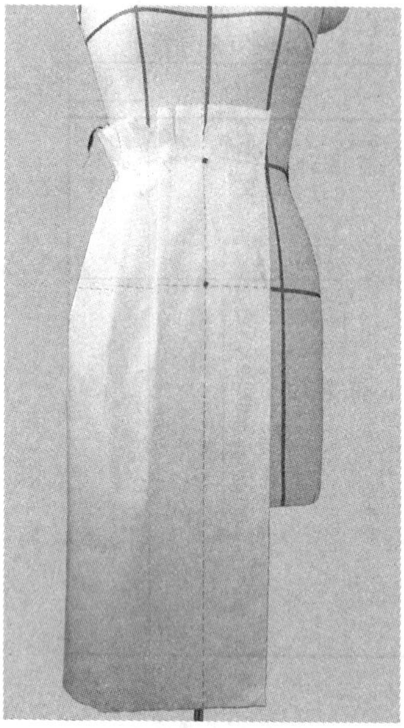

图 6－2－5

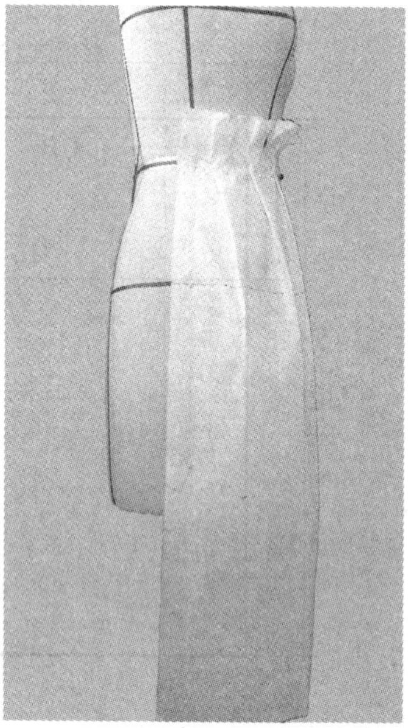

图 6－2－6

⑤ 后裙片中心线、臀围线与人台相覆合。图 6－2－7。

⑥ 把腰部与臀部之间的差量分配成三个省道，用大头针固定。图 6－2－8。

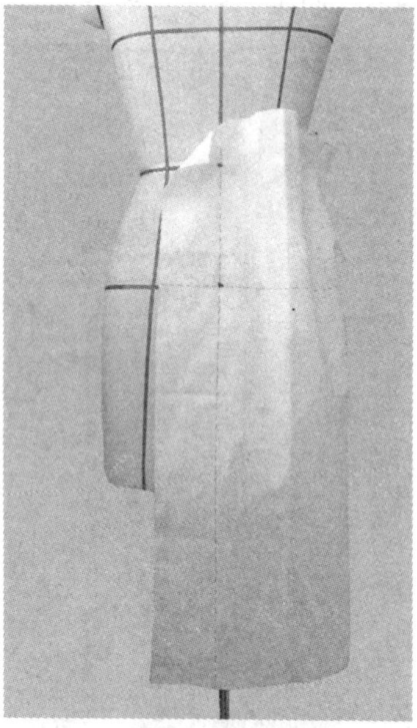

图 6－2－7

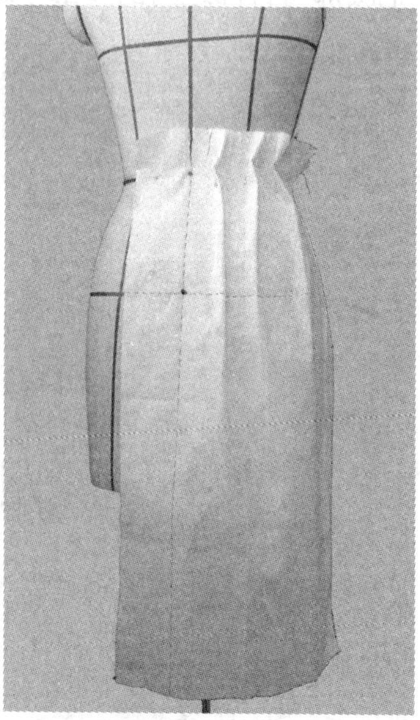

图 6－2－8

⑦ 在腰部打一些剪口，把褶裥倒向侧缝。图 6－2－9。

⑧ 在侧缝处用大头针把前后侧缝固定。图 6－2－10。

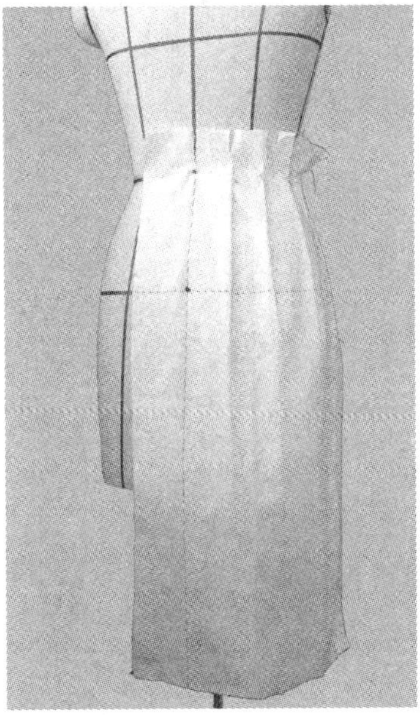

图 6－2－9

图 6－2－10

⑨ 修剪腰部多余的量。图 6－2－11。

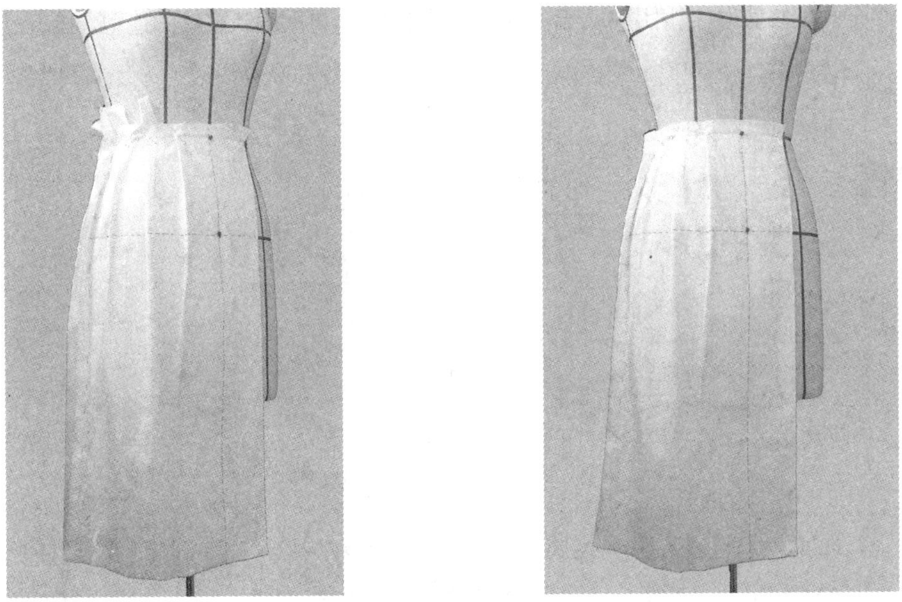

图 6－2－11

⑩ 作出标示线。在腰部和侧缝处进行标示。图 6－2－12。

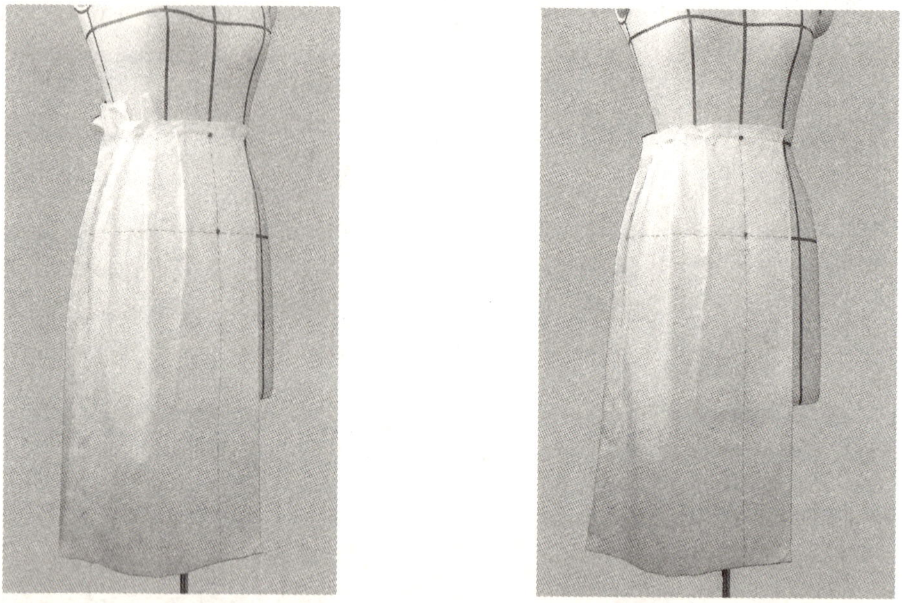

前　　后

图 6－2－12

(3) 完成

将多余的量修剪去，把裙片从人台上取下后装上腰头，再次确认整体的造型。图 6－2－13。

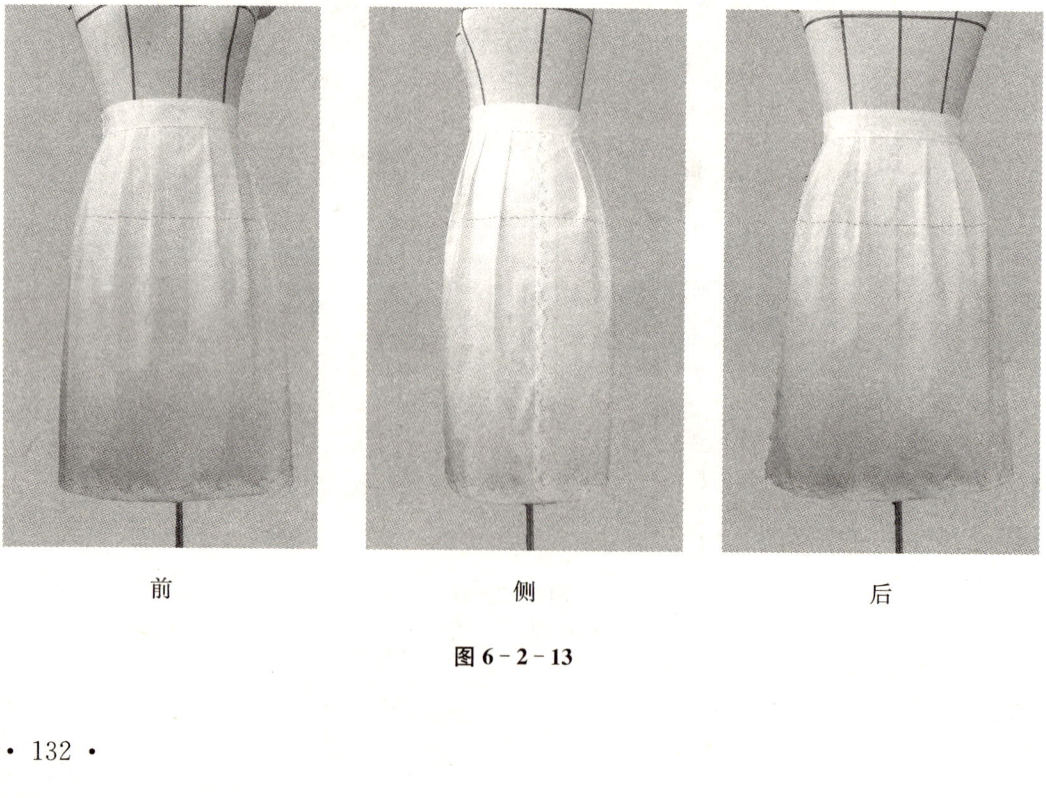

前　　侧　　后

图 6－2－13

3）画样

把人台上取下的裙片进行描图，得到这一款式的结构图。图 6－2－14。

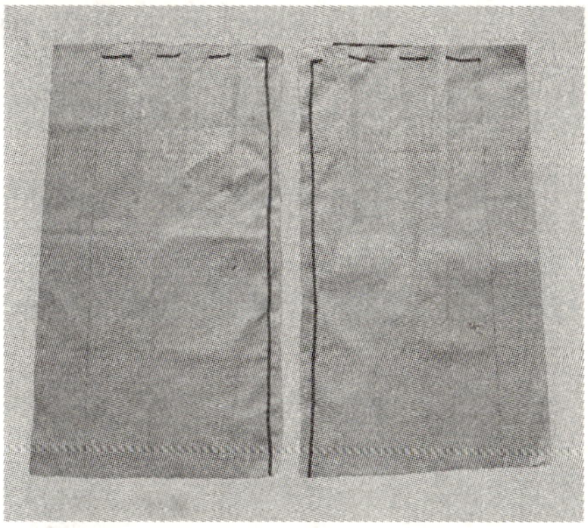

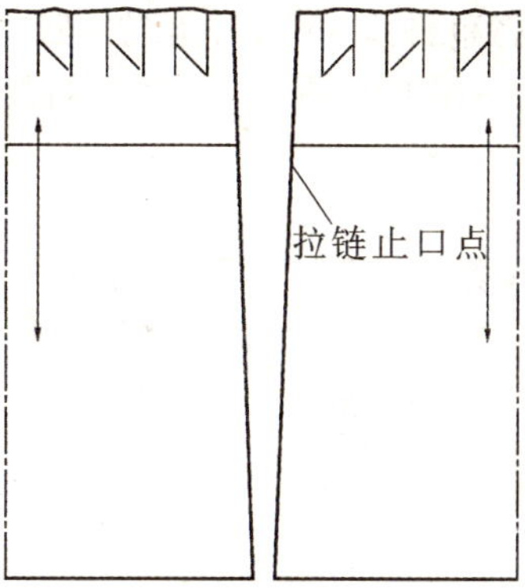

图 6－2－14

6.3 波浪裙的立体裁剪实例

6.3.1 波浪裙

波浪裙是呈现舒展悬垂的下摆，所以本例前后裙片均以布的整个门幅制作。为了取得良好的悬垂效果，前、后片采用斜料裁剪。

1）款式图（图 6－3－1）

图 6－3－1

2）制作

（1）坯布的准备：取长＝裙长＋5～10 cm（余量）；宽＝整个布幅宽度。

（2）操作步骤

① 将布料依 45°角对角线方向，按腰围及裙长都留适当余量后进行大致的粗裁，前、后片处理方法相同。图 6－3－2。粗裁好的毛坯布。图 6－3－3。

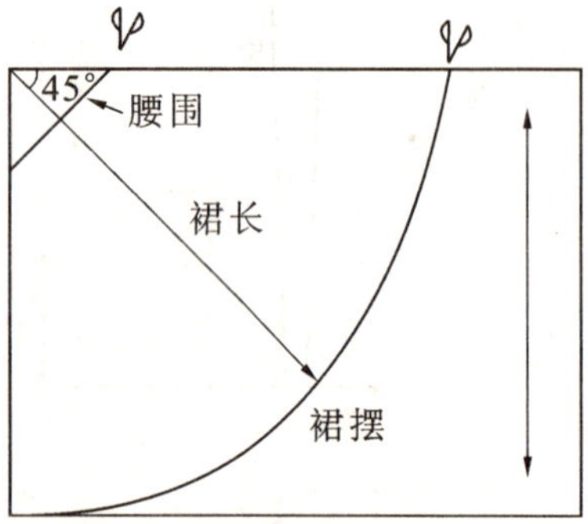

图 6－3－2

图 6－3－3

② 将粗裁裙片的前中心线与人台前中心线对齐，在腰胯部位将裙片与人台临时固定。用剪刀沿腰线打剪口。图 6－3－4。

③ 为了制作理想的波浪效果，在裙腰部位用手将腰口抓住上提，以产生悬垂的波浪效果，然后用大头针固定裙片腰口。图 6－3－5。

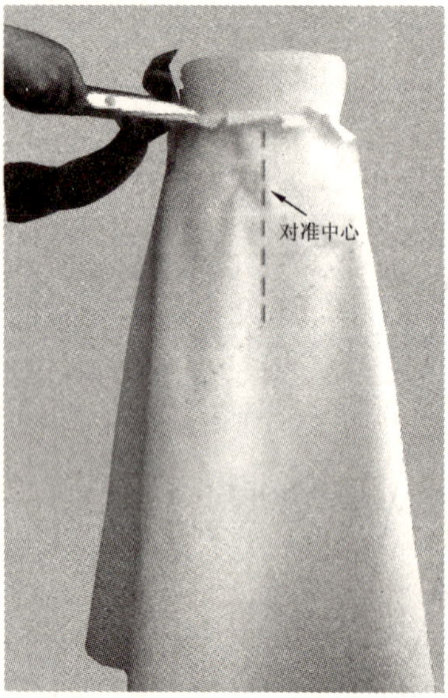

图 6－3－4

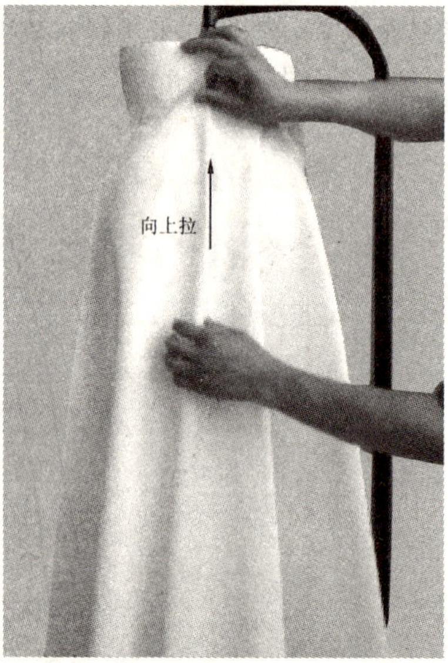

图 6－3－5

④ 修剪腰口线。在裙片腰口上点出腰围线位置，按完成状态的腰口位置修剪裙片腰口。图 6－3－6。

⑤ 观察裙片波浪是否达到设计要求，波浪是否悬垂自然，在决定最后结构线之前，适当的调整是很必要的。图 6－3－7。

图 6－3－6

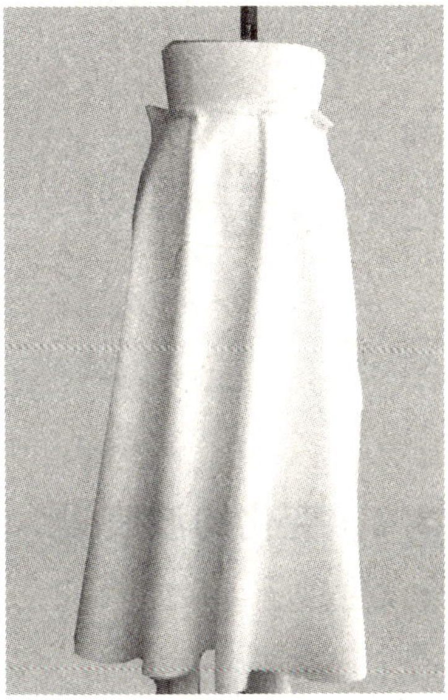

图 6－3－7

⑥ 确定裙长。为确保裙子下摆优美的状态，用尺从地面向上测量决定裙摆的位置，并用笔做出标记。图 6－3－8。

⑦ 后片的处理方法与前片基本相同，只是根据前、后腰胯部位形体的不同灵活地把握裙体的波浪，可呈现不同的效果。将前、后裙片在臀围线处对合，裙与裙腰用大头针固定。图 6－3－9 是裁剪完毕的波浪裙。

图 6－3－8

图 6－3－9

⑧ 图 6－3－10 是完成的波浪裙前片展开图。我们发现，腰围线并非是圆滑的弧线，而是在波浪褶的腰口顶端呈现的三角形的凹口。这部分是波浪活褶在腰口的还原量。

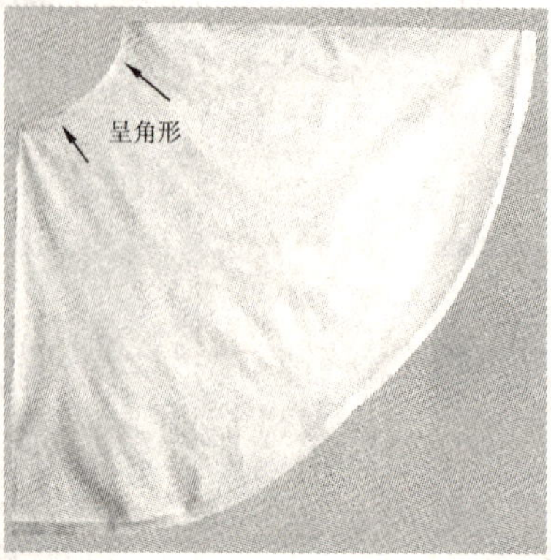

图 6－3－10

6.3.2 变化的波浪裙

1）款式图（图 6－3－11）

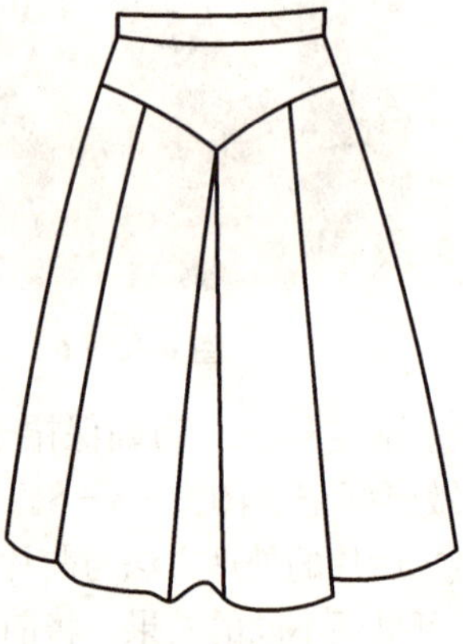

图 6－3－11

2）制作

（1）坯布的准备

① 腰部育克布为长 45 cm、宽 30 cm 左右的斜丝坯布。

② 裙片取长为裙长＋10 cm，宽为布的幅宽。图6－3－12。

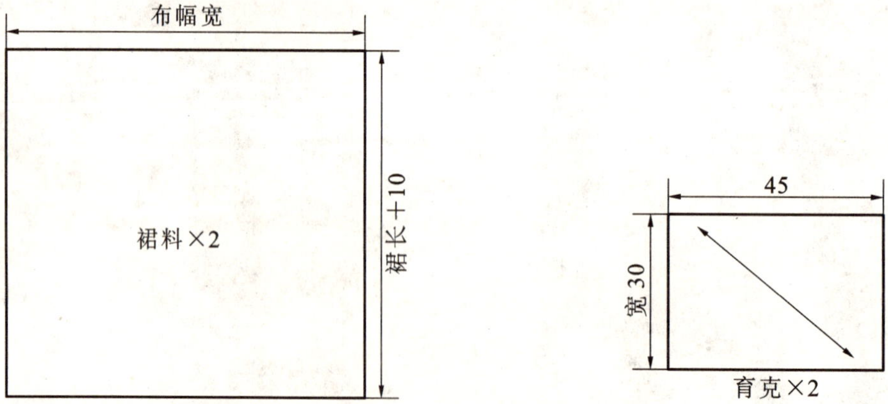

图 6－3－12

(2) 操作步骤

① 裁剪腰部育克，将腰部育克按人台前中心线、臀围线摆放平整，注意使臀部略存余量。按设计图纸的效果决定育克形状和大小，然后用铅笔点画好外形线。图 6-3-13。

② 后片育克处理与前片相同，要注意的是前、后育克在侧缝上的接合部位应顺直自然，育克外形要前后平衡优美。图 6-3-14 是经过粗裁的前片育克。

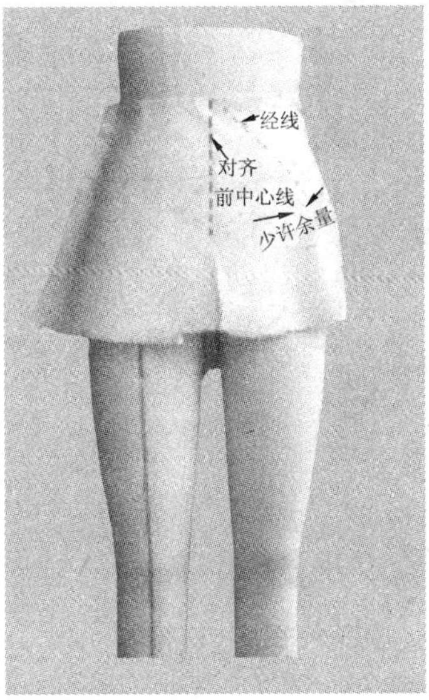

图 6-3-13

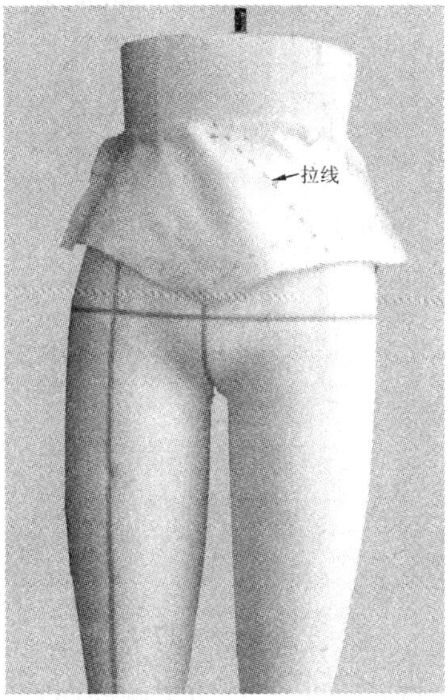

图 6-3-14

③ 裁剪裙片，取下腰部育克，将裙整理成设计的款式。再将育克摆放原位，用胶带将育克形态粘贴在裙片上。图 6-3-15。

④ 确定裙子腰口。用铅笔将胶带线描画在裙片上，这是腰部育克与裙片的接合部位，因此，描画时务必精确细致。图 6-3-16。

图 6-3-15

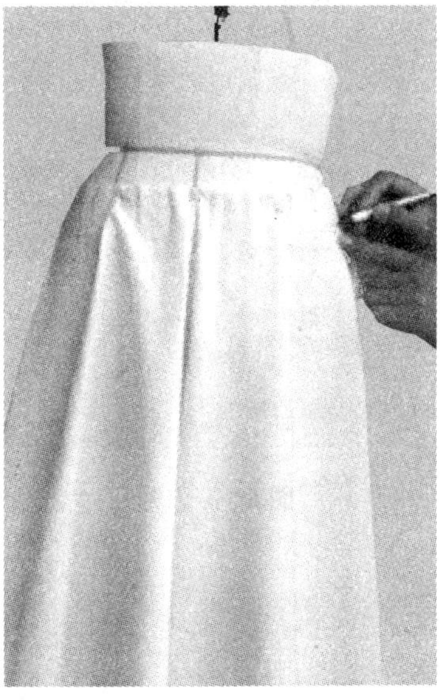

图 6-3-16

⑤ 将腰头育克与裙片用大头针临时固定，观察裙子整体效果，并根据需要做相应的调整后决定裙子的长度。图 6－3－17。

⑥ 图 6－3－18 是后身裙片的效果。

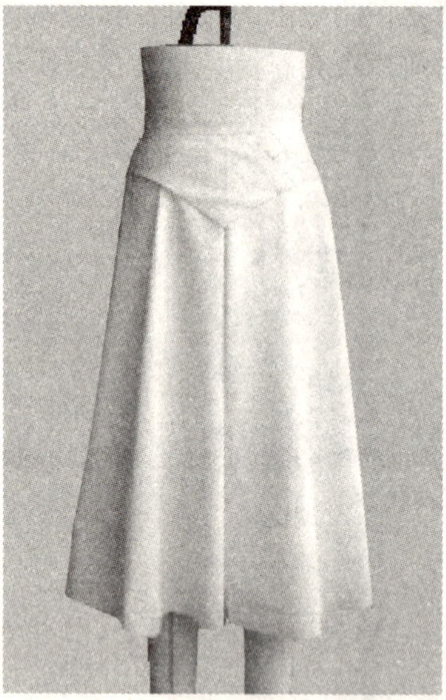

图 6－3－17

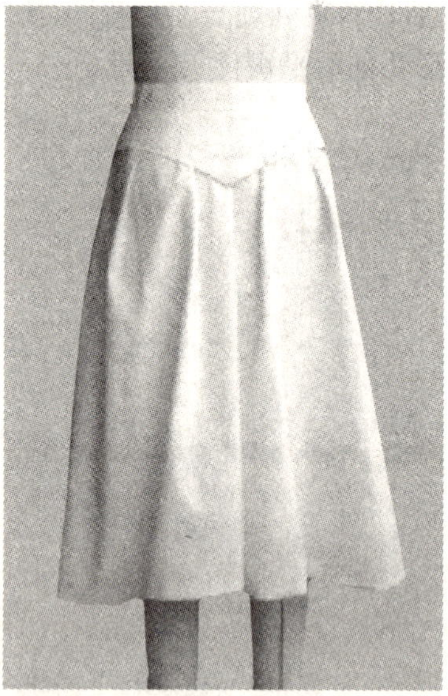

图 6－3－18

⑦ 图 6－3－19 是裙子侧面效果。

⑧ 图 6－3－20 为前身的育克，裙子的裁片(后片相同，略)。

图 6－3－19

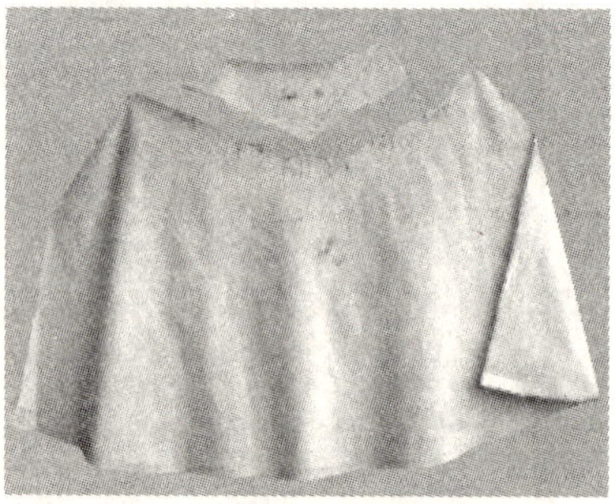

图 6－3－20

6.4 各式变化裙的立体裁剪实例

6.4.1 垂纹褶裙

1）裁剪图(图 6－4－1)

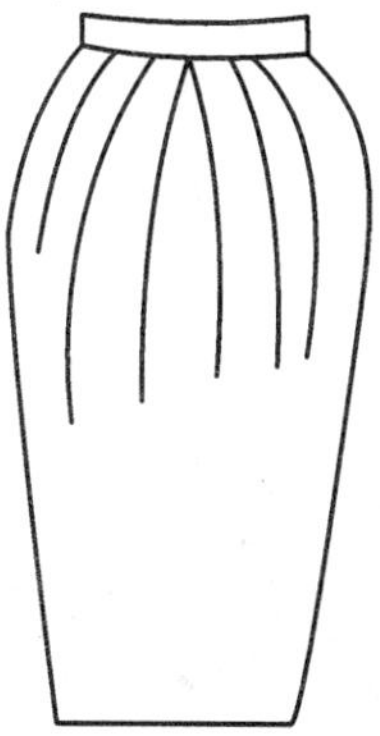

图 6－4－1

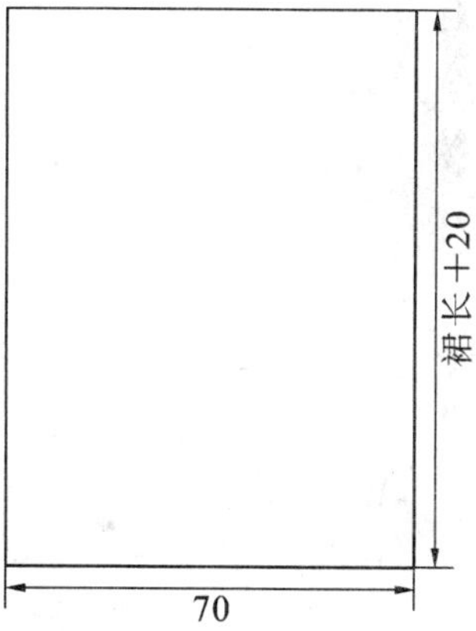

图 6－4－2

2）制作

(1) 坯布的准备：取裙长＋20 cm，宽 70 cm 坯布。图 6－4－2。

(2) 操作步骤

① 将布料对准中心线后，用大头针固定在人台上，然后衡量适当的活动余量。图 6－4－3。

② 在腰部做出均衡美感的活褶造型，可根据设计和个人喜好做出各种效果的活褶。图 6－4－4。

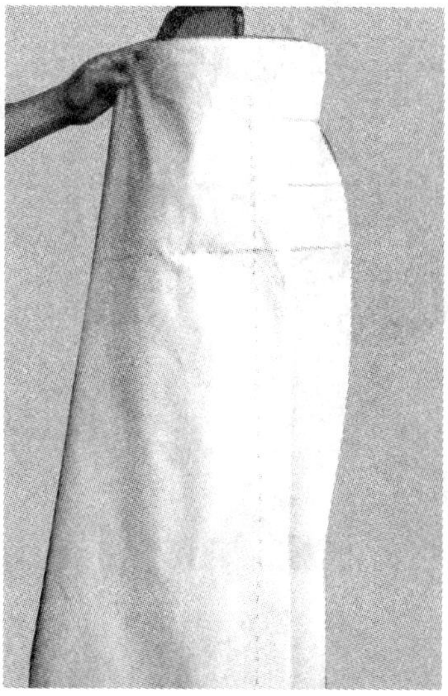

图 6－4－3

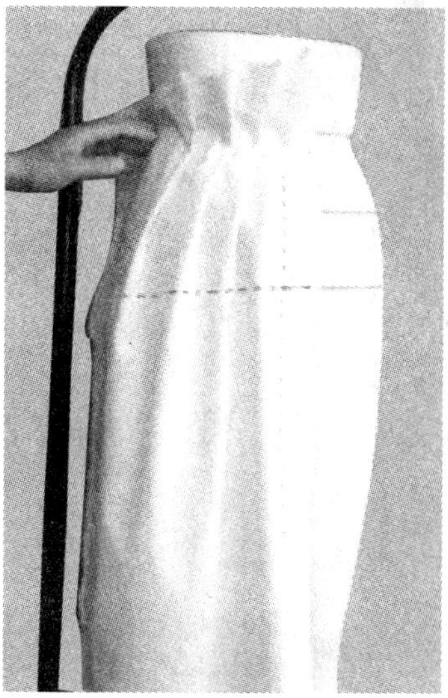

图 6－4－4

③ 修剪侧缝线。确定好裙片活褶后，依据人台的腰胯形状粗略修剪裙片侧缝线。图6－4－5。

④ 从不同的角度观察并调整褶的造型，直至满意为止。图 6－4－6。

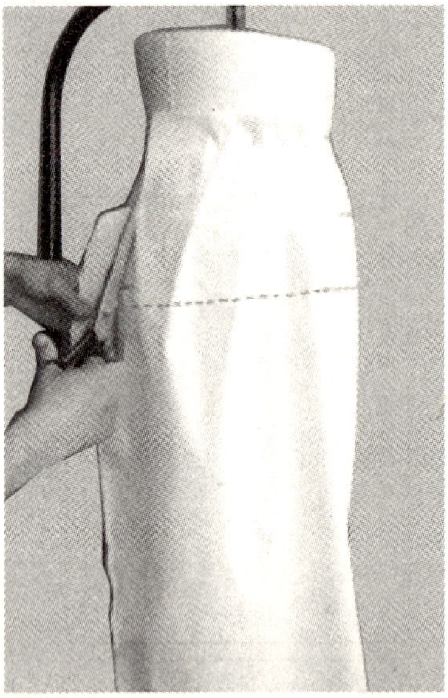

图 6－4－5

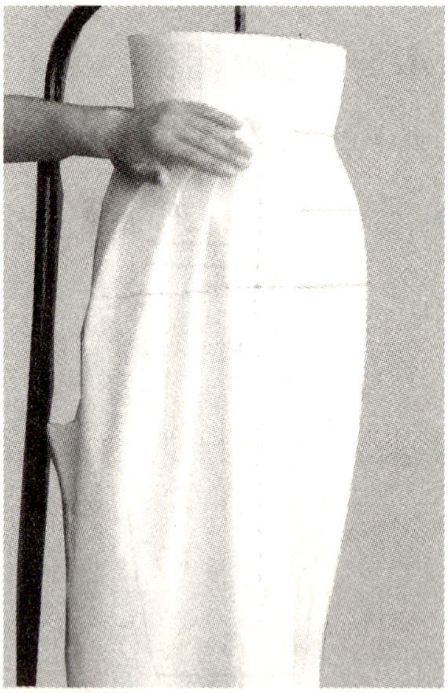

图 6－4－6

⑤ 确定腰口线。在腰口线确定之前腰胯部位的活褶是处在可调整状态。一旦腰口线确定，活褶侧缝就相应固定下来。图 6－4－7。

⑥ 接合侧缝。依据裙子整体效果来确定侧缝和下摆造型，并用笔点出标记。图 6－4－8。

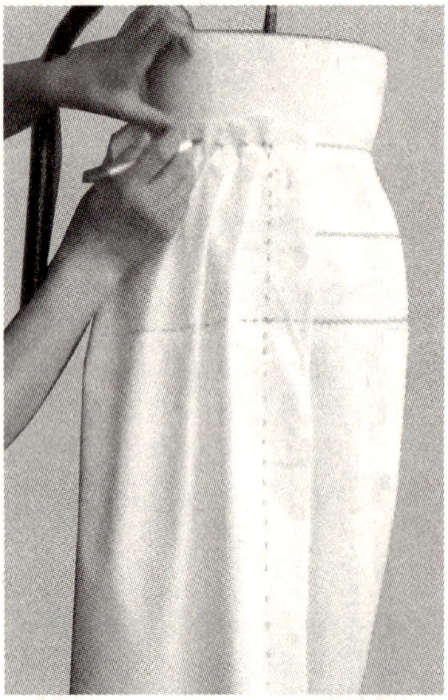

图 6－4－7

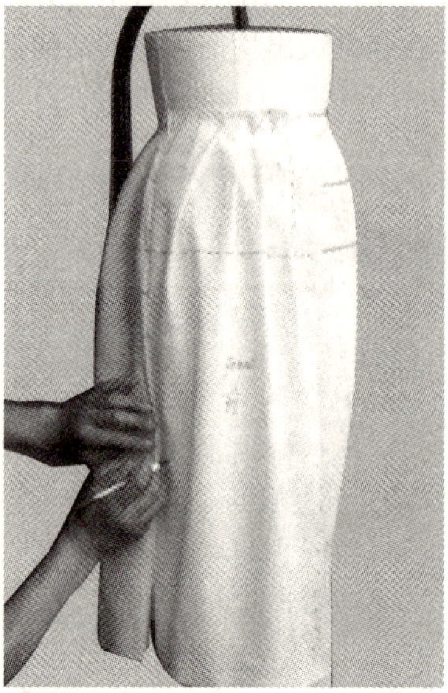

图 6－4－8

⑦ 将侧缝接合后用大头针固定好裙腰。图 6-4-9。

⑧ 图 6-4-10 是后身的造型。其操作方法与前身相同，只是前后裙片活褶的大小有些区别。

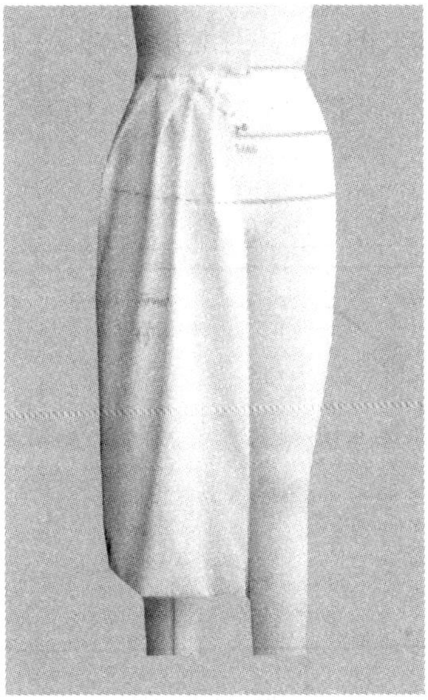

图 6-4-9

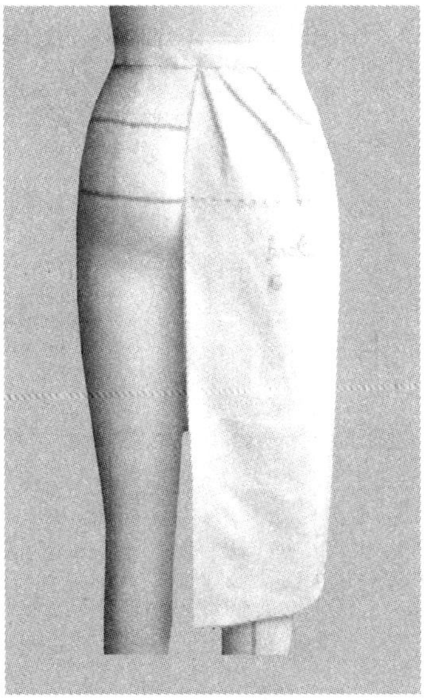

图 6-4-10

⑨ 图 6-4-11 是展开的垂纹褶裙的裁片。

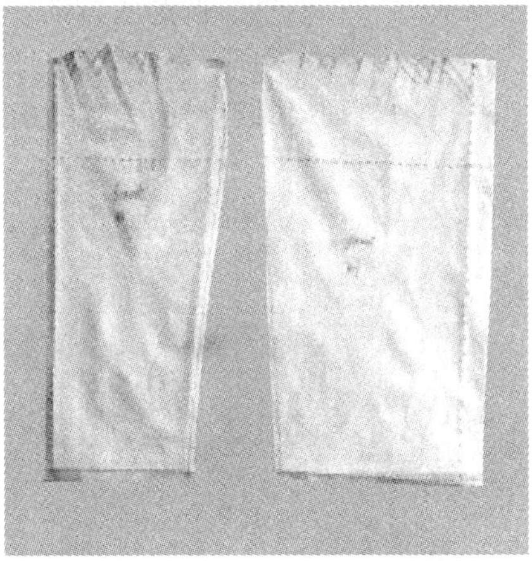

图 6-4-11

6.4.2 斜纹褶裙

1）款式图(图 6-4-12)

2）制作

(1) 坯布的准备:取长=裙长+15 cm,宽=布门幅。图 6-4-13。

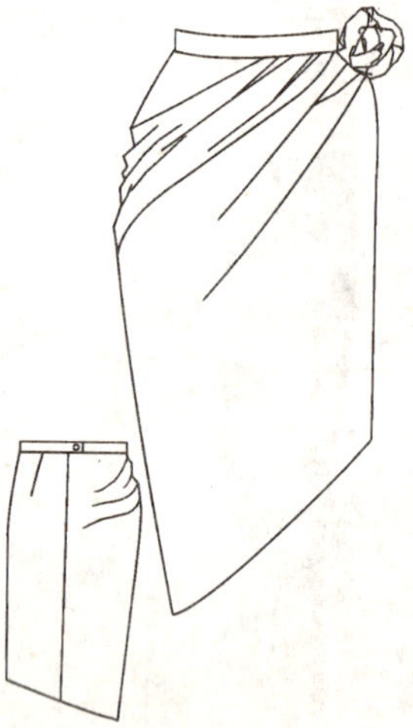

图 6-4-12

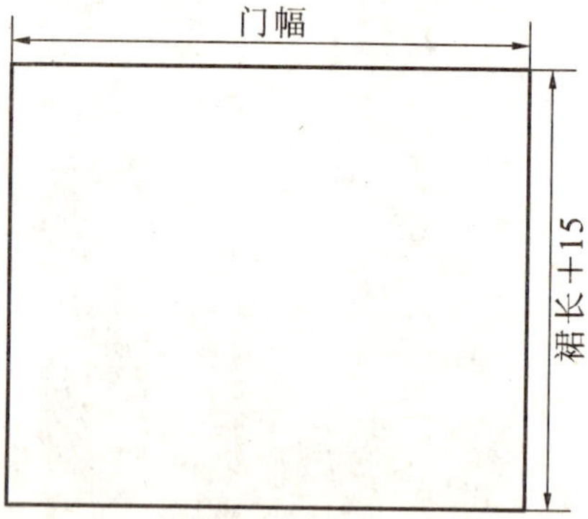

图 6-4-13

(2) 操作步骤

本例斜纹褶裙,款式特点均集中整个前片和后右半身裙片,后身的左半身裙片略去。

① 将布料后中线和臀围线与人台对齐,然后按箭头方向,向前身上方斜向拉扯,并绕到前方。图 6-4-14。

② 调整褶纹的强弱和分量,努力整理出具有均衡美感的褶纹。图 6-4-15。

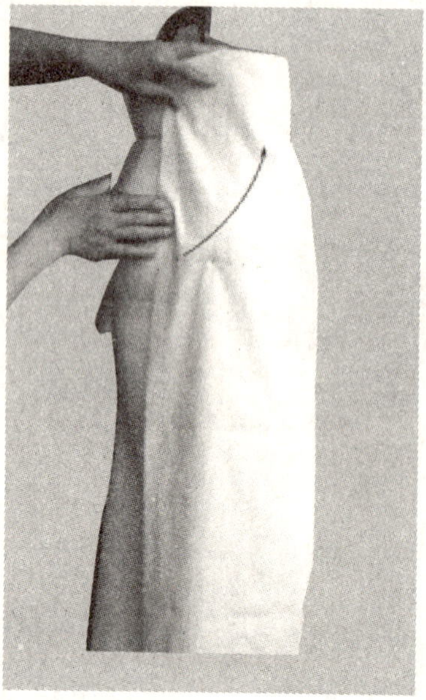

图 6-4-14

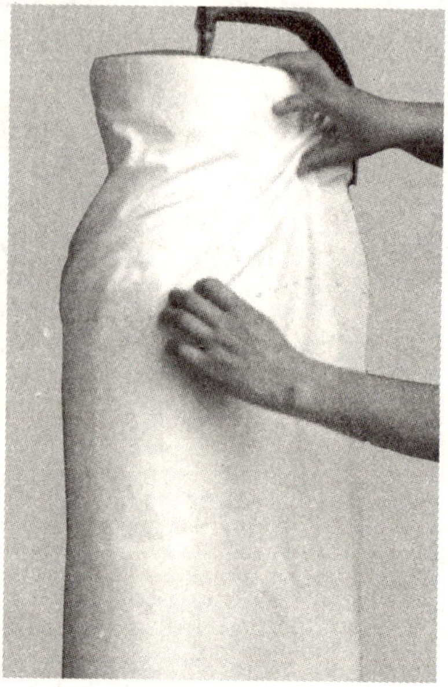

图 6-4-15

③ 用剪刀按腰位打剪口，使裙腰与人台贴合一致。图 6 - 4 - 16。

④ 整理好左侧的褶纹并用大头针固定，然后按胯部形状修剪好裙子侧缝。图 6 - 4 - 17。

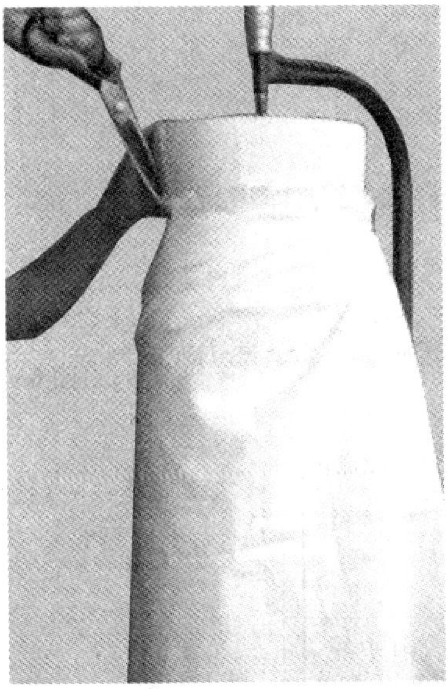

图 6 - 4 - 16

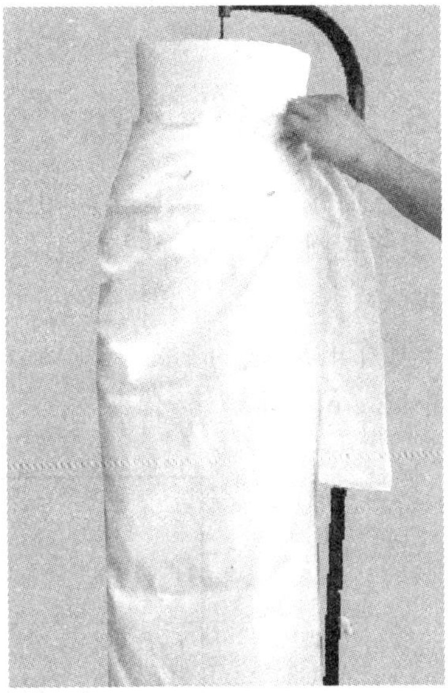

图 6 - 4 - 17

⑤ 将褶纹交会处的多余布料折成花朵或其他造型并固定在侧边接缝处。最后确定下摆围线。图 6 - 4 - 18。后身左裙片的长度分别以前身左侧长和右身后中心长为依据。

⑥ 图 6 - 4 - 19 是斜纹褶裙的裁片。

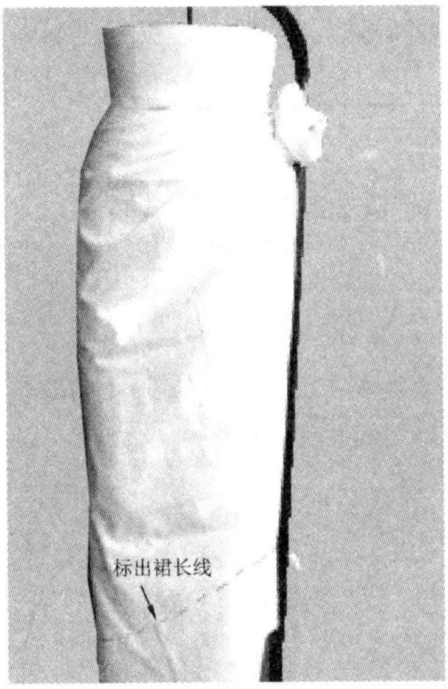

图 6 - 4 - 18

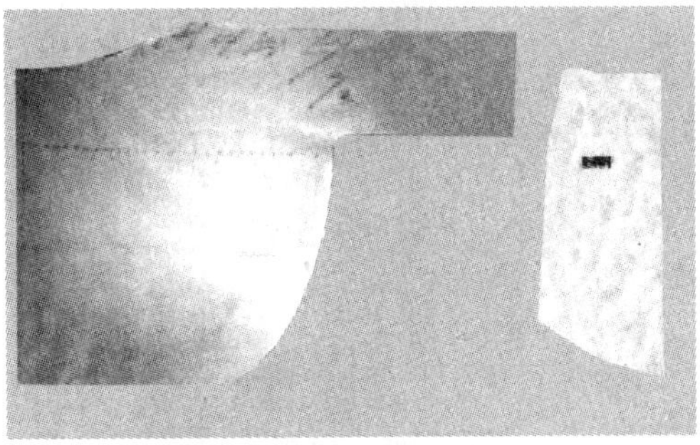

图 6 - 4 - 19

6.5 裤装的立体裁剪实例(1)

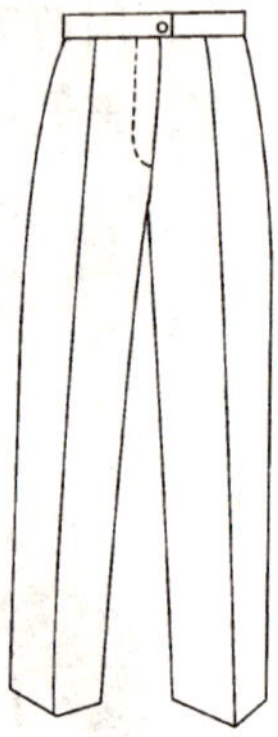

图 6-5-1

6.5.1 长裤

长裤是在下半身人台上裁剪，也可直接在穿上紧身裤的真人体进行。

1）款式图(图 6-5-1)

2）制作

(1) 坯布的准备=裤长+10 cm，前片宽=1/2 臀围-10 cm，后片宽=1/2臀围+2 cm。图 6-5-2。

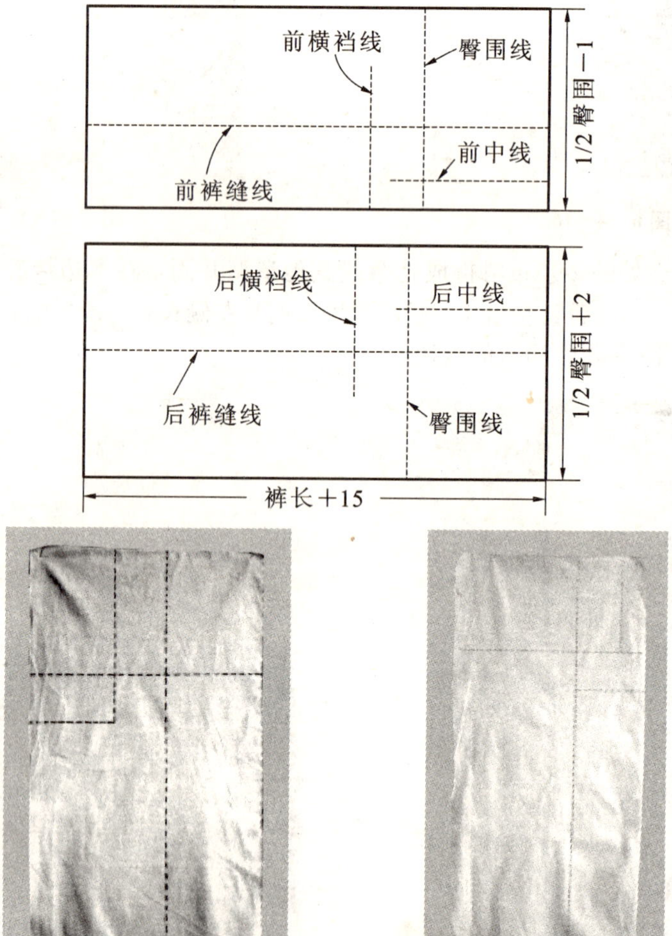

图 6-5-2

(2) 操作步骤

① 将右裤片布上的前中心、臀围线分别与人台相应对齐，并用大头针固定在人台上。固定时应在臀围线处略留松量。图 6－5－3。

② 将腰口多余部分捏成省道，注意抓捏省道时也应略存余量，并用大头针固定省道。图 6－5－4。

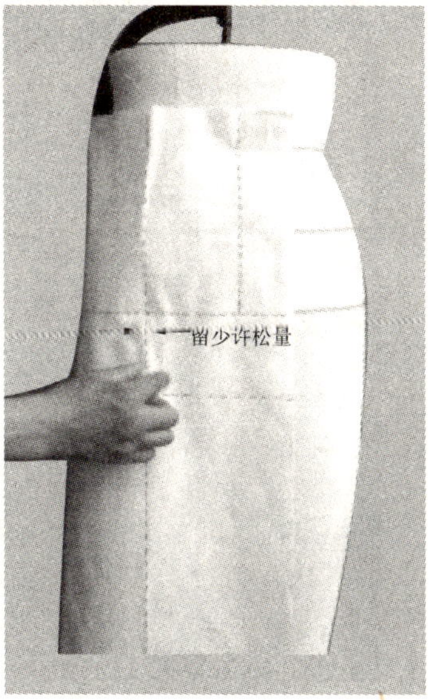

图 6－5－3

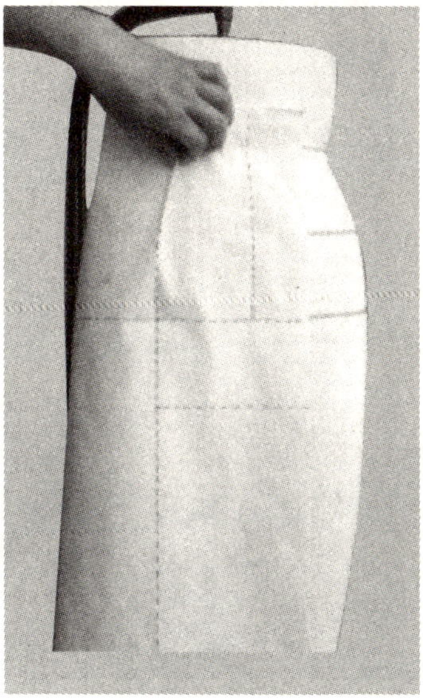

图 6－5－4

③ 在前中心线留 2 cm，剪掉多余部分，向下在臀围线与横裆线之间粗裁出前裆弧线，并在裆弯中部打剪口。图 6－5－5。

④ 确定腰口线。沿人台的腰围线在裤片腰口打剪口。图 6－5－6。

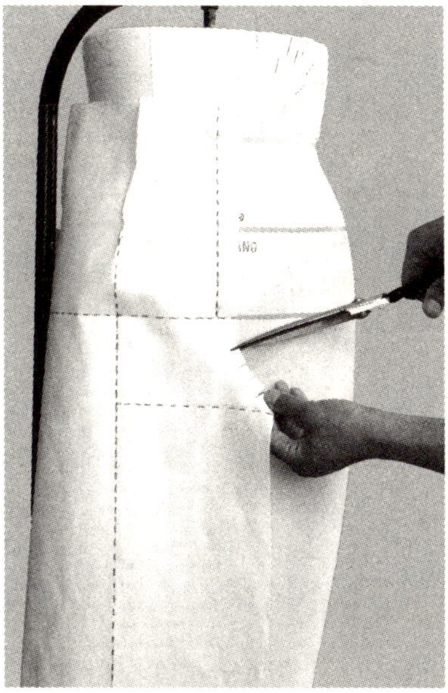

图 6－5－5

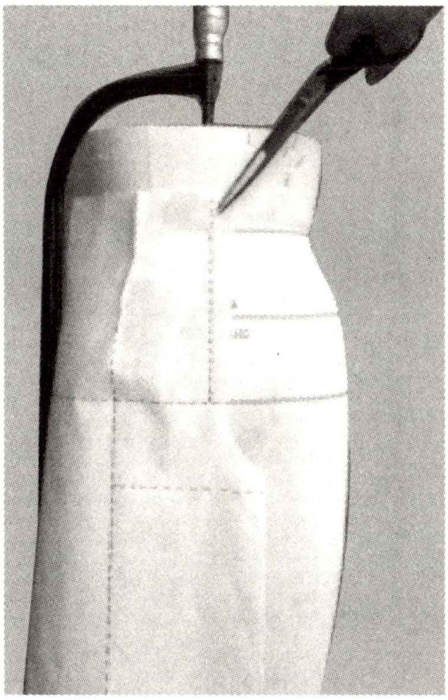

图 6－5－6

⑤ 观察检验前中心线，按人体腹部形状将前中心处的缝头向里转，并重新标示前中心线。图 6－5－7。

⑥ 将前裤缝线稍作抓紧捏合，折出裤折线，并将前裆弯推进，观察前裤片的整体造型。图 6－5－8。

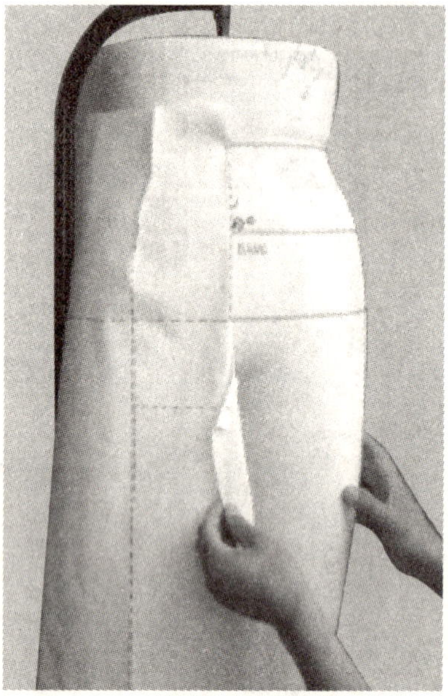

图 6－5－7

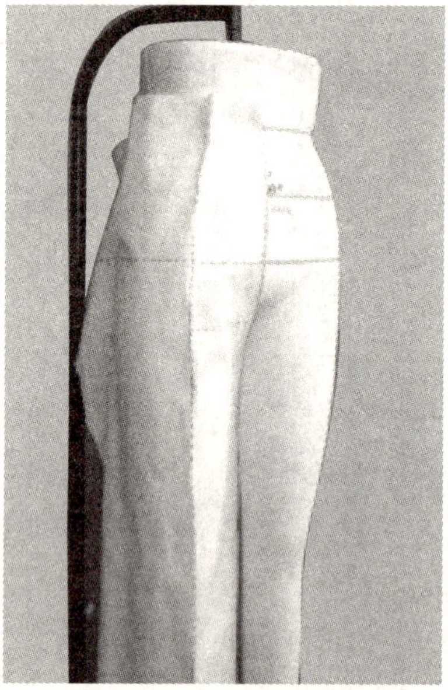

图 6－5－8

⑦ 粗裁裤侧缝线。根据裤子的整体造型粗裁侧缝，大致确定裤腿的宽度。图 6－5－9。

⑧ 在前裤片侧缝处，按腿侧线打剪口，确定裤片的侧缝线。图 6－5－10。

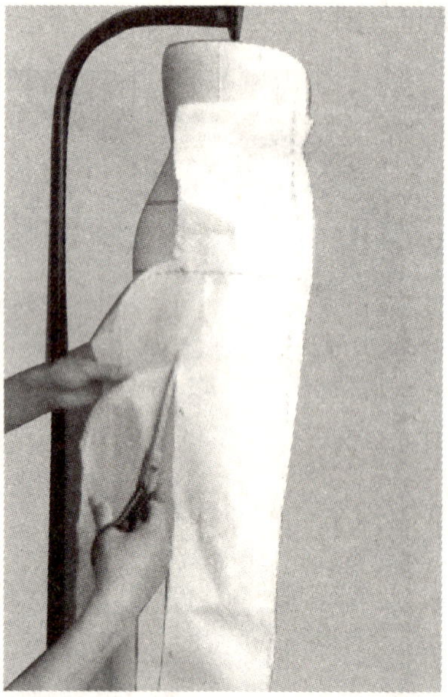

图 6－5－9

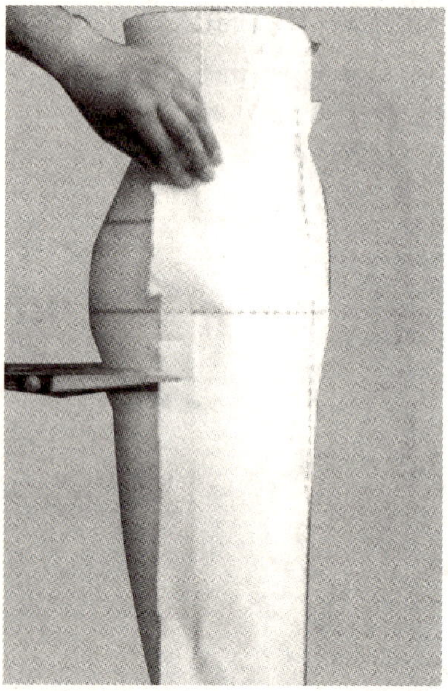

图 6－5－10

⑨ 将后片的臀围线、裤缝线分别与人台对合，用大头针固定线并使臀围线处留有少许松量。图 6 - 3 - 11。

⑩ 将后片臀围线放平。用手将臀围线以下裤中缝捏出一道折痕。图 6 - 5 - 12。

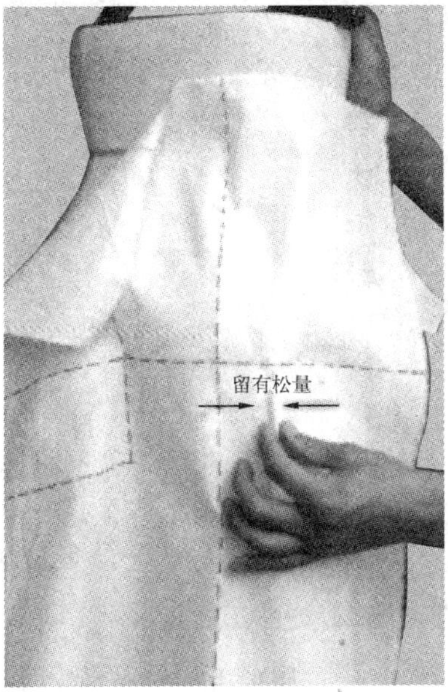

图 6 - 5 - 11

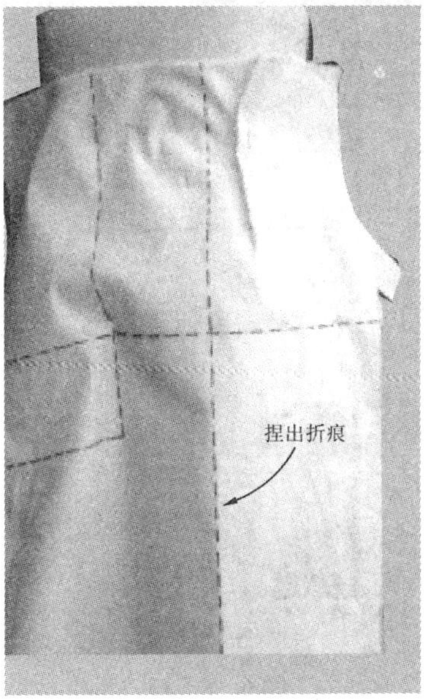

图 6 - 5 - 12

⑪ 在裤片腰口打剪口，确定腰口位置。图 6 - 5 - 13。

⑫ 粗裁后片裆弯造型，剪至臀围线后以臀部贴合为原则调整好后中心裆弯的形状。图 6 - 5 - 14。

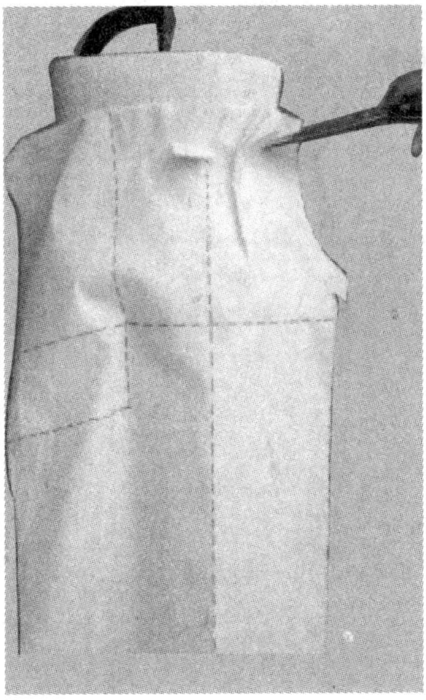

图 6 - 5 - 13

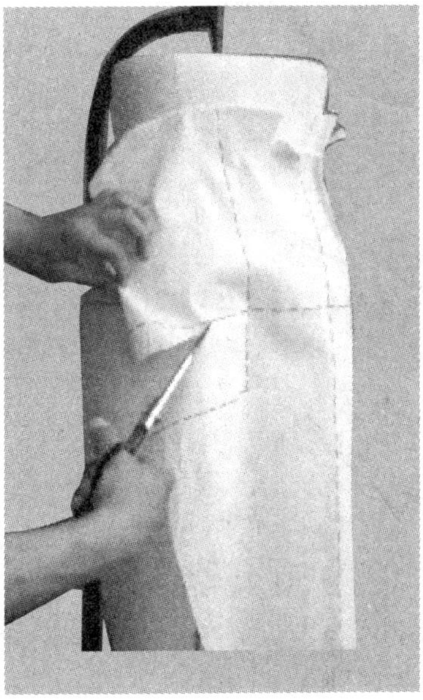

图 6 - 5 - 14

⑬ 图 6-5-15 是剪裁好的后裆弯造型。与前片一样在裆弯处打剪口。

⑭ 在横裆部位,用手将后裆向里推进使下裆紧贴人体。图 6-5-16。

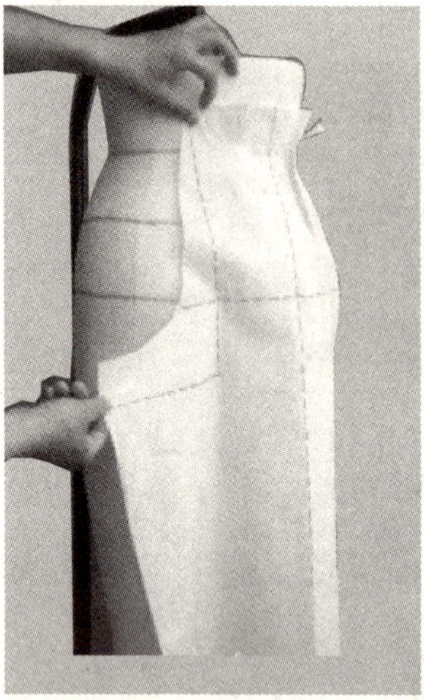

图 6-5-15

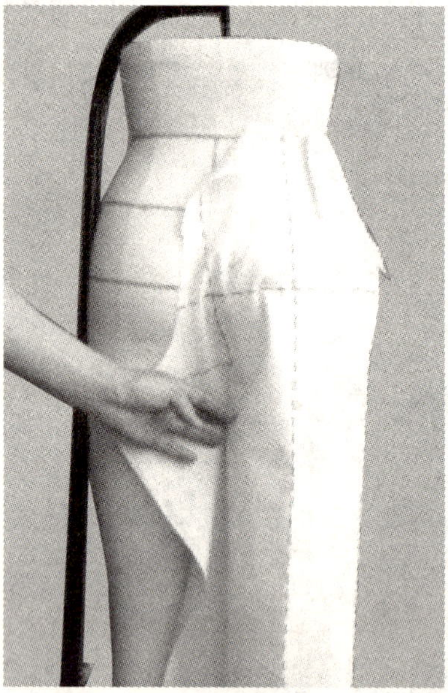

图 6-5-16

⑮ 考虑到臀部的活动需要,在后中心臀围线附近应留少许松量。最后将后裆推进两腿间与前下裆对合。图 6-5-17。

⑯ 将前后侧缝对合。注意前后片臀围线必须在一条直线上,并考虑腰胯部位的松量与臀围松量的协调。图 6-5-18。

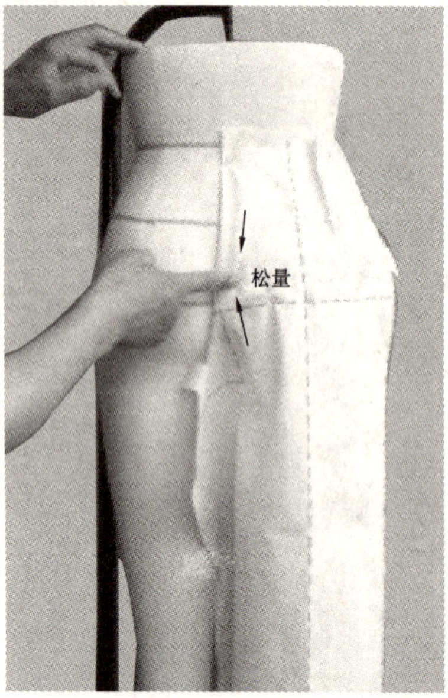

图 6-5-17

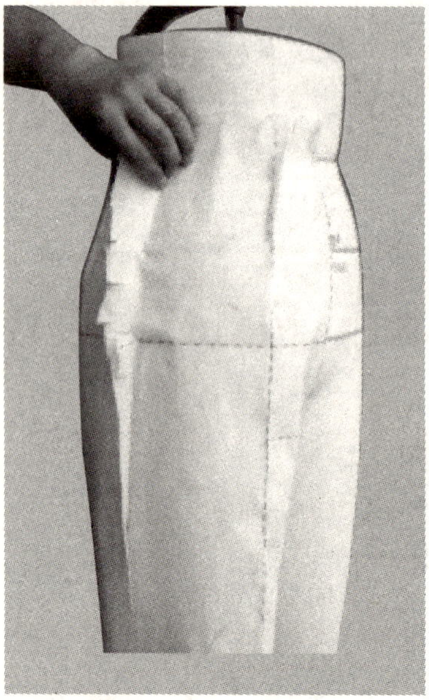

图 6-5-18

⑰ 观察前片裤片形态,根据设计图或个人喜好,决定裤腿的造型。图 6－5－19。
⑱ 整体及各部位造型确定后,描画省道、缝份等标记点。图 6－5－20。

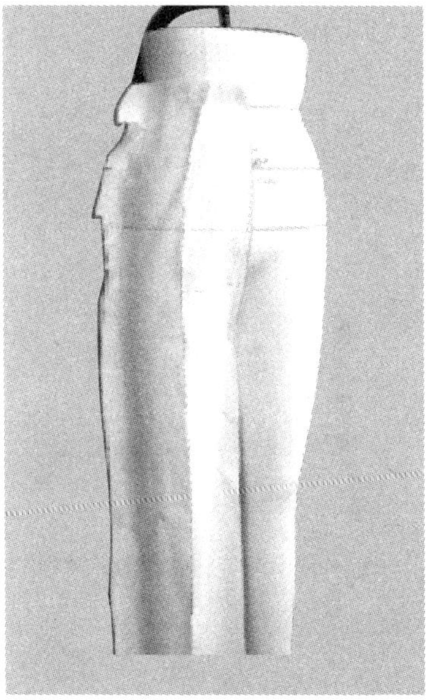

图 6－5－19

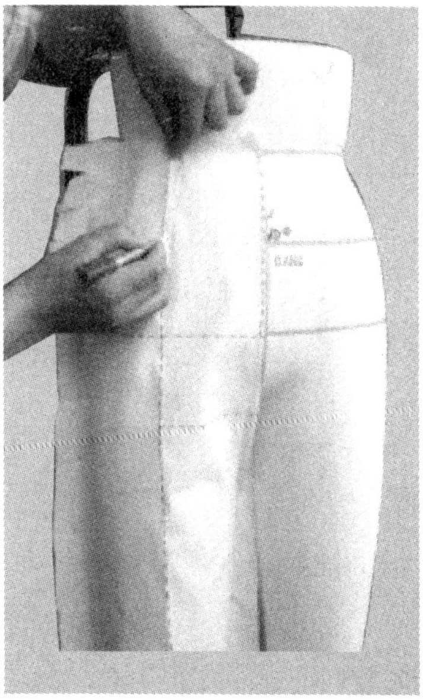

图 6－5－20

⑲ 描画腰口标记。图 6－5－21。
⑳ 描画侧缝对合标记。图 6－5－22。

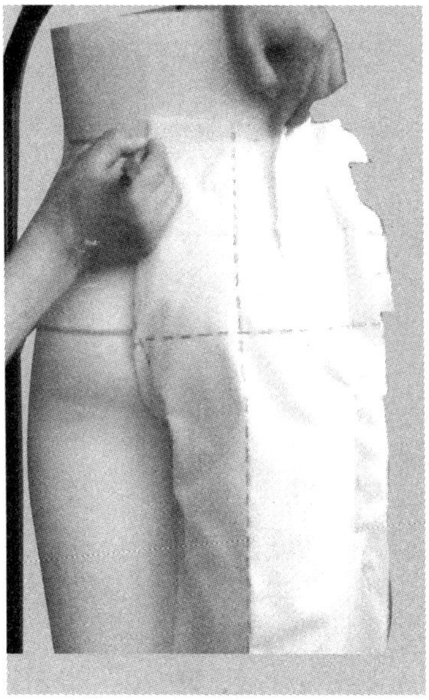

图 6－5－21

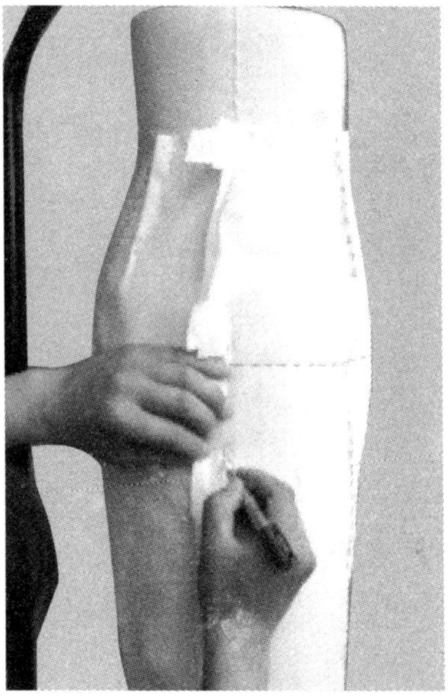

图 6－5－22

㉑ 观察裤子四周，看裤子各部位造型是否平衡、协调、优美。图 6－5－23。

㉒ 图 6－5－24 是裤子正面造型。

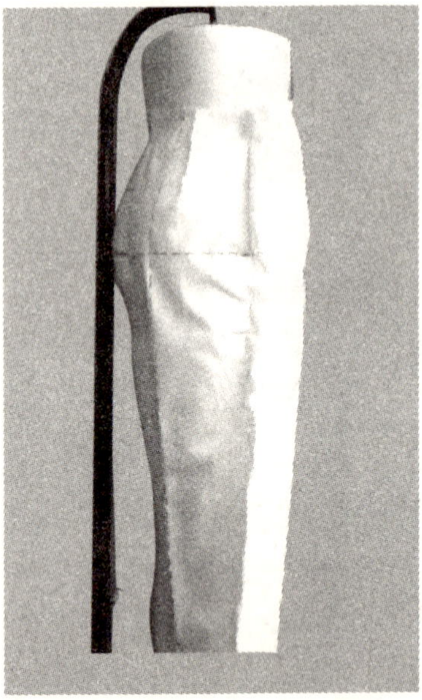

图 6－5－23

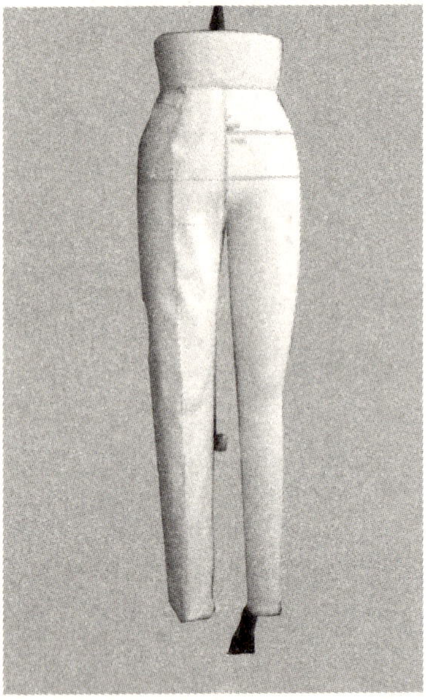

图 6－5－24

㉓ 图 6－5－25 是裤片的后面造型。

㉔ 图 6－5－26 是裤片的侧面造型。

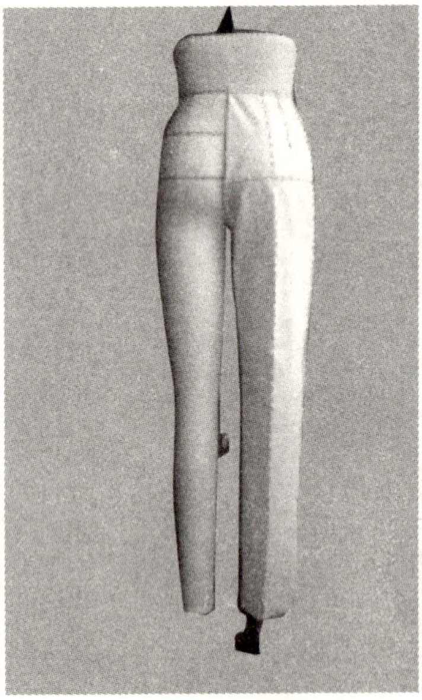

图 6－5－25

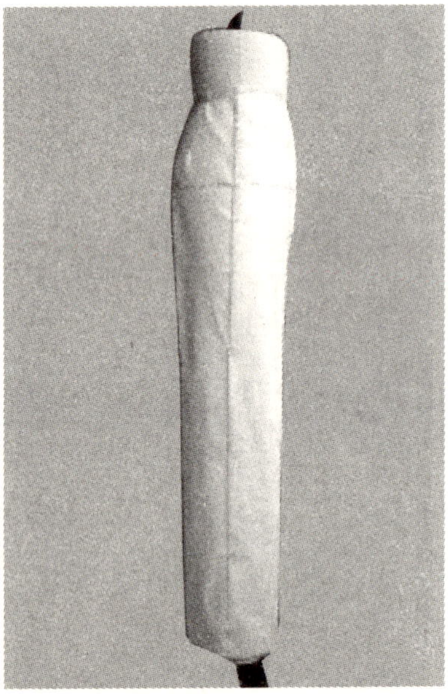

图 6－5－26

㉕ 图 6-5-27 是完成的裤子裁片。

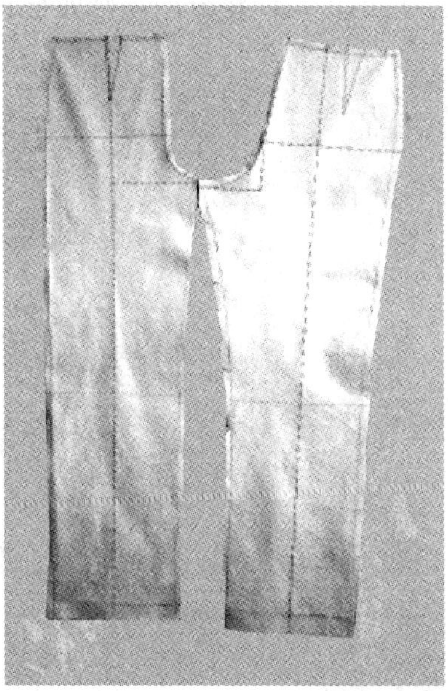

图 6-5-27

6.5.2 裤装的立体实例(2)

1) 款式图(图 6-5-28)

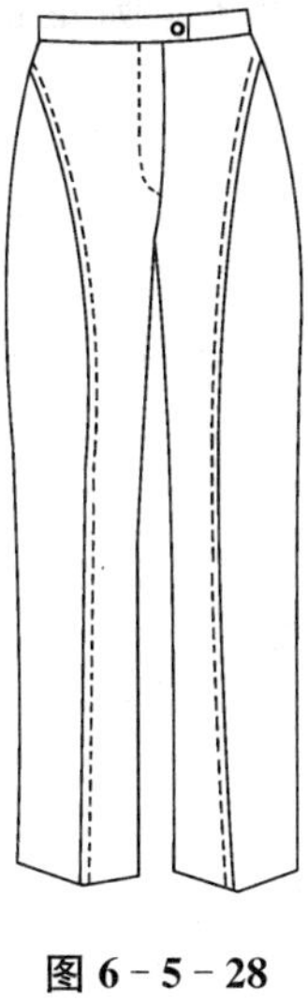

图 6-5-28

2) 制作

(1) 坯布的准备:取长=裤长+10 cm,宽=1/2 臀围 2 块,另加,长为裤长尺寸、宽为 40 cm的侧布一块。

(2) 操作步骤

① 将前布片臀围线中心线与人台对合,再将腰口的省量推向侧缝使之形成侧缝省。注

意，设计的省道应与分割线自然优美地连接。图 6-5-29。

② 剪裁前片分割线，按设计好的标记线将分割线修剪整齐。后片的设计方法相同。图 6-5-30。

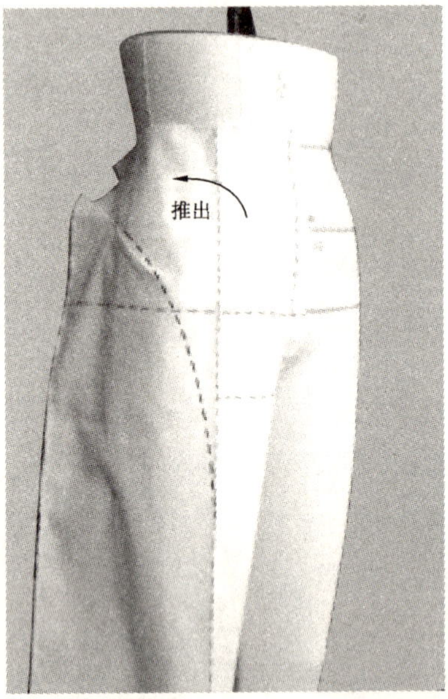

图 6-5-29

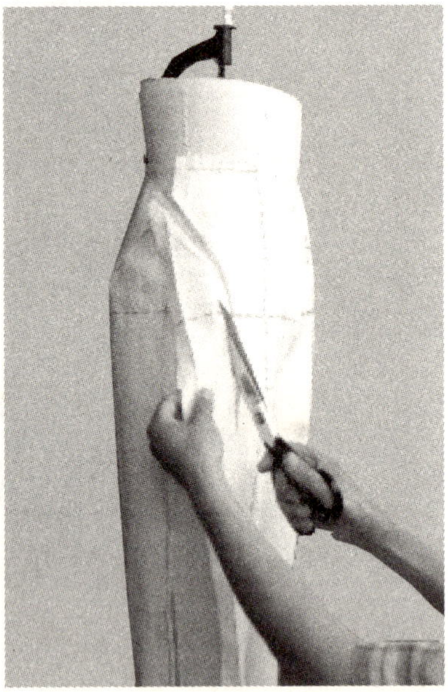

图 6-5-30

③ 裁剪侧片。将侧布对齐臀围线和侧缝线。图 6-5-31。

④ 分别以前后裤片的分割线为依据，确定侧片前后侧的造型。用大头针固定。图6-5-32。

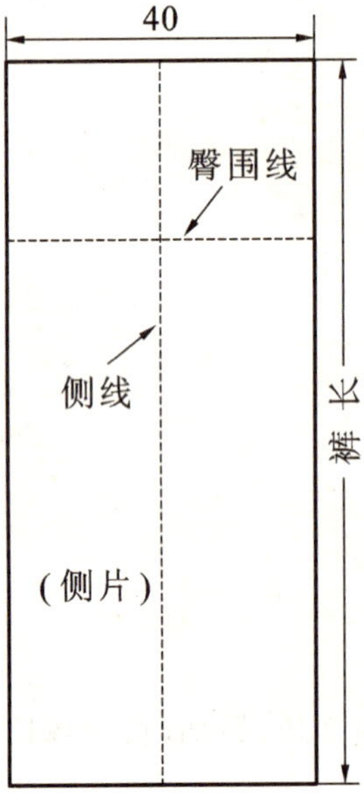

图 6-5-31

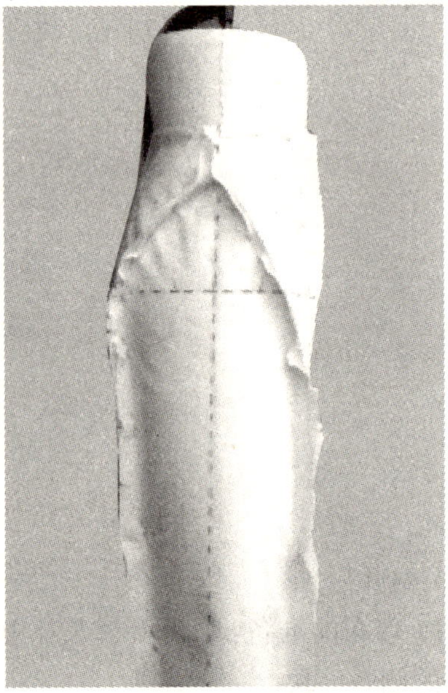

图 6-5-32

⑤ 在固定臀部的弧形分割线时应使上下片保持均衡，并做好缝合对位标记。图6－5－33。

⑥ 做结构线标记。按大头针固定路线分别在腰口，前后片分割线等部位将轮廓线做出标记。图 6－5－34。

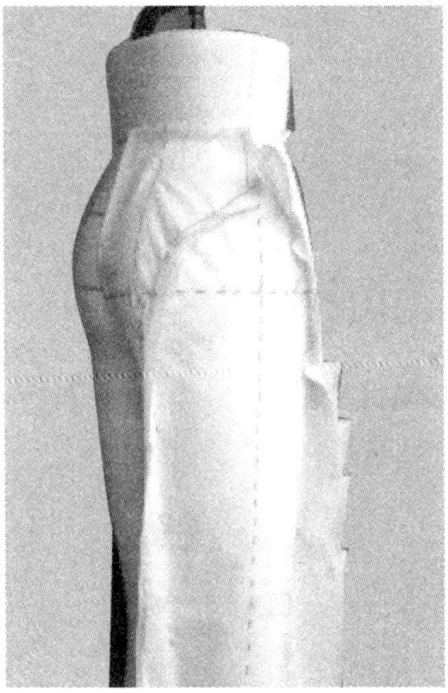

图 6－5－33

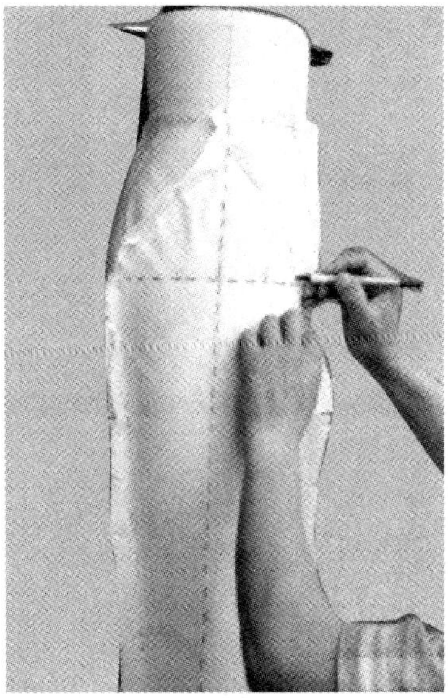

图 6－5－34

⑦ 用大头针固定前后片分割线，分别观察前后裤片各部位的造型，判断是否需要调整。图 6－5－35。

⑧ 侧片的松紧应考虑到整体造型，使其贴体合身，因此在对合前后裆时要尽量做出合身的裆宽造型。图 6－5－36、图 6－5－37。

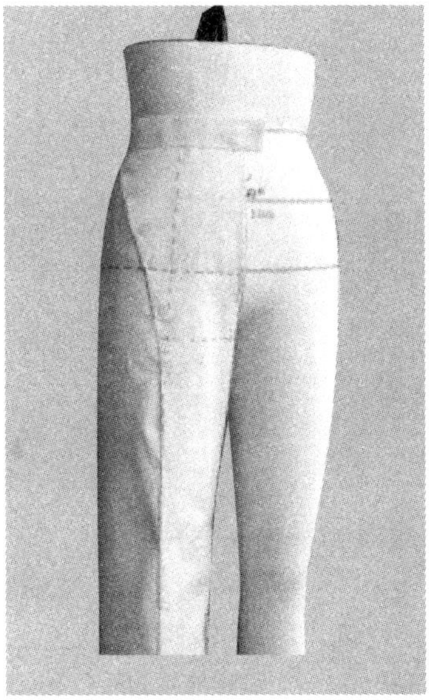

图 6－5－35

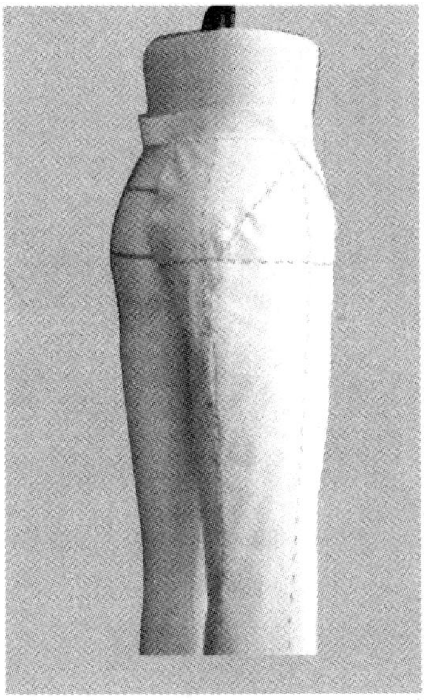

图 6－5－36

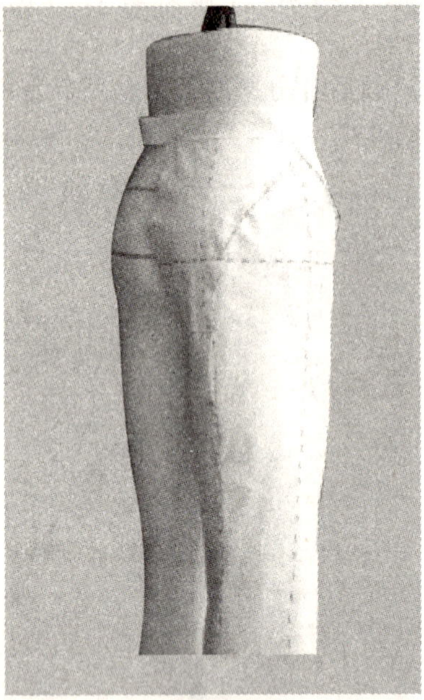

图 6-5-37

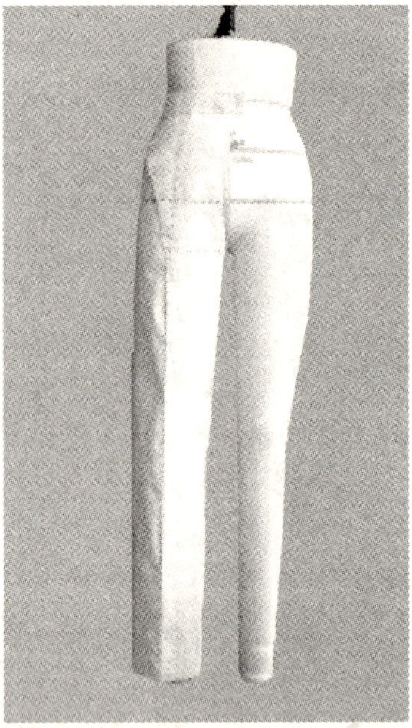

图 6-5-38

⑨ 图 6-5-38～图 6-5-40 是完成调整后的裤子造型。

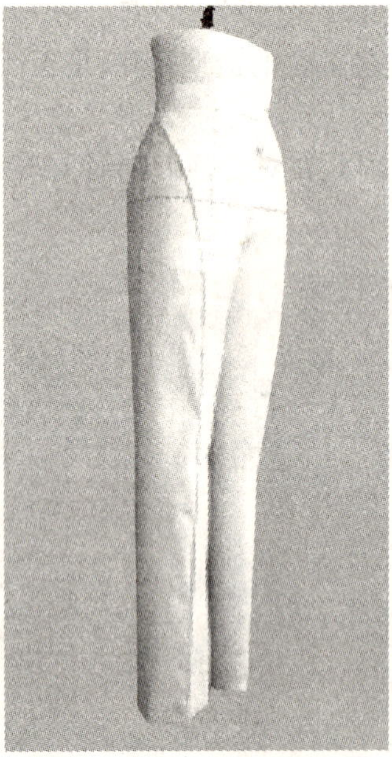

图 6-5-39

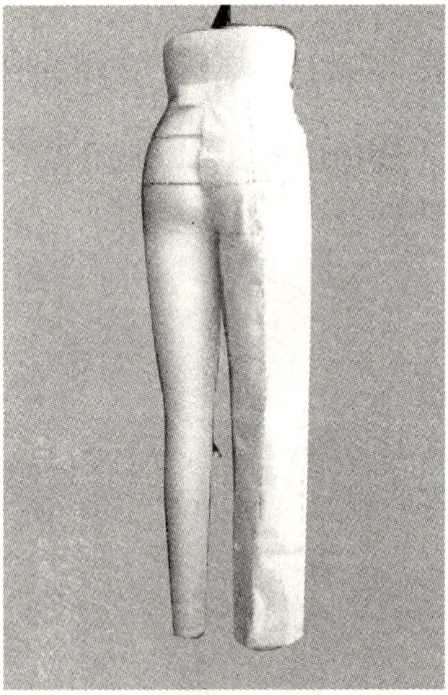

图 6-5-40

⑩ 图 6－5－41 是展开的裤子裁片。

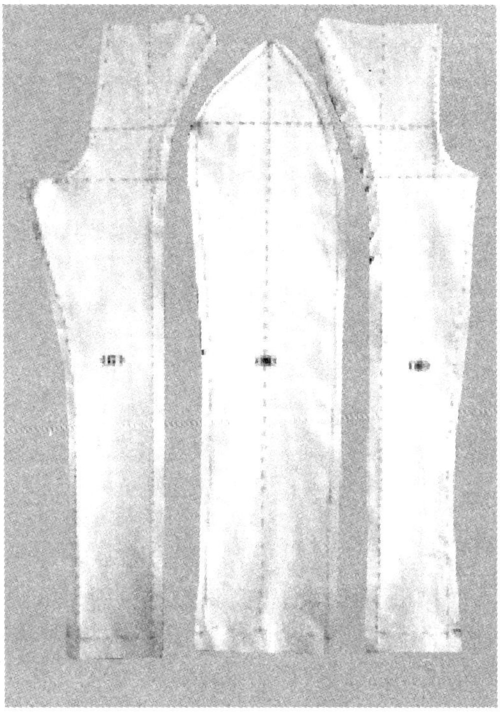

图 6－5－41

7 整装立体裁剪实例

目标与任务

- 了解具有代表性、实用性的裙装立体裁剪方法；
- 了解具有代表性、实用性的职业装立体裁剪方法；
- 了解具有代表性、实用性的礼服类立体裁剪方法。

7.1 连衣裙的裁剪实例

7.1.1 基础连衣裙

基础连衣裙从臀围至下摆保持与地面的垂直状态，呈直筒状。整体来说，合身度较高，但也不是紧贴在身上，因此，臀围部位的横纱向也不会出现紧绷的现象，整个裙子的结构较为平衡。在腰部位置的双省道将围度松量去掉，控制合身程度。

1) 款式图(图 7-1-1)

2) 制作步骤

(1) 坯布的准备

长度：测量从颈侧点至下摆的长度加上 10 cm。

宽度：测量胸围水平宽度，加上 10 cm。

在布料上标注出前中心线的长度和腰位高，该尺寸可以在人台上测量得出。画出水平线。

(2) 操作步骤

① 将布料的直纱线与人台的中心线对正，横纱线与人台的臀围线水平对正，将布料用大头针固定。如图7-1-2。

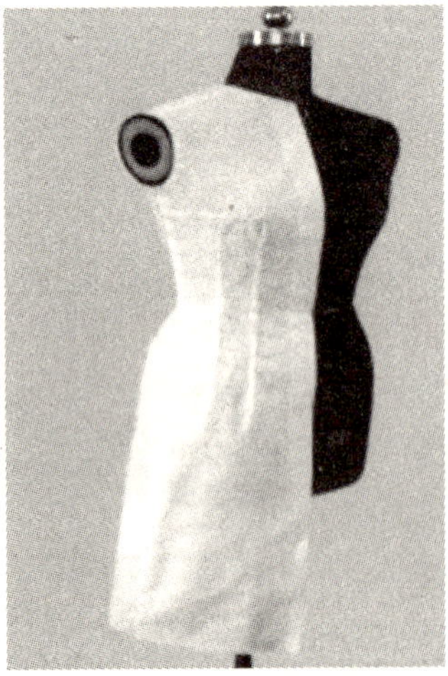

图 7-1-1

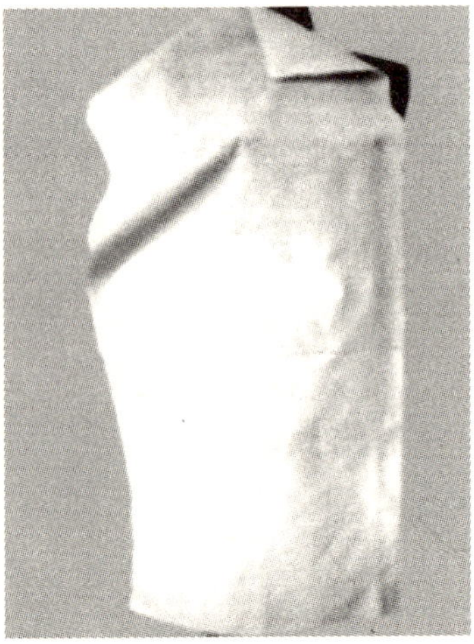

图 7-1-2

② 将臀围部位的布料推平顺，在臀围处加上 1.3 cm 的放松量，并将侧缝辅助线在臀围处固定，松量平均分配。图 7－1－3。

③ 沿顺人台臀围至腰围侧面的曲度打剪口，将布料推平顺，这是该部位的布料处在斜纱方向上，画出这部位的侧缝位置线。图 7－1－4 。

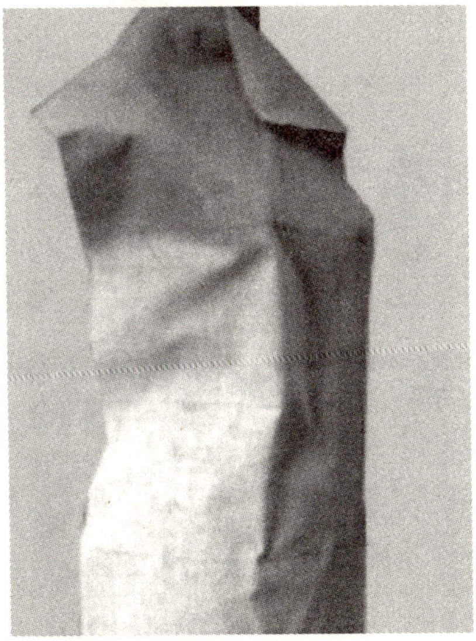

图 7－1－3

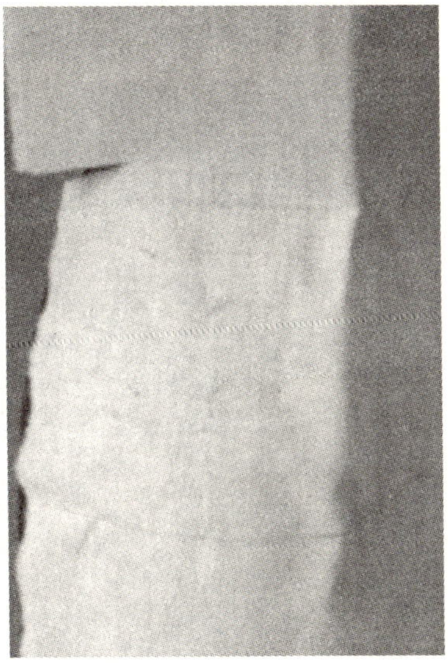

图 7－1－4

④ 裁剪上身部分，领口打剪口。图 7－1－5。

⑤ 将胸省量分移至腋下和腰节处。图 7－1－6。

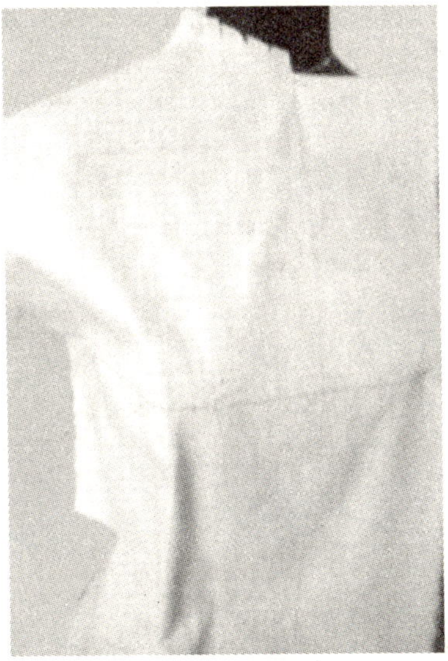

图 7－1－5

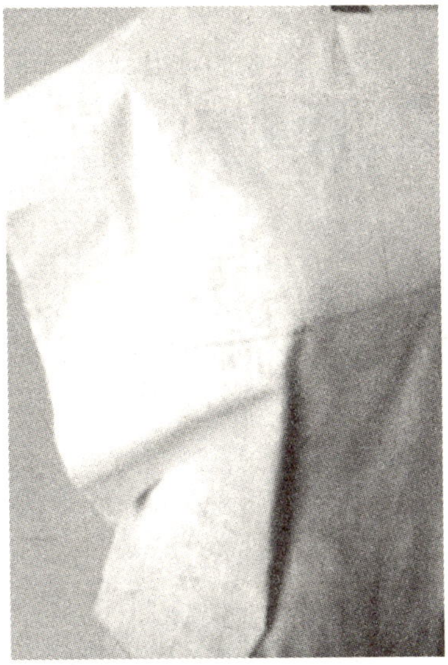

图 7－1－6

⑥ 在腰部做出并列的双省道来收取腰部的松量，两个省道中间的纱向应处于直纱方向上，两个省量的大小基本相同，省量的大小也可以在以后的平面处理中进行调整。第一个省位处在公主线上，第二个省位距离第一个省位约 3 cm。图 7-1-7。

⑦ 先将省量折向外侧，在腰部的省量位置打剪口。对于胸型较小的人台或体型，也可以以一个省道的形式来处理松量。如果在操作中发现省尖形态过于突兀，应采用两个省道的效果比较好。图 7-1-8。

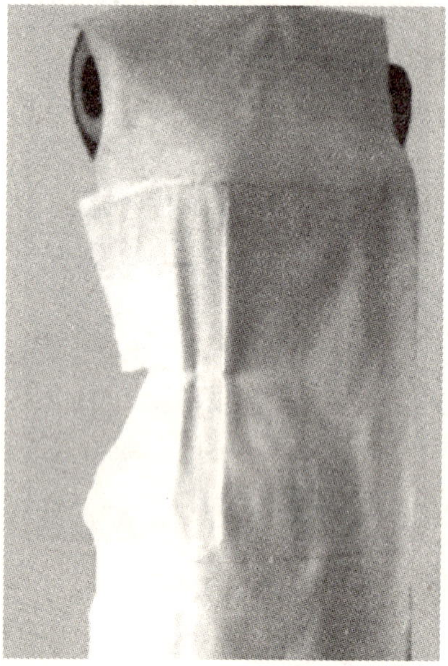

图 7-1-7

图 7-1-8

⑧ 按前片方法裁剪后片的下半身部分。将布料的直纱线与人台的后中心线对正，横纱线与人台的臀围线水平对正，将布料用大头针固定。图 7-1-9，图 7-1-10。

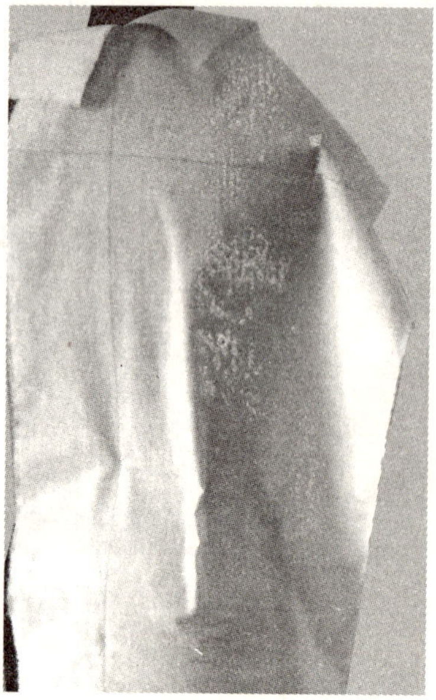

图 7-1-9

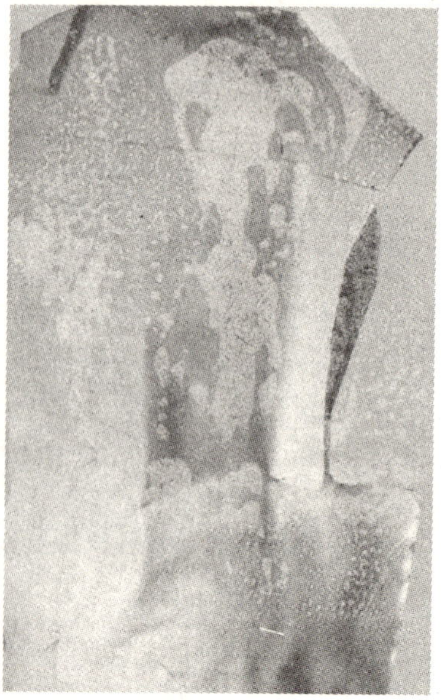

图 7-1-10

⑨ 将臀围部位的布料推平顺，在臀围处加上 1.3 cm 的放松量，并将侧缝辅助线在臀围处固定，松量平均分配。沿顺人台臀围至腰围侧面的曲度打剪口，将布料推平顺，这是该部位的布料处在斜纱方向上，画出这部位的侧缝位置线。图 7－1－11。

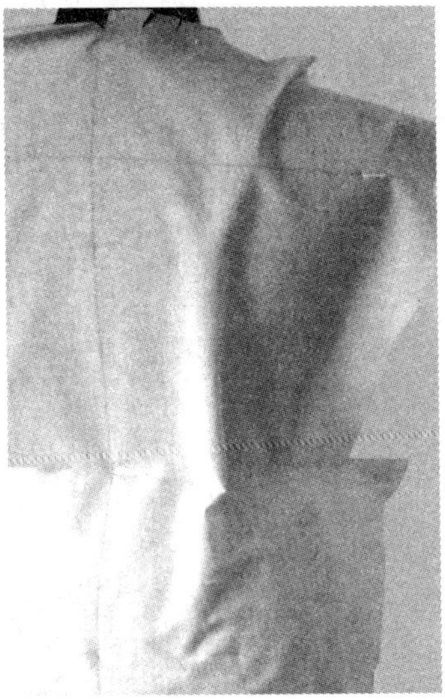

图 7－1－11

⑩ 裁剪上身部分，领口打剪口，肩部多余的布料在公主线上通过肩省来处理，在腰部做出并列的双省道来收取腰部的余量。第一个省位处在公主线上，第二个省位距离第一个省位约 3 cm。在腰部的省位打剪口。图 7－1－12。

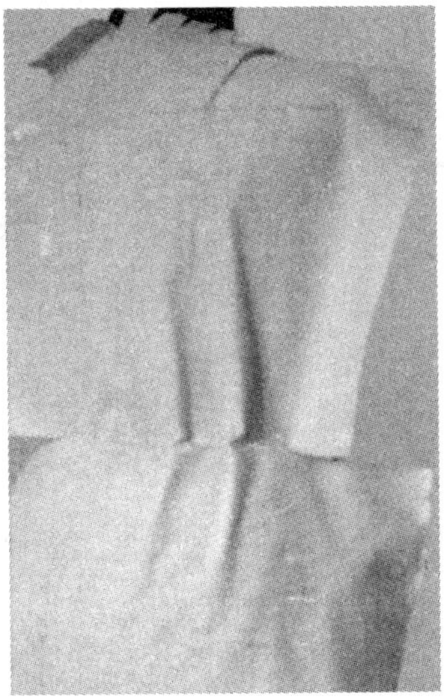

图 7－1－12

⑪ 重新固定省道，合肩缝，侧缝。画点影线，确定轮廓线。如果衣服是有袖的款式（如图 7-1-13），则要在袖窿中部放出 0.6 cm 的松量，在袖窿底部放出 2 cm 的松量。

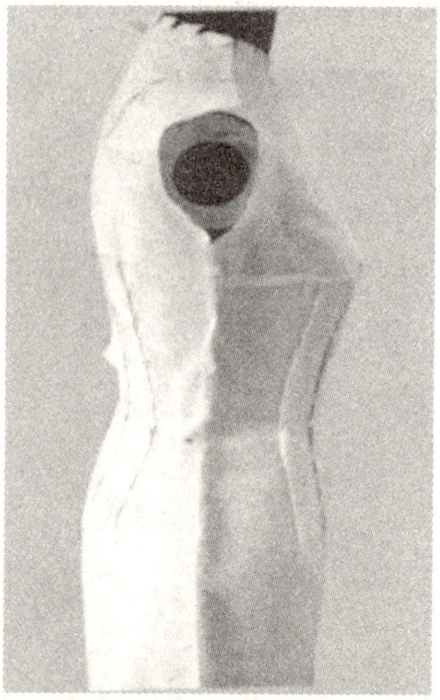

图 7-1-13

⑫ 检查合身度，观察衣片的臀围横纱线与人台的臀围水平线是否对正，检查腰部位置的松紧程度。

(3) 完成图

将裁片从人台上取下来，确定轮廓线。经修改确认后用白坯布重新裁裙片。图 7-1-14、图 7-1-15 为完整的前视图和后视图。

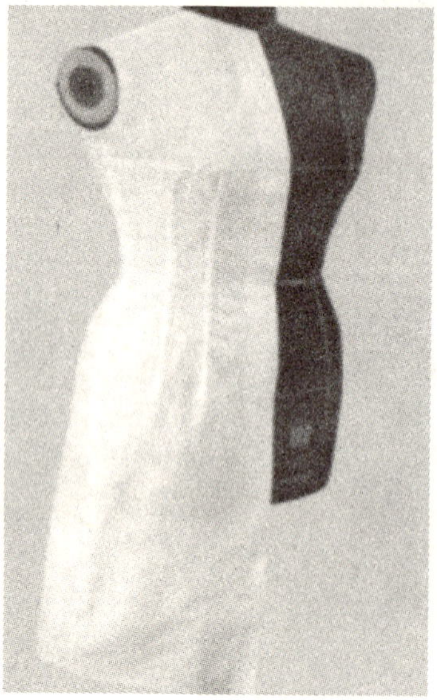

图 7-1-14

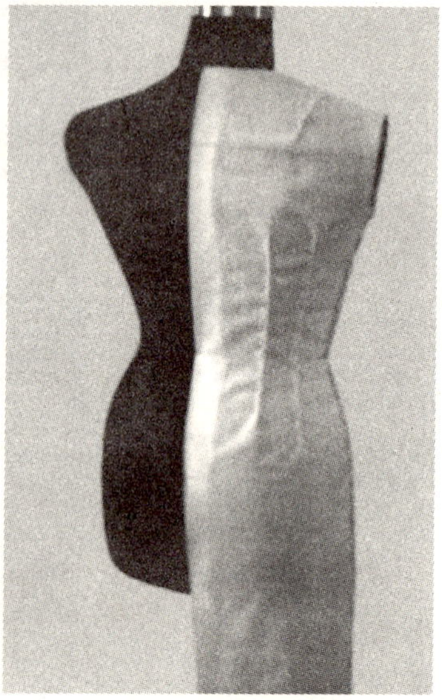

图 7-1-15

7.1.2 帝国式分割线式连衣裙的立体裁剪

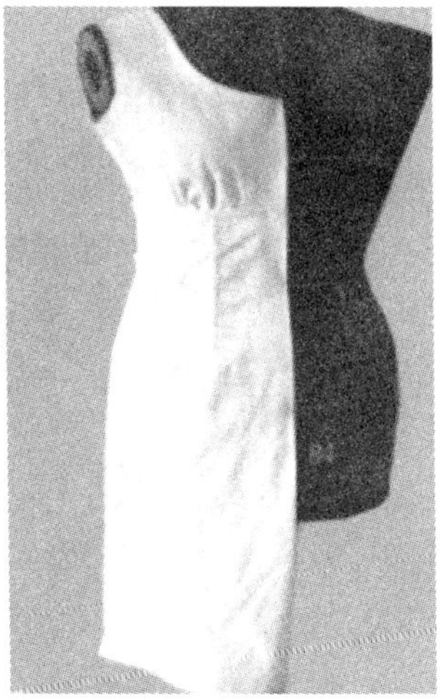

图 7-1-16

经典的帝国式分割线是在乳下，从前中心到后中心的一条曲线变化的分割线。作为款式的变化，分割线可以朝向任何方向，但基本的原则是在乳下的位置。其分割线作用是使胸下部显得非常合体，因此在时装流行中是经常出现的样式。

1）款式图(图 7-1-16)

2）制作

（1）人台的准备

在前后身用标志线标注出领口弧线，在乳下用标记线从前中心到后中心标出分割线的位置，分割线在侧缝处逐渐降低，在后中心位置时比腰线高约 10 cm。图 7-1-17。

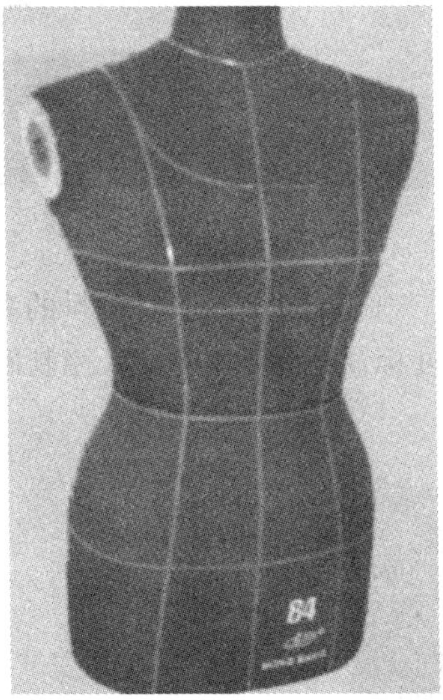

前

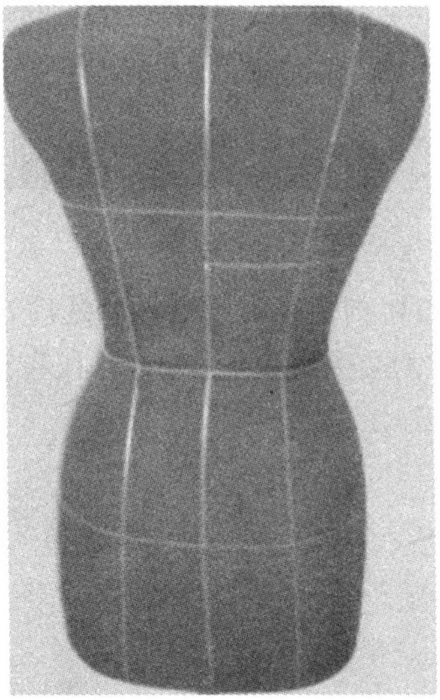

后

图 7-1-17

（2）坯布的准备

① 上身坯布

取长：测量从颈侧点至帝国分割线的长度加上 10 cm。

宽度：测量胸围水平宽度，加上 10 cm。

② 下半身

取长：测量从帝国分割线至下摆的长度加上 10 cm。

宽度：测量臀围水平宽度，加上 10 cm。

在布料上标注出前中心线的长度和胸位高、臀围高，该尺寸可以在人台上测量得出。画出水平线。

(3) 操作步骤

① 将熨烫平整的布料的前中心线与人台的前中心对正固定。图 7-1-18。

② 沿顺领口将布料推平顺,打剪口并标注出相应的位置线。图 7-1-19。

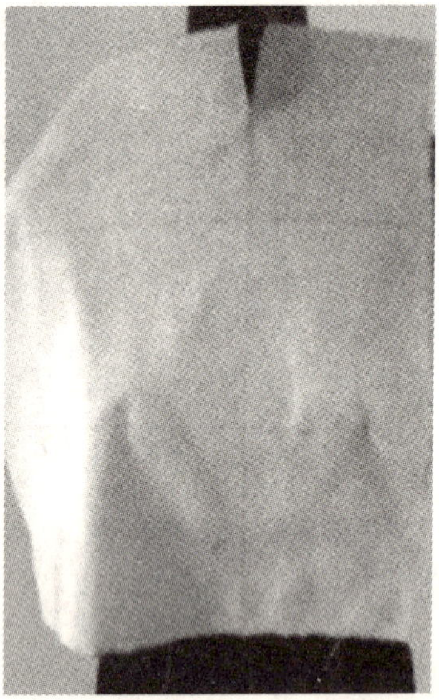

图 7-1-18

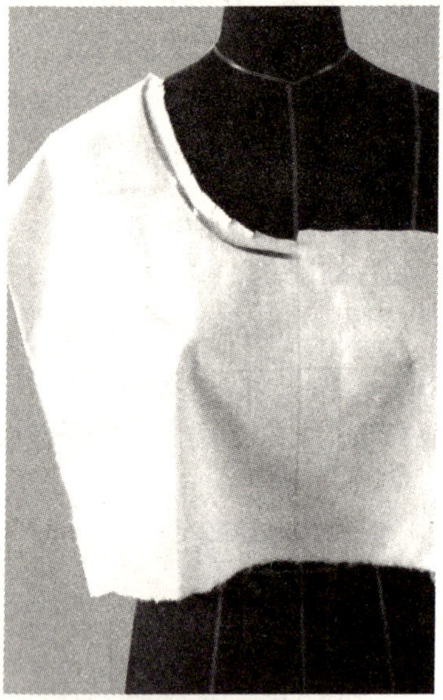

图 7-1-19

③ 布料胸围线由于松量的处理,在公主线的侧面呈现向下的状态。将布料的多余量在胸点下方的公主线位置固定,并在省道的两侧各 2 cm 处标注出缝合对位点(控制碎褶的位置)。图 7-1-20。

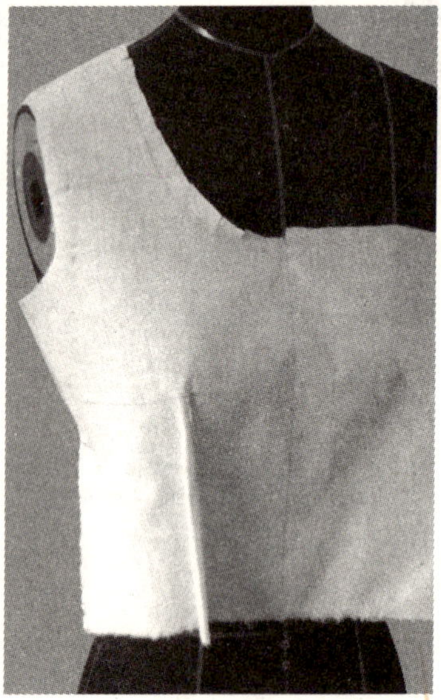

图 7-1-20

④ 修剪领口多余的布料，将胸部下面的省量均匀分配在两个缝合对位点之间，标注抽褶控制点。图 7－1－21。

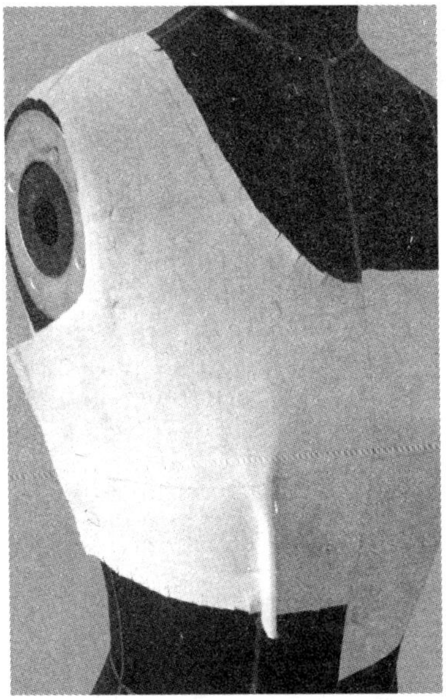

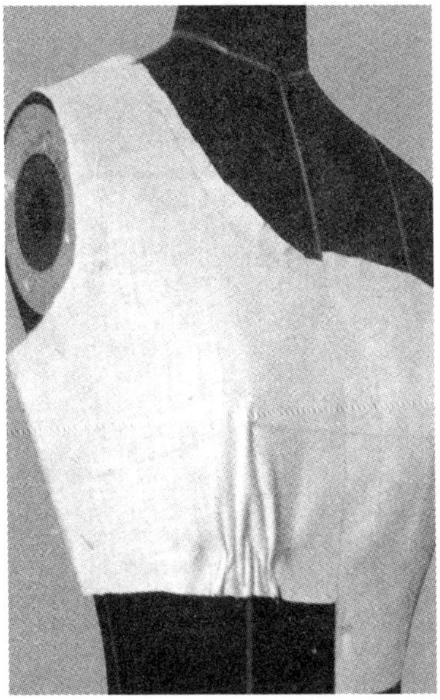

图 7－1－21

⑤ 将后片的后中心线与人台的后中心对正固定。图 7－1－22。

⑥ 沿顺领口将布料推平顺，打剪口并标注出相应的位置线。图 7－1－23。

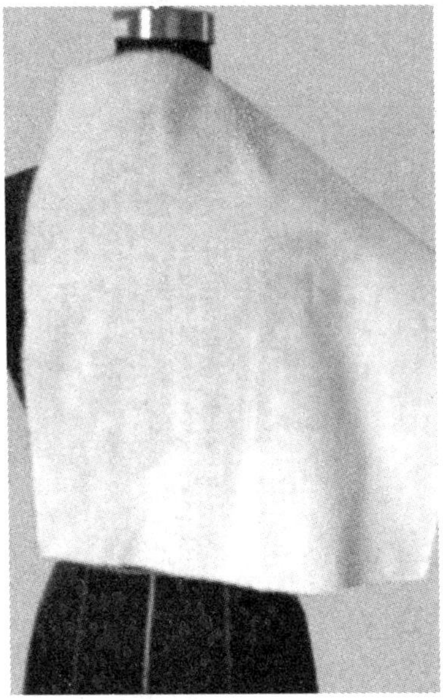

图 7－1－22

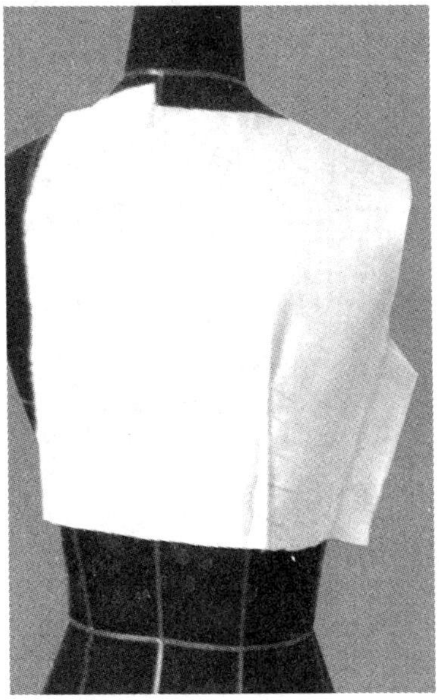

图 7－1－23

⑦ 在公主线上捏合 2.5 cm 的省道。将布料沿肩线、袖窿和侧缝推平顺，并标注下来。如图 7－1－24。

⑧ 在布料上标注出帝国分割线的位置，将多余布料修剪掉。图 7－1－25。

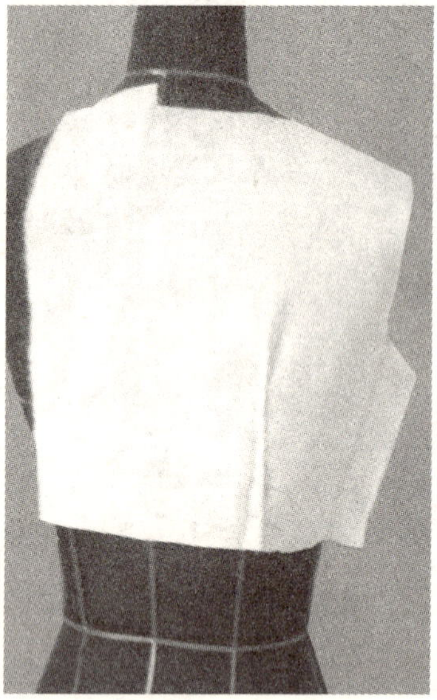

图 7－1－24

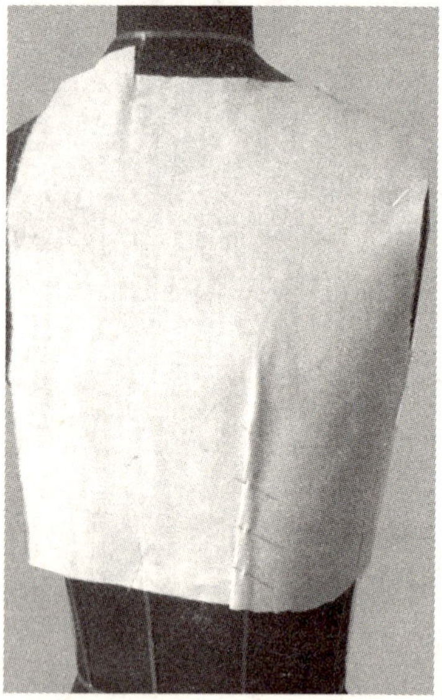

图 7－1－25

⑨ 将做裙布料的前中心线与人台前中心线对正，横纱线与人台臀围线水平线对正固定。图 7－1－26。

⑩ 将布料的臀围横纱线在侧缝处与人台的臀围水平线对正，沿顺侧缝线将布料推平顺，并将松量分配好，在腰口处打剪口用大头针固定。图 7－1－27。

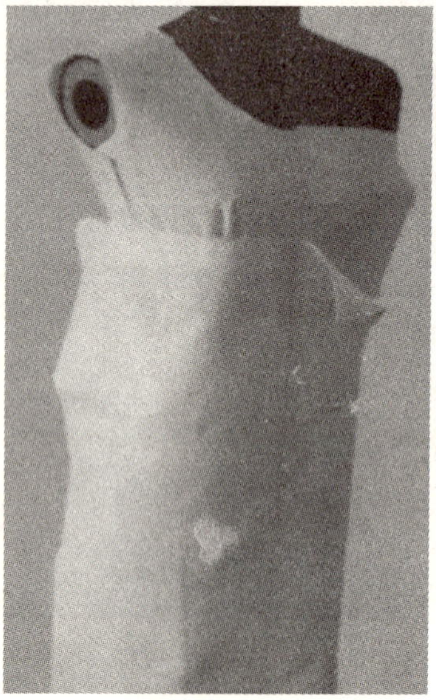

图 7－1－26

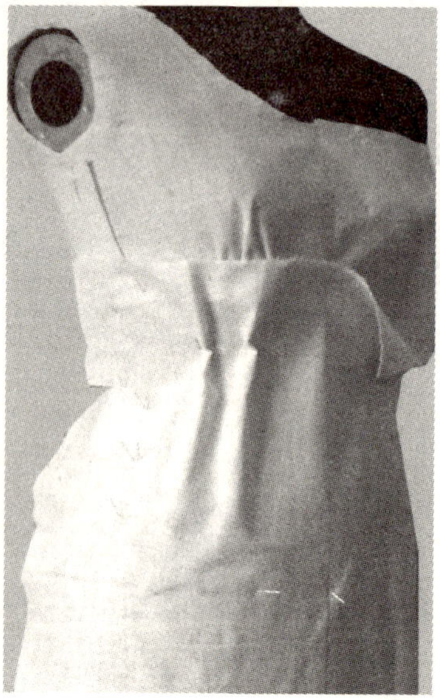

图 7－1－27

⑪ 腰围处的松量由两个省量来处理。第一个省位处在公主线上，第二个省位距离第一个省位约 3 cm。图 7－1－28。

⑫ 按照前片的步骤裁剪后片。图 7－1－29。

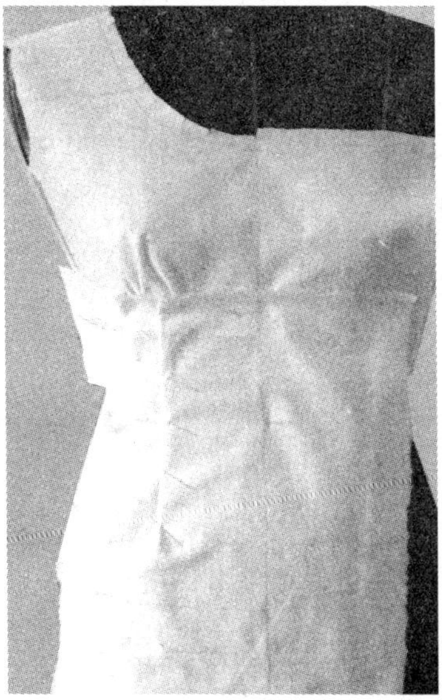

图 7－1－28

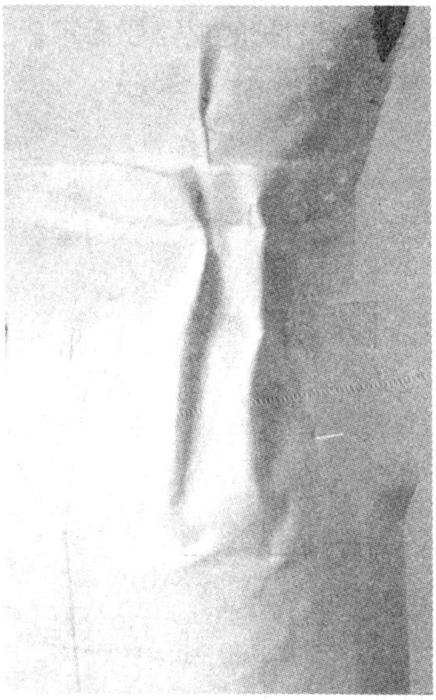

图 7－1－29

⑬ 将前后片在侧缝处对合固定，松度要控制的舒适。图7－1－30。

⑭ 画点影线，将裁片从人台上取下来，确定轮廓线。经修改确认后用白坯布重新裁裙片。图 7－1－31、图 7－1－32 为完整的后视图和前视图。

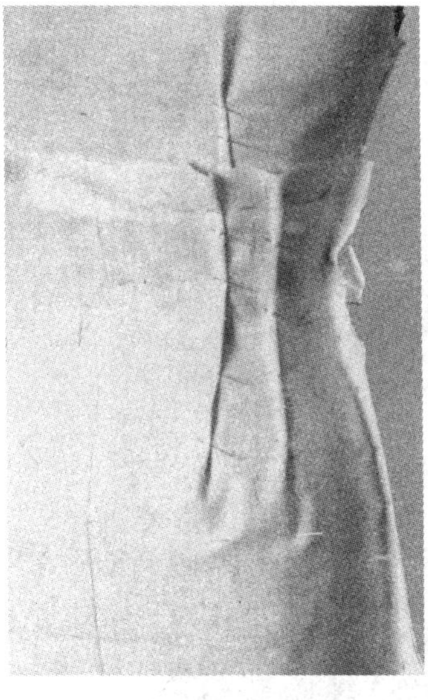

图 7－1－30

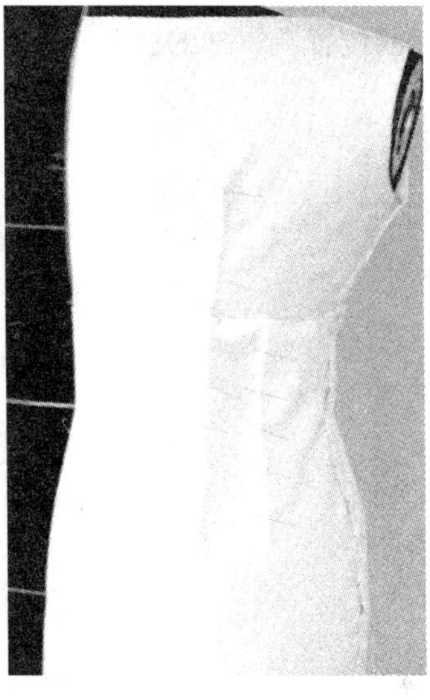

图 7－1－31

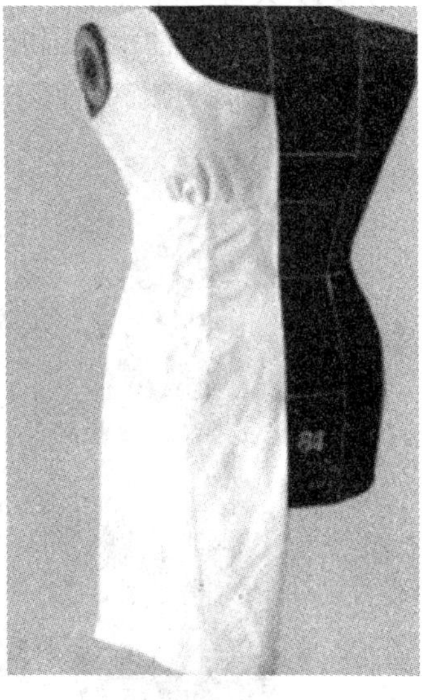

图 7－1－32

7.1.3 吊带斜裁连衣裙的立体裁剪

吊带斜裁连衣裙中裙子部分采用斜纱裁剪，该款式强调合体，腰身的松量很小，但经过腰线和臀围后在下摆形成展开的幅度。胸部造型时在胸点下方收省，罩杯上方用细吊带与后片连接，裙子的长度视需要而定。

1）款式图（图 7-1-33）

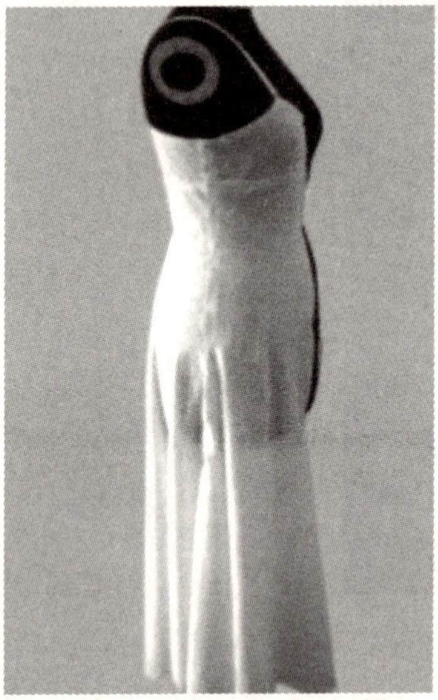

图 7-1-33

2）制作

（1）人台的准备

用标志线标注出帝国分割线的位置及罩杯的造型。图7-1-34。

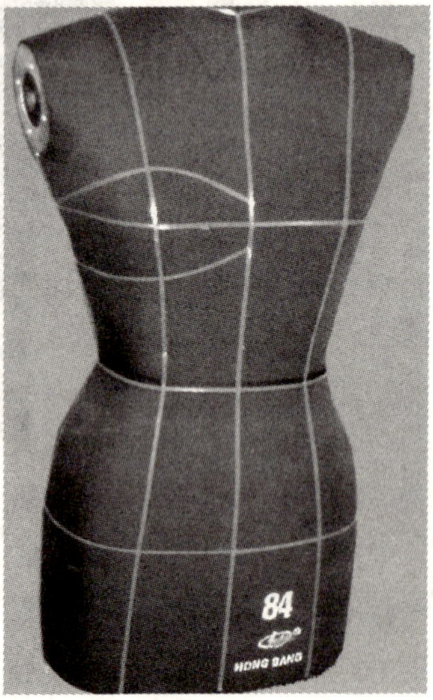

前

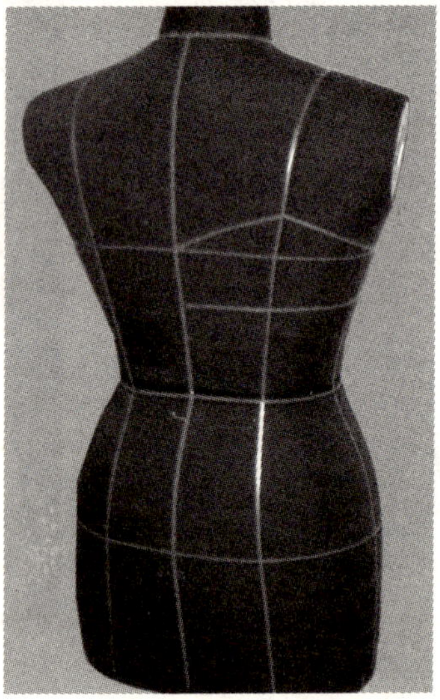

后

图 7-1-34

(2) 坯布的准备

剪下两块长 115 cm 的布料，以满足裙长的需要，在布料上分别画上直纱和横纱及正斜纱，并距斜纱线 10 cm 处画条平行线。用剩余的面料制作罩杯。罩杯可以按照布料直纱与前中心平行的方向裁剪。

(3) 操作步骤

① 布料直纱与前中心对正固定。沿顺罩杯上缘的轮廓将布料推平顺，将布料的多余量在胸点下方的公主线位置固定。图 7-1-35。

② 画出帝国分割线及罩杯上缘的轮廓，画点影线，留 1 cm 缝份量，剪切多余的布料。图 7-1-36。

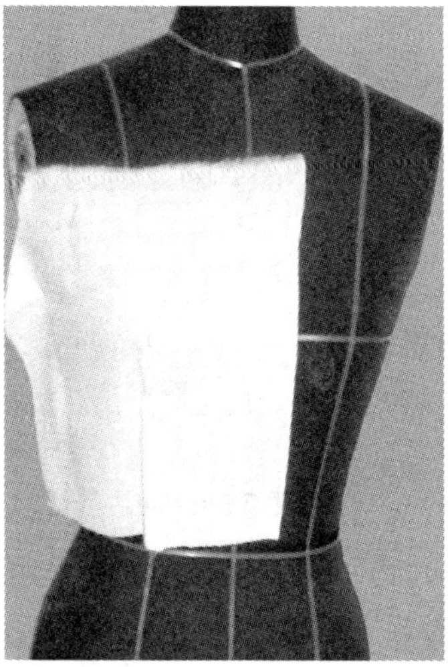

图 7-1-35

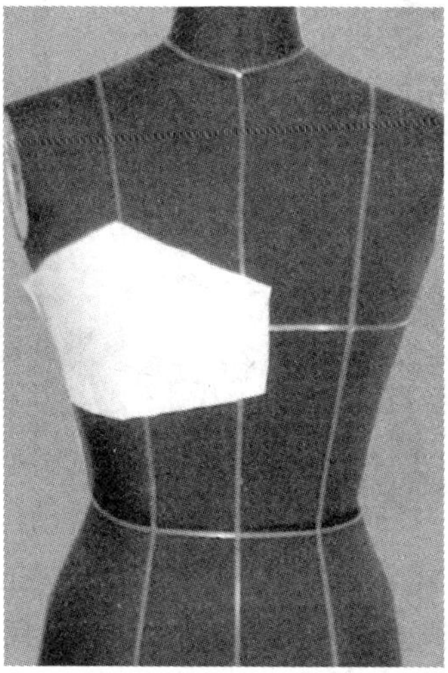

图 7-1-36

③ 按前片的方法做后片，画出帝国分割线及罩杯上缘的轮廓，画点影线，留 1 cm 缝份量，剪切多余的布料。图 7-1-37。

④ 将裁片取下，确定轮廓，缝合侧缝。图 7-1-38。

图 7-1-37

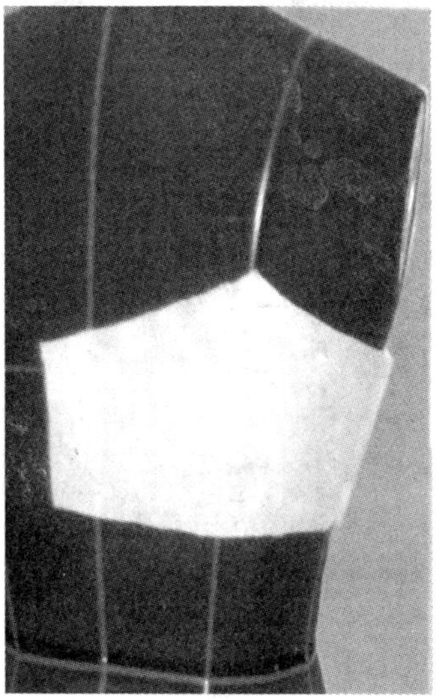

图 7-1-38

⑤ 将布料斜纱与人台前中心位置对正，固定上端至少留 3 cm 的缝份量。图 7 - 1 - 39。

⑥ 将布料的余量从中心向两边推动，布料在腰部会出现一定的起空现象，不会非常服帖，用大头针固定。将布料在臀围线上推平顺固定，沿侧缝方向向上推动，超过帝国分割线，打剪口固定，向上抬人台，使布料出现裙褶。在褶位两侧固定以便控制裙褶。图 7 - 1 - 40。

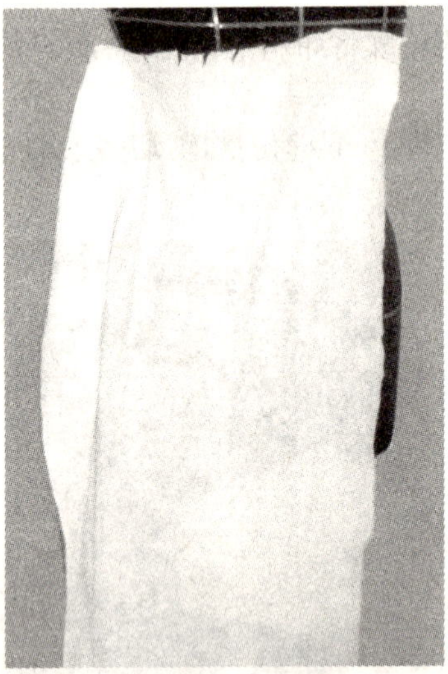

图 7 - 1 - 39

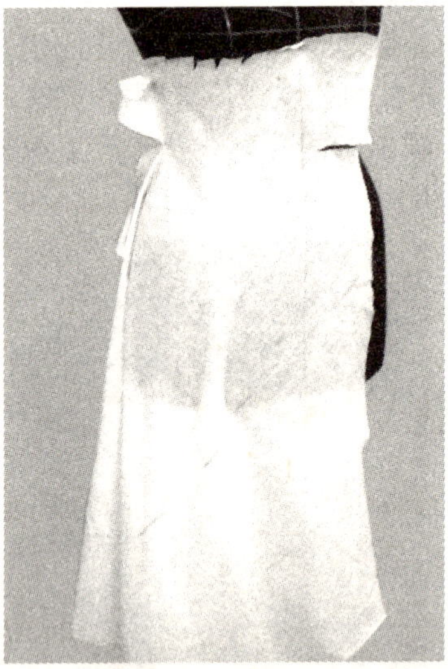

图 7 - 1 - 40

⑦ 在人台底部，从侧面加 10 cm 作为 A 字型轮廓的必要的放量，在帝国分割线处及侧缝到腰线的位置修剪多余的布料，留 3 cm 的缝份量。图 7 - 1 - 41。

⑧ 修剪腰线位置，将腰位上布料逐渐向两侧平推，固定并标明新的前中心线。图 7 - 1 - 42。

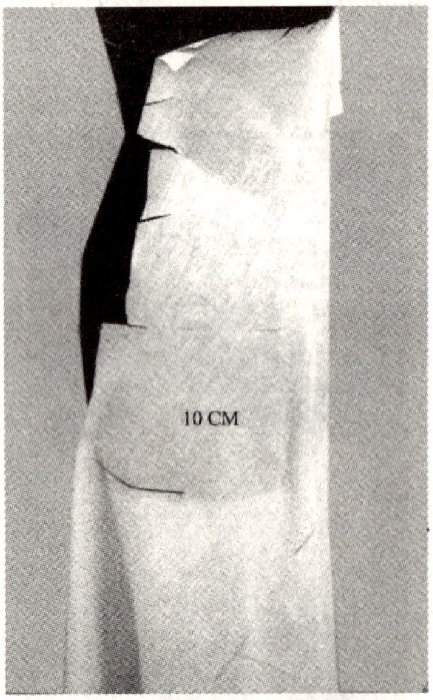

图 7 - 1 - 41

图 7 - 1 - 42

⑨ 按照与前片相同的方法和步骤制作后片。图 7－1－43～图 7－1－45。

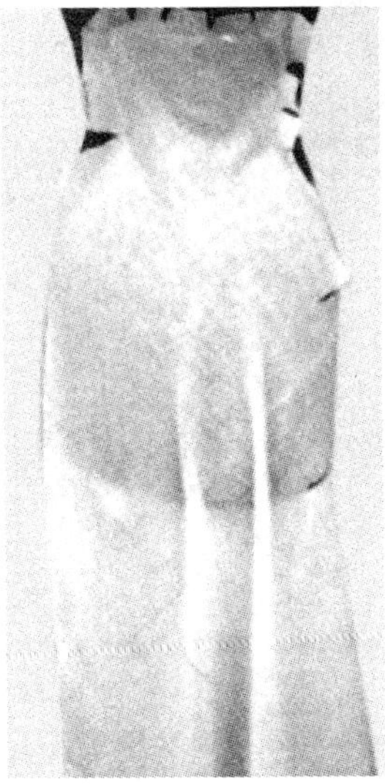

图 7－1－43

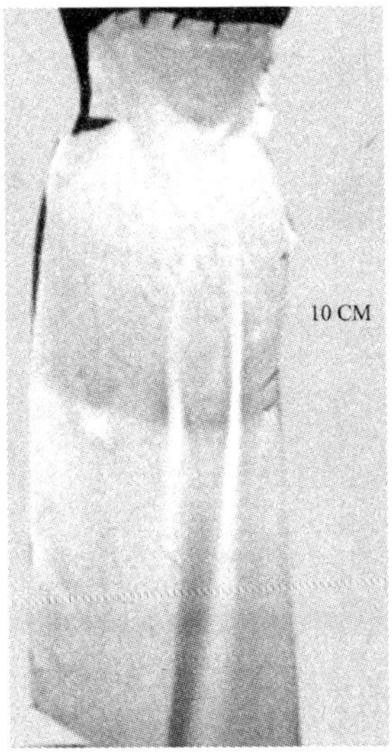

图 7－1－44

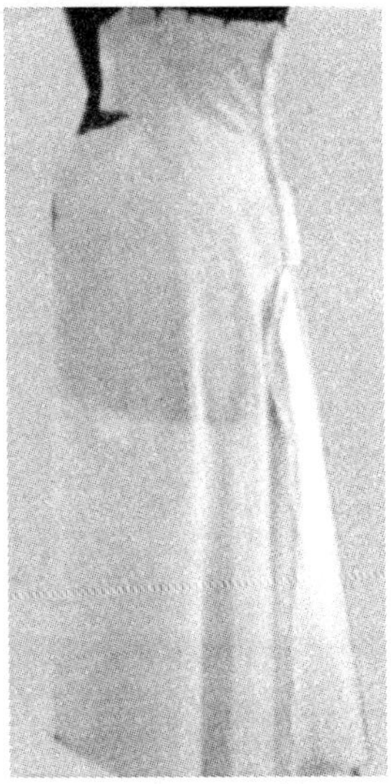

图 7－1－45

⑩ 用大头针将帝国分割线到臀围线之间的侧缝先固定，余下的量暂时不固定，使斜纱垂落一夜后再固定，便于形成稳定的下摆。图 7－1－46。

⑪ 垂挂后，将罩杯部分与裙子部分用大头针对和固定，并检查合身度。图 7－1－47。

⑫ 调整侧缝，增加褶量的丰满度，平衡裙片，标注并固定。按照与地面平行的标准标注下摆线的位置。图 7－1－48。

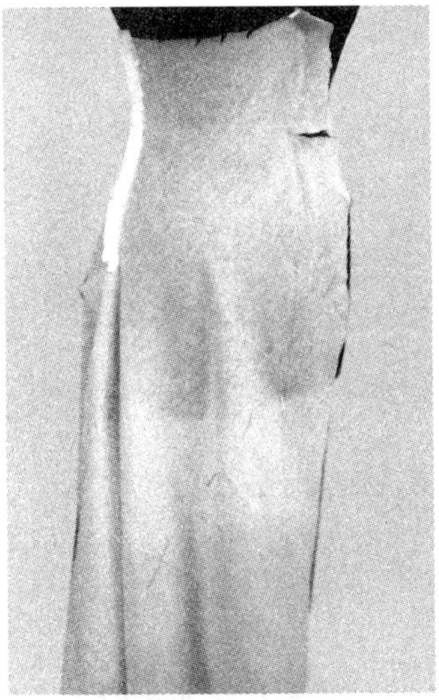

图 7－1－46

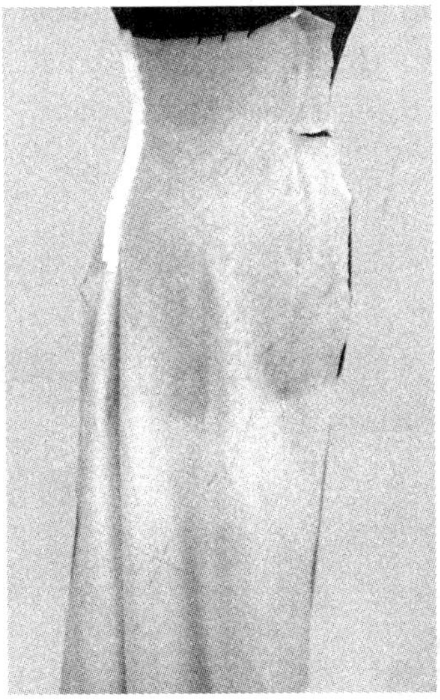

图 7－1－47

图 7－1－48

⑬ 将裁片从人台上取下来，确定轮廓线，检查确认后用白坯布重新裁裙片。根据实际所需长度确定吊带的长度，纱向为直纱向。图 7－1－48，图 7－1－49。

3）完整的前视图和侧视图（如图 7-1-49，图 7-1-50）

图 7-1-49

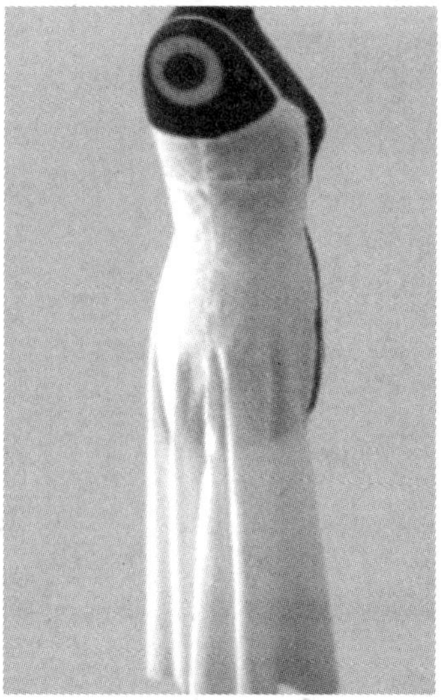

图 7-1-50

7.2 职业装的裁剪实例

7.2.1 驳领公主线女外套

图 7-2-1

款式特征：公主分割线和胸省结合，男西服双排扣、枪驳领的女外套。袖子用西服的2片大小袖。肩部圆垫肩造成肩线平坦下滑。利用从肩到下摆的公主开线方法突出胸部收紧腰线。

1）款式图（图 7-2-1）

2）制作

（1）人台准备

① 在人台上放上垫肩

垫肩是外套类服饰构造轮廓的必备物品。我们在这里选择厚度 1 cm 的普通圆装袖垫肩。图 7-2-2。

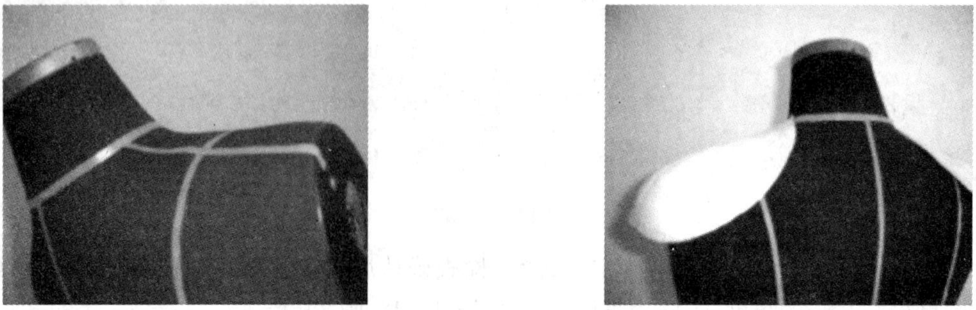

图 7-2-2

② 从后肩颈点(BNP)开始，垫肩要比设定肩宽大 1 cm。然后在垫肩上做好标示，固定垫肩。图 7-2-3。

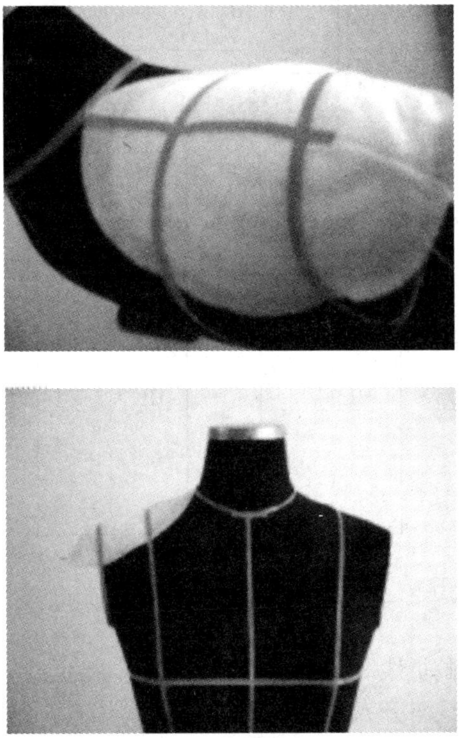

图 7-2-3

(2) 标好基准线

外套类服装面料较厚，前中心向外移动 0.5 cm。前中外侧第 2 条标示线是普通 2 cm 的门襟止口线。图 7-2-4。

图 7-2-4

(3) 坯布的准备(图 7 - 2 - 5)

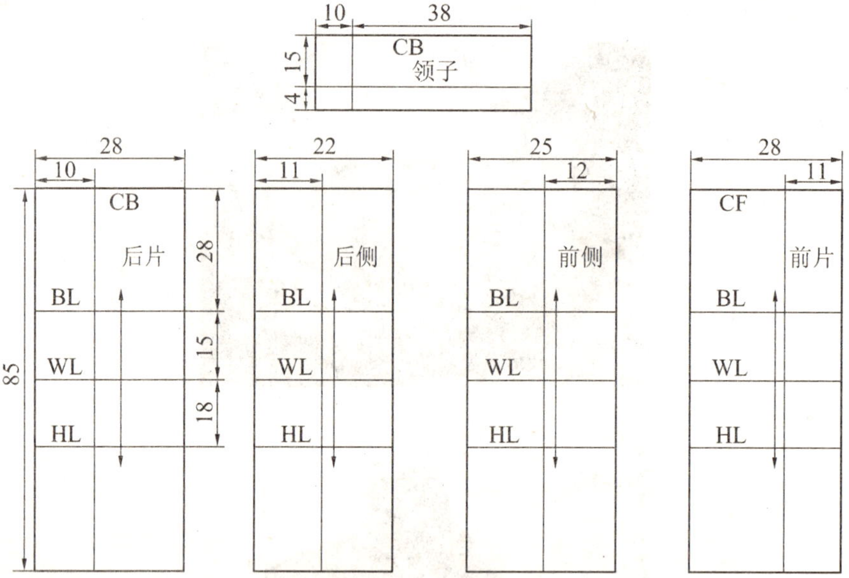

图 7 - 2 - 5

(4) 操作步骤

① 在人台上标示驳领翻折线和门襟止口线。图 7 - 2 - 6。

② 把坯布的前中标示线对齐人台上的外移中心线，用大头针固定好前中线。在前颈点处剪开。提顺坯布丝缕使之垂直不倾斜，对齐人台标示的三围后固定。图 7 - 2 - 7。

图 7 - 2 - 6

图 7 - 2 - 7

③ 以人台上的标示为基准在坯布上标示驳领翻折线和公主线。图 7－2－8。

④ 腰线处剪开以适应腰部省量。图 7－2－9。

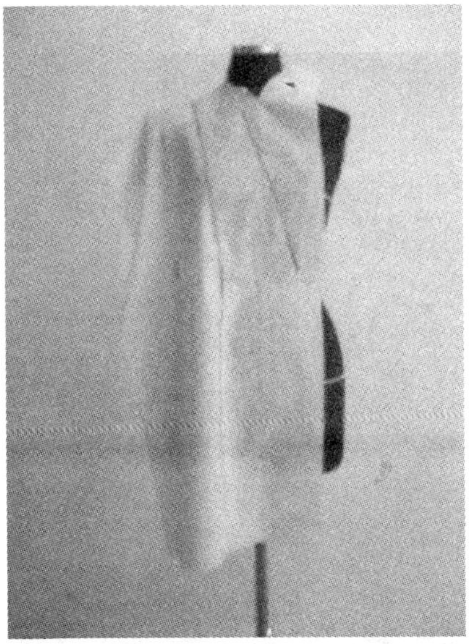

图 7－2－8

图 7－2－9

⑤ 留好放松量和缝份后剪去多余的部分。图 7－2－10。

⑥ 在 B・P 点侧缝的 1/2 处对齐坯布的布纹使之垂直于三围。检查腰、胸、臀的放松量。图 7－2－11。

图 7－2－10

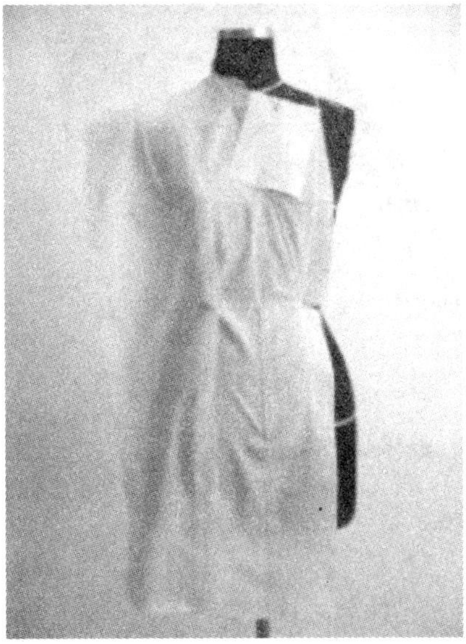

图 7－2－11

⑦ 在标示好腰围、胸围、臀围位置和缝份后裁去公主线处多余的布，再用大头针使用重叠针法拼好公主线。图 7－2－12。

⑧ 袖笼下落到胸围线处垂直标示线位置。整理袖窿缝份。图 7－2－13。

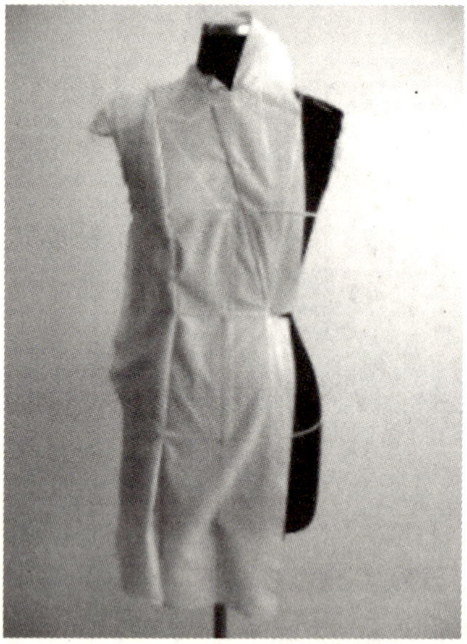

图 7－2－12

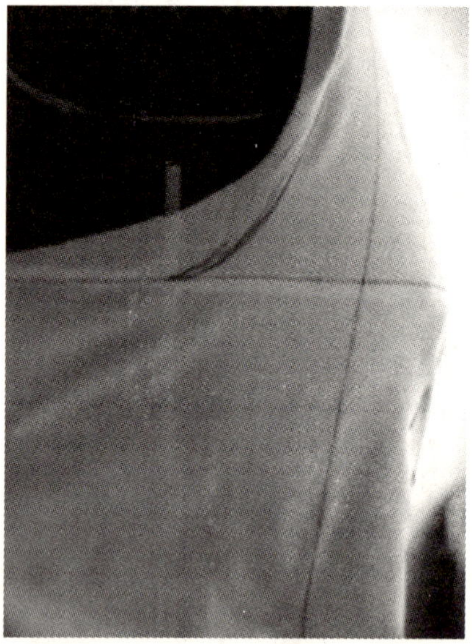

图 7－2－13

⑨ 肩线处留好缝份。图 7－2－14。

⑩ 整理好侧缝后的前片。图 7－2－15。

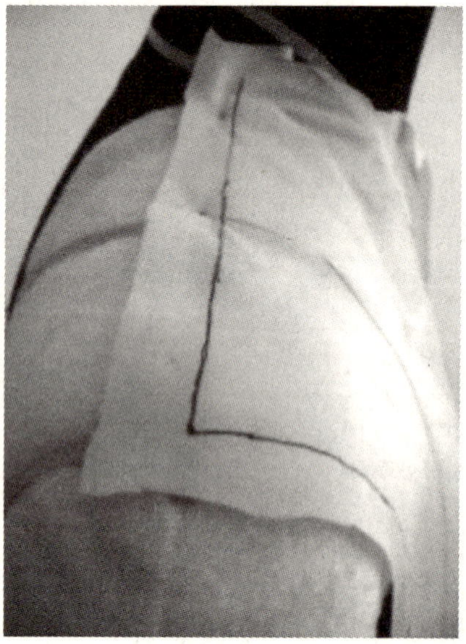

图 7－2－14

图 7－2－15

⑪ 后片坯布与人台覆合。图 7－2－16。

⑫ 坯布后中线倾斜定好后中省量后，剪开腰围线处使腰围线下坯布丝缕垂直。上提坯布使坯布标示的腰线、臀线对齐人台标示线。图 7－2－17。

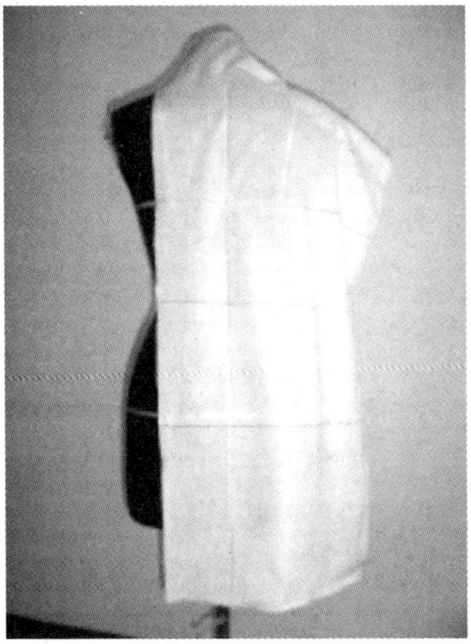

图 7－2－16

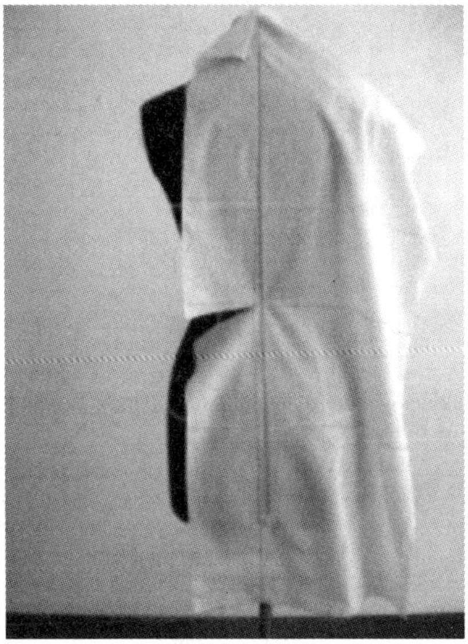

图 7－2－17

⑬ 腰线处剪开，把标示线对齐人台的后中线。图 7－2－18。

⑭ 标示胸、腰、臀的拼接位置和松量，留好缝份后剪去多余的量。图 7－2－19。

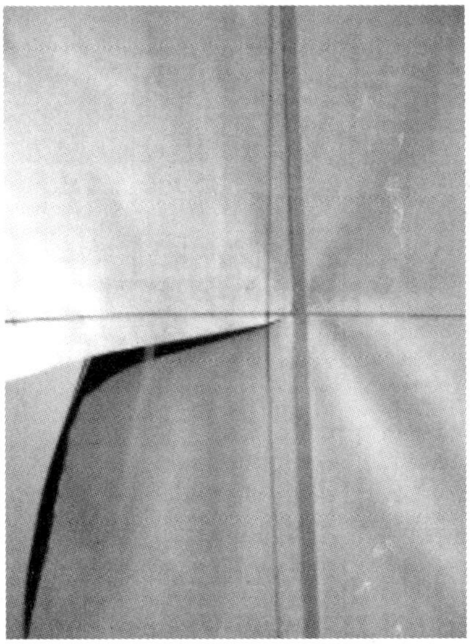

图 7－2－18

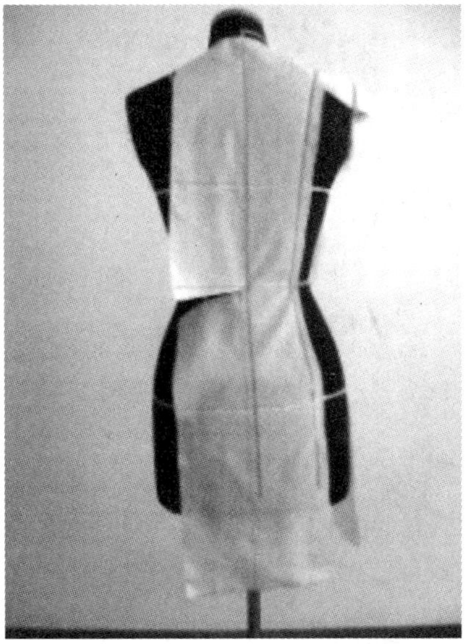

图 7－2－19

⑮ 后侧缝坯布上人台。对齐三围并提顺丝缕使之垂直。图 7-2-20。

⑯ 留好缝份后修好后公主线，再用重叠法固定。图 7-2-21。

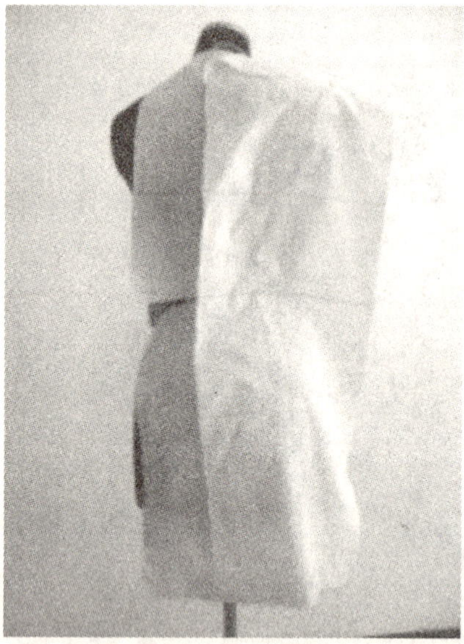

图 7-2-20

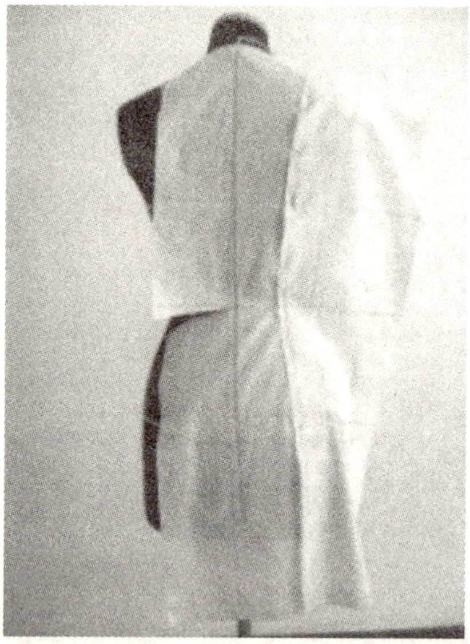

图 7-2-21

⑰ 修整好侧缝。图 7-2-22。

⑱ 从翻折线把坯布翻折，按照人台标示贴出驳头的形状。图 7-2-23。

图 7-2-22

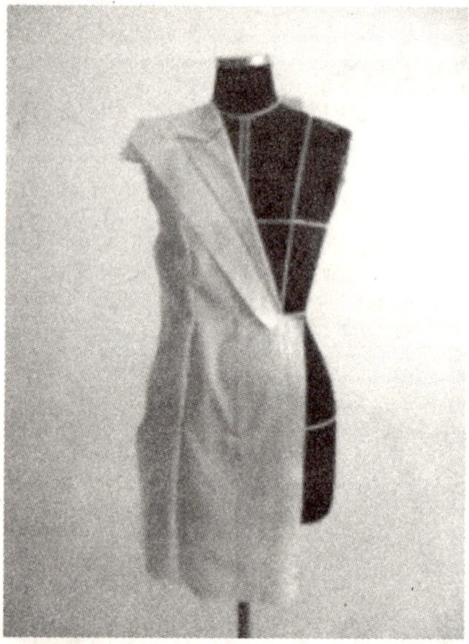

图 7-2-23

⑲ 留好缝份后整理好衣身领的形状。图 7－2－24。

⑳ 领子坯布上人台对齐后中线。沿后中、领固定好领片。图 7－2－25。

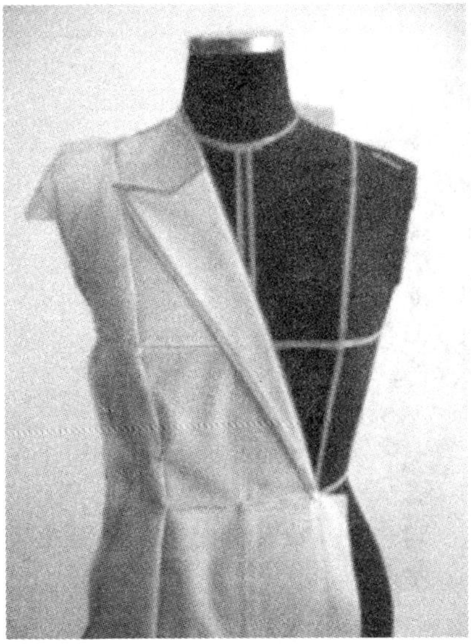

图 7－2－24

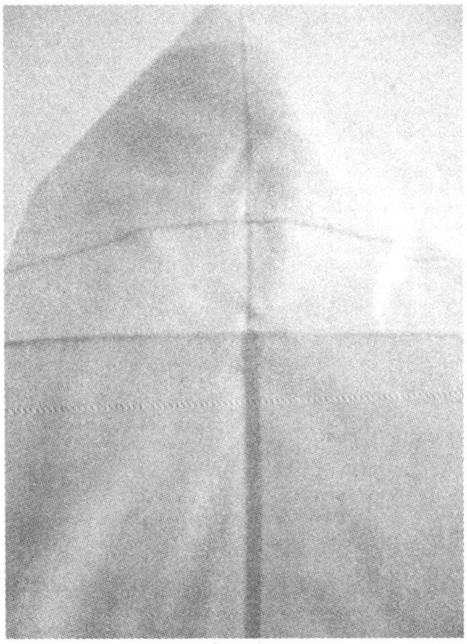

图 7－2－25

㉑ 把领子沿领台线围到脖子上，如图剪开，一边打剪刀口一边固定。图 7－2－26。

㉒ 检查驳头和翻折线及领子和脖子的间隙，调整并确定领子的形状。图 7－2－27。

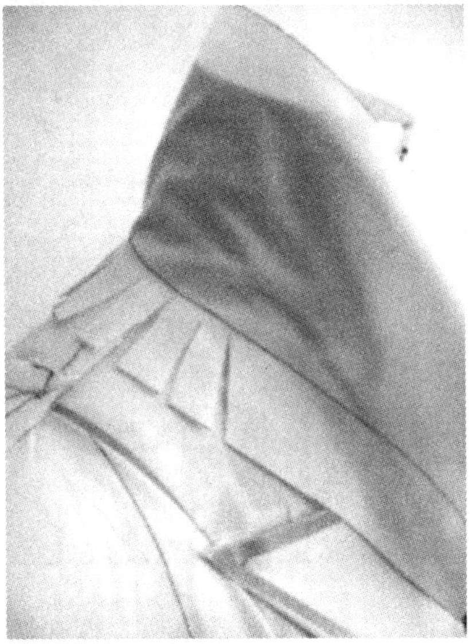

图 7－2－26

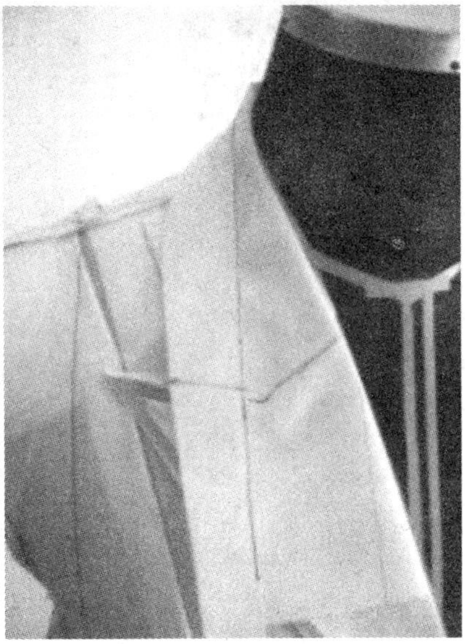

图 7－2－27

㉓ 整理完后留下缝份，剪去多余的量，修正领型。图 7－2－28。

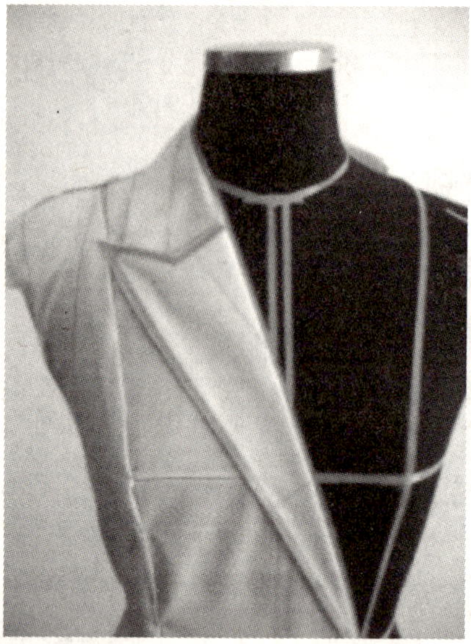

图 7－2－28

（5）完成（图 7－2－29）

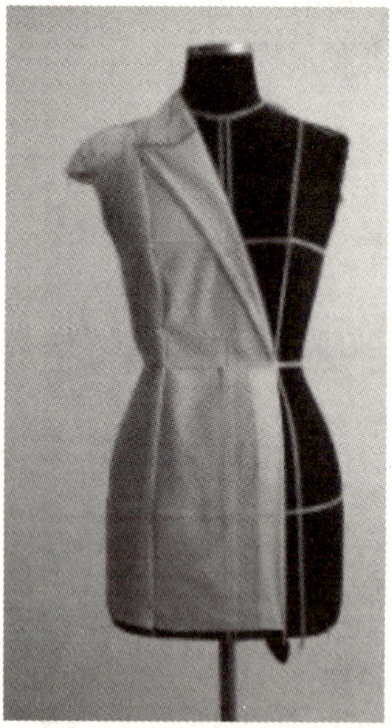

前

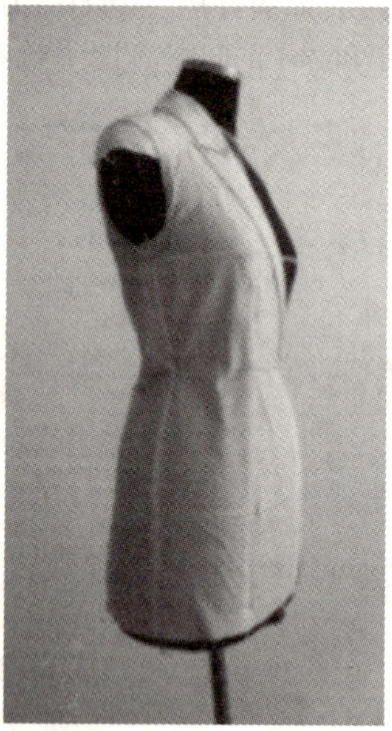

侧

俯视

图 7－2－29

3）裁片展开图（图 7－2－30）

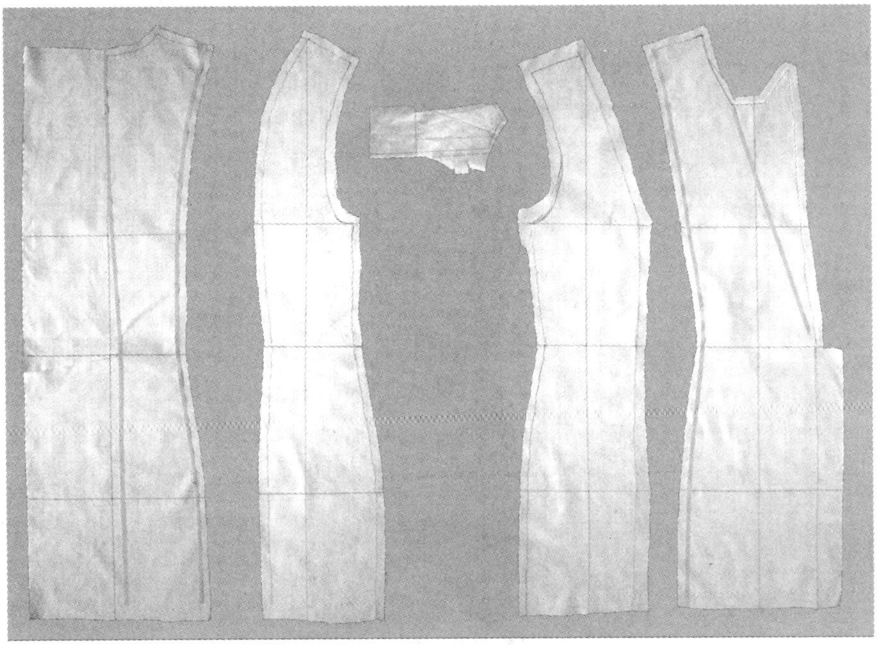

图 7－2－30

7.2.2 青果领女外套

款式特征：青果领，单排扣西装领女外套。袖子采用西装 2 片大小袖。收腰不多，线条平坦修长圆润的青果领让人看起来比较舒服。

1）款式图（图 7－2－31）

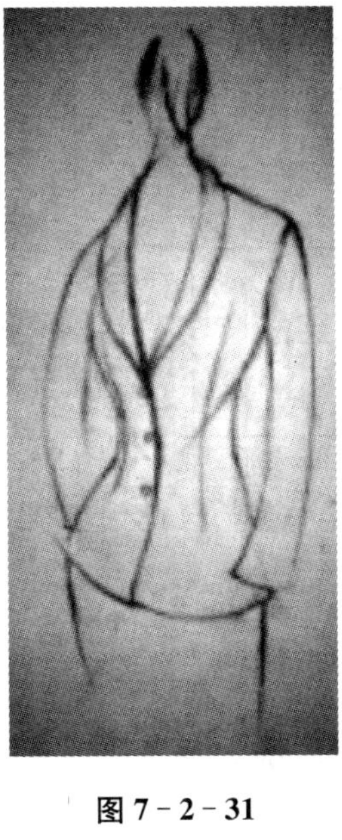

图 7－2－31

2）制作

（1）人台准备。图 7－2－32。

图 7－2－32

（2）坯布的准备。图 7－2－33。

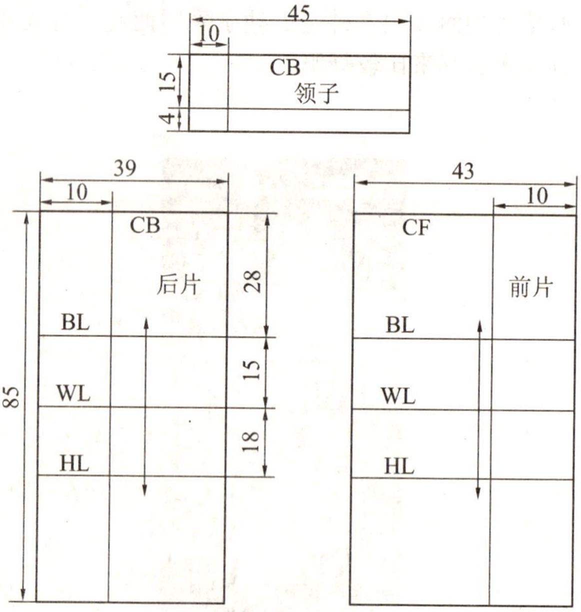

图 7－2－33

① 把坯布的前中心对齐人台标示线调整好门襟止口位置。保持坯布丝缕、垂直固定前中、B·P 点等关键位置。图 7-2-34。

② 在坯布上标示翻折线,修理止口位置。捏出第一个省位。图 7-2-35。

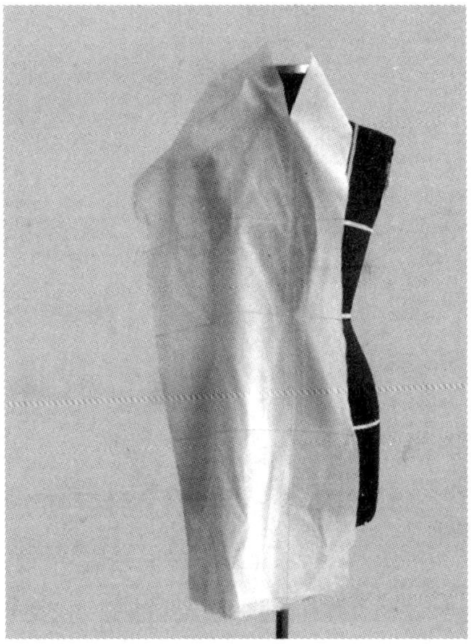

图 7-2-34

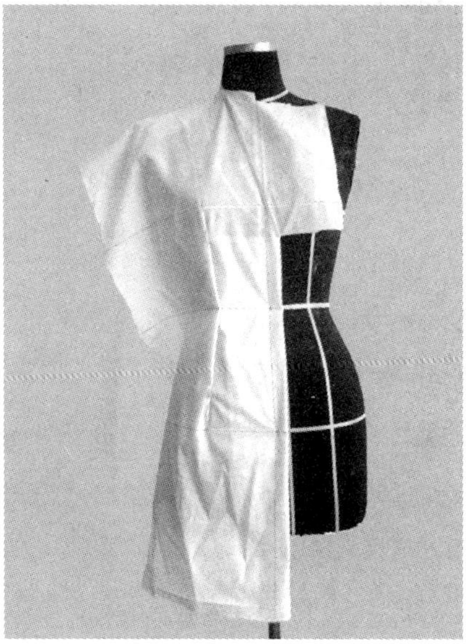

图 7-2-35

③ 在保持服装松量的情况下捏出第二个省位。图 7-2-36。

④ 省位线与腰线的关系。图 7-2-37。

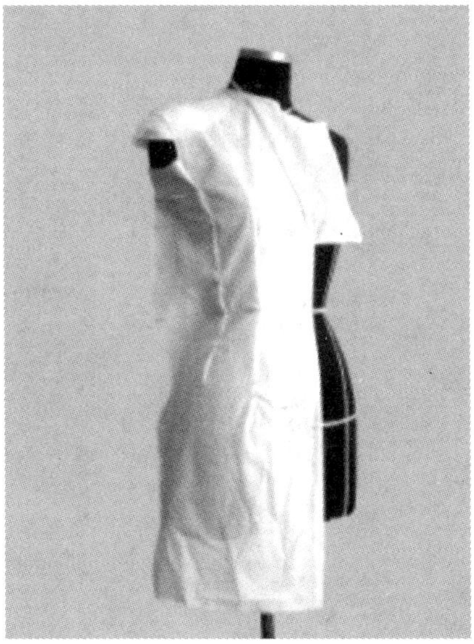

图 7-2-36

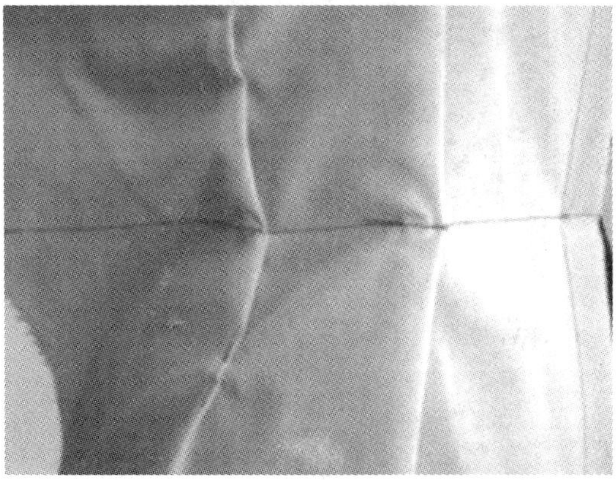

图 7-2-37

⑤ 在坯布上标示腰、胸、臀位置，省的大小、长短，留下缝份、剪去多余量后整理完善。图 7－2－38。

⑥ 胸省和胸围线的关系。图 7－2－39。

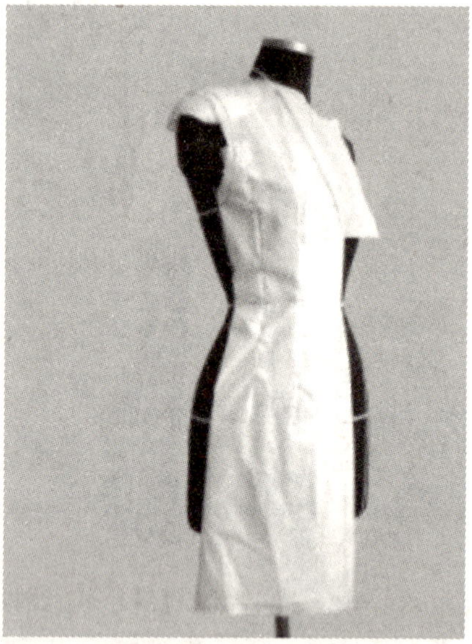

图 7－2－38

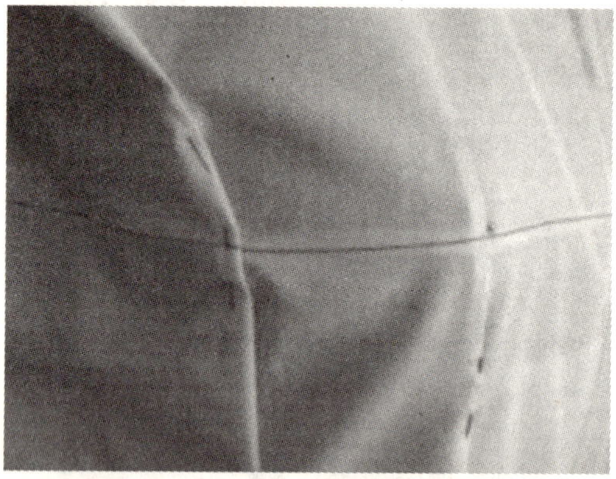

图 7－2－39

⑦ 后片上人台，对齐标示的腰、胸、臀。后中线的省量处理不变。图 7－2－40。

⑧ 捏出后片省位。图 7－2－41。

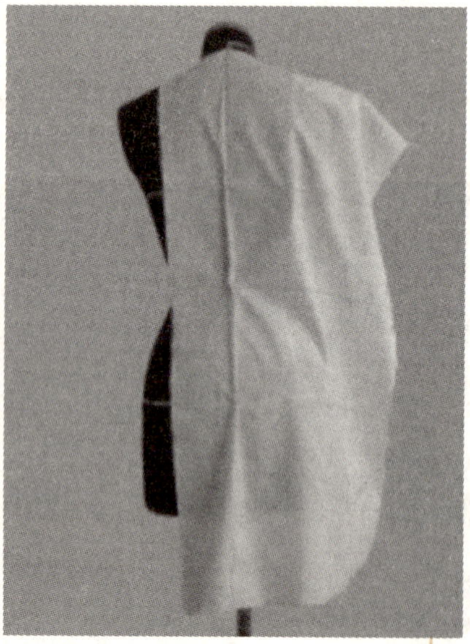

图 7－2－40

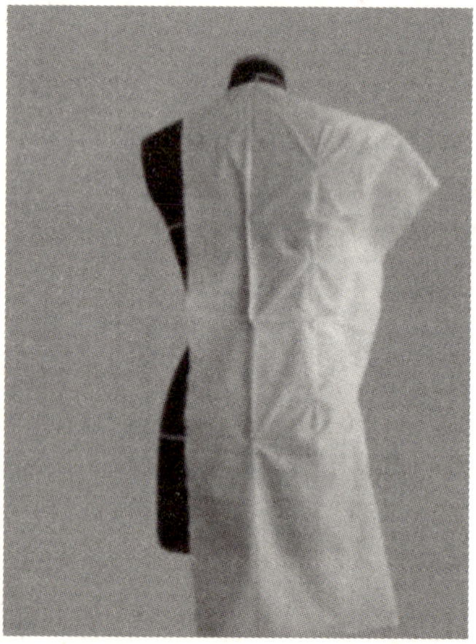

图 7－2－41

⑨ 在坯布上标示腰、胸、臀位置，省的大小、长短，留下缝份、剪去多余量后整理完善。图 7－2－42。

⑩ 整理侧缝和袖窿。图 7－2－43。

图 7－2－42

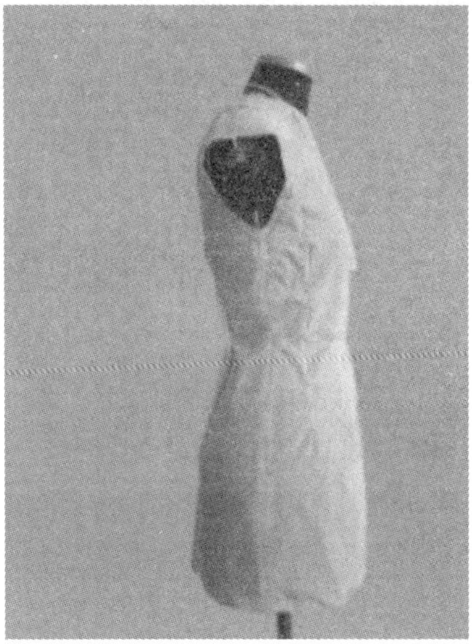

图 7－2－43

⑪ 在前片坯布上留下恰当的松量后标示领台线。图 7－2－44。

⑫ 留好缝份后剪去多余部分。图 7－2－45。

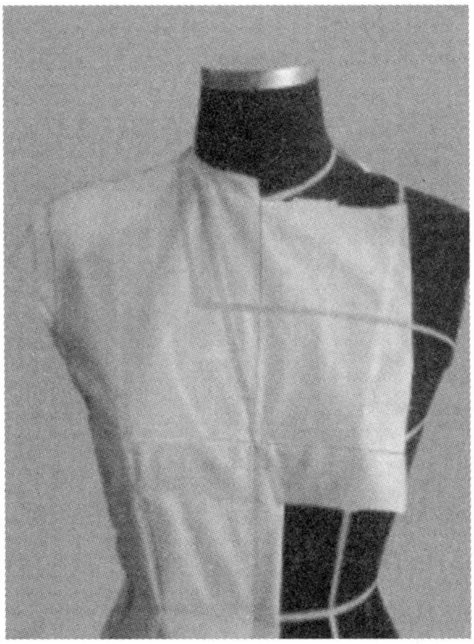

图 7－2－44

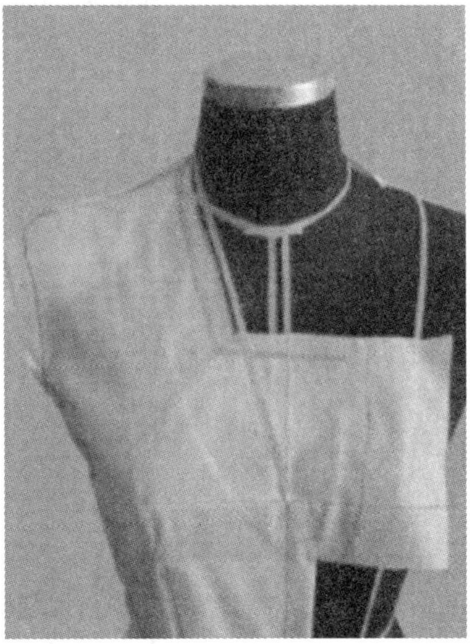

图 7－2－45

⑬～⑭ 从翻折线把坯布翻折，按照人台标示贴出领面的形状。留好缝份，剪去多余量后再整理。图 7－2－46。

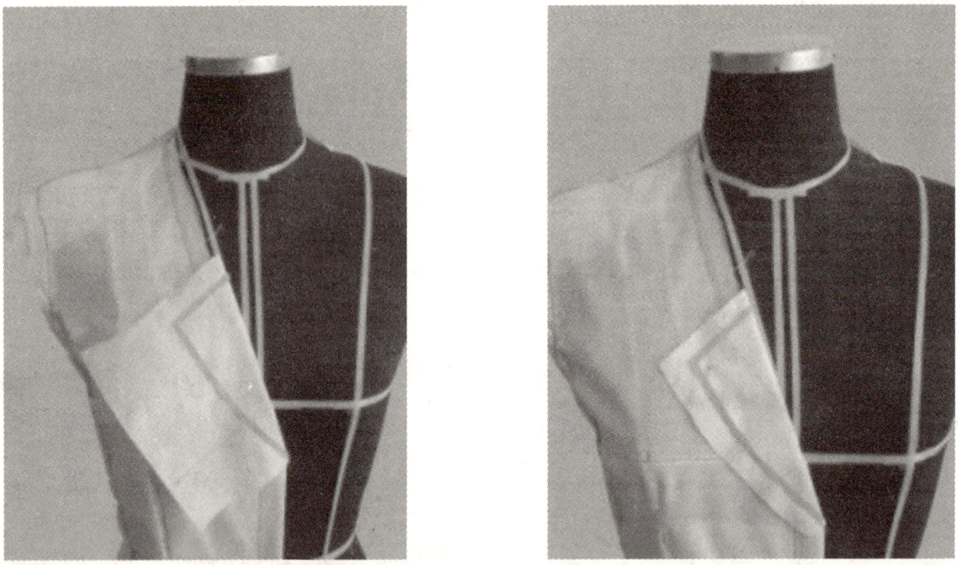

图 7－2－46

⑮ 领子坯布上人台对齐后中线。沿后中、领固定好领片。图 7－2－47。

图 7－2－47

⑯ 剪开并对齐领台线。图 7－2－48。

图 7－2－48

⑰ 调整领与颈的适合度。图 7－2－49。

⑱ 留好缝份，在坯布上做好标示后剪去多余的量。图 7－2－50。

⑲ 调整领型。图 7－2－51。

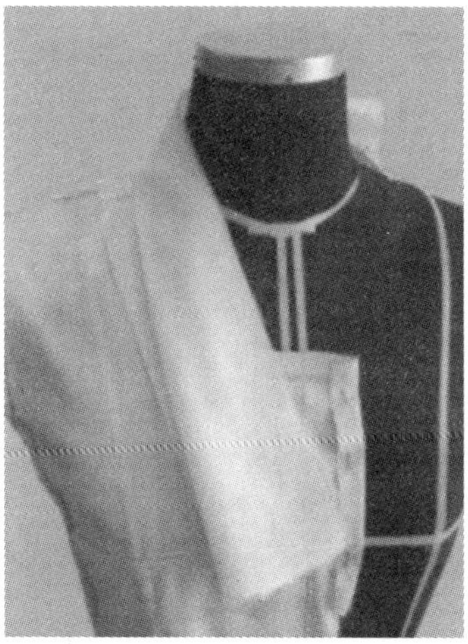

图 7－2－49

图 7－2－50

图 7－2－51

⑳ 完成。图 7－2－52。

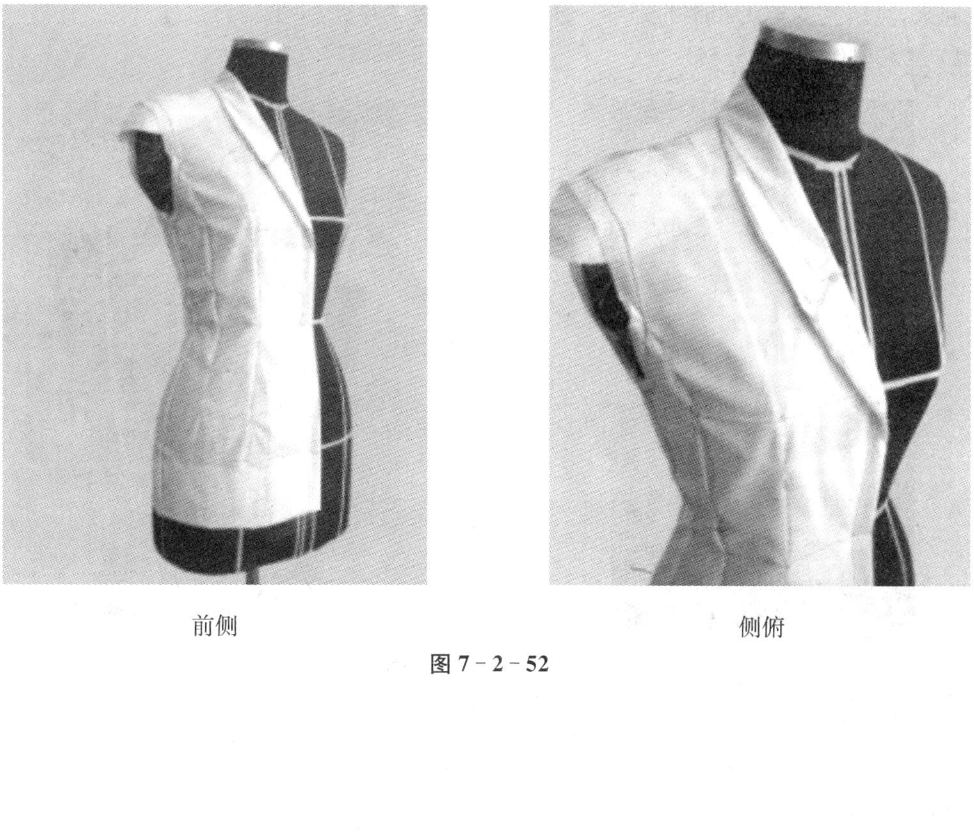

前侧　　侧俯

图 7－2－52

3) 裁片展开图(图 7-2-53)

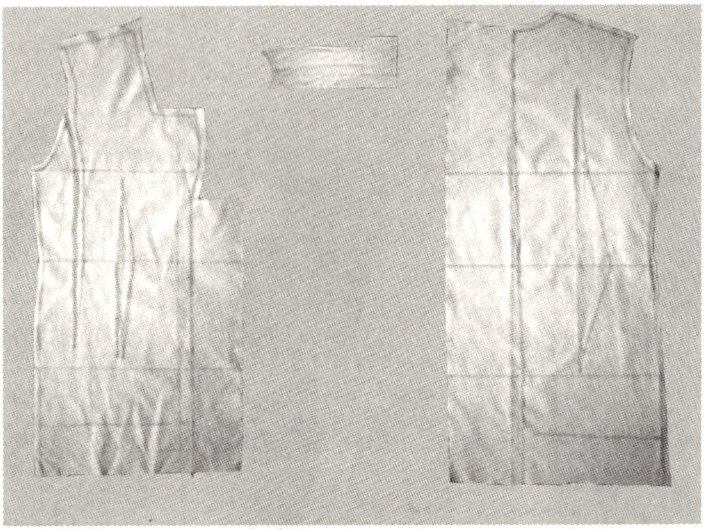

图 7-2-53

7.2.3 西装领女外套

款式特征：刀背分割线和胸省结合，单排扣西装领女外套。刀背分割线把胸省和腰省都归纳起来，突出胸的丰满和腰的纤细。袖子采用西装 2 片大小袖。

1) 款式图(图 7-2-54)

图 7-2-54

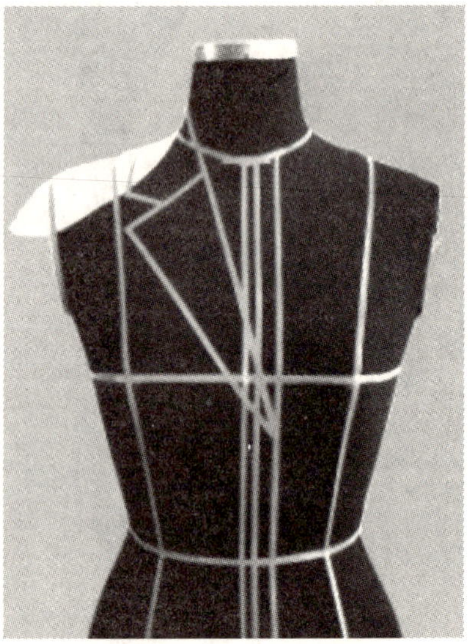

图 7-2-55

2) 制作

(1) 人台准备

在人台上标示驳领翻折线和门襟止口线。图 7-2-55。

(2) 坯布的准备。图 7-2-56。

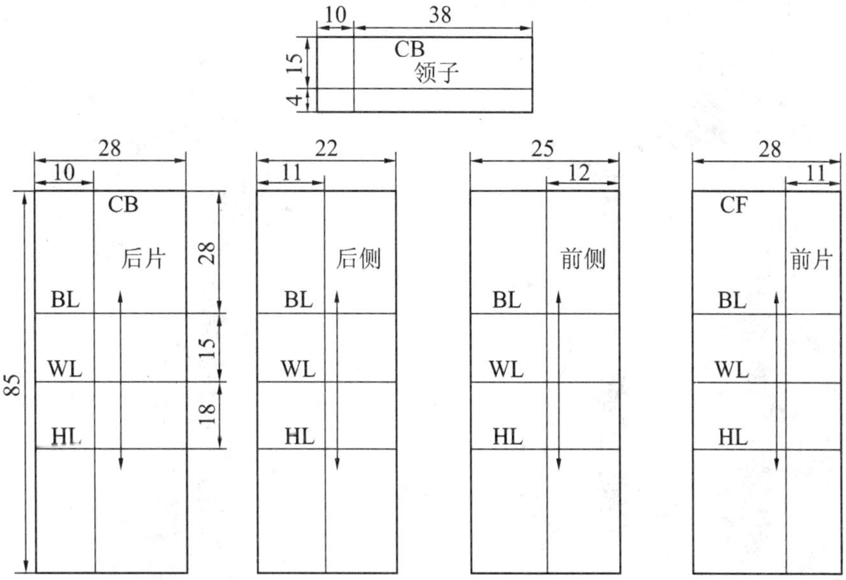

图 7-2-56

(3) 操作步骤

① 把坯布的前中标示线对齐人台上的外移中心线,用大头针固定好前中线。在前颈点处剪开。提顺坯布丝缕使之垂直,不倾斜,对齐人台标示的三围后固定。图 7-2-57。

② 以人台上的标示为基准在坯布上修剪领口。图 7-2-58。

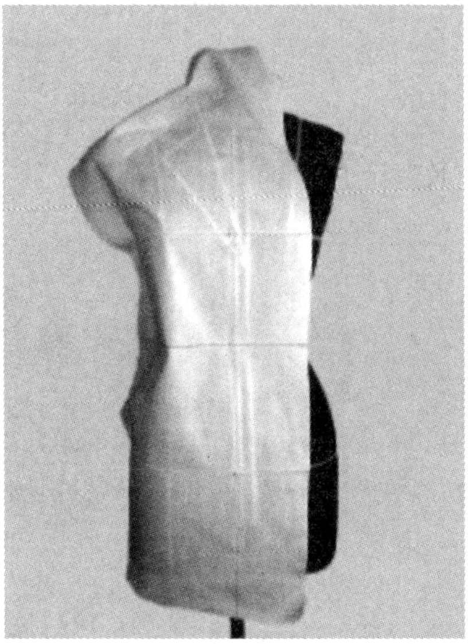

图 7-2-57

图 7-2-58

③ 以人台上的标示为基准在坯布上标示翻折线。图 7－2－59。

④ 在翻折坯布上依据人台标示线标示领型。图 7－2－60。

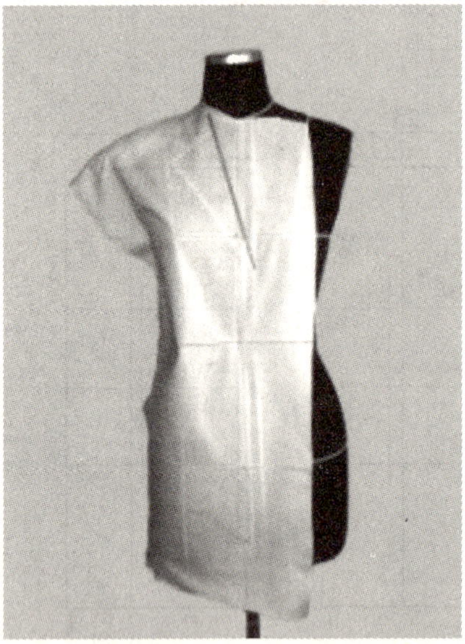

图 7－2－59

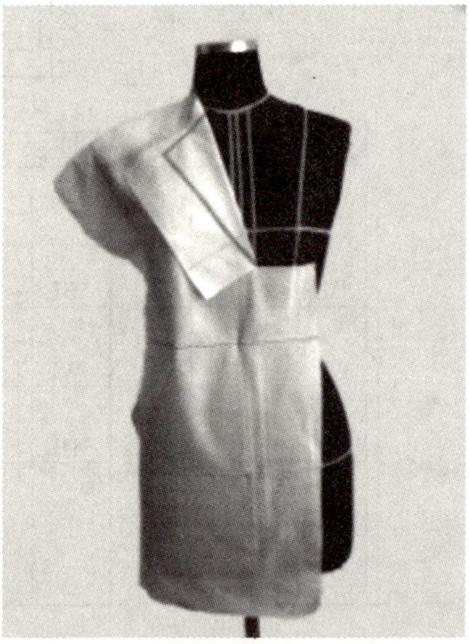

图 7－2－60

⑤ 在坯布上依据人台标示好刀背线的位置，修正坯布三围标示与人台三围的关系。留下缝份后剪去多余部分。图 7－2－61。

⑥ 前左侧片中心标示线垂直三围，基本在 B·P 点到侧缝的 1/2 处。保持坯布三围标示与人台三围的水平。图 7－2－62。

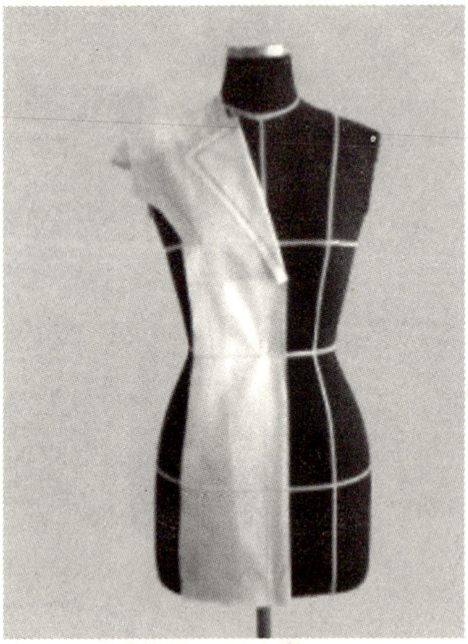

图 7－2－61

图 7－2－62

⑦ 调整坯布与人台的松量,留好缝份。做好三围标示后剪去多余部分。整理侧缝位置。图 7-2-63。

⑧ 胸围处坯布与人台的关系。图 7-2-64。

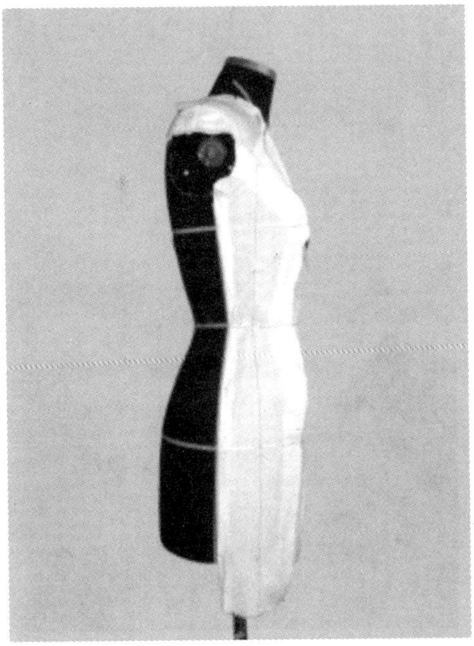

图 7-2-63

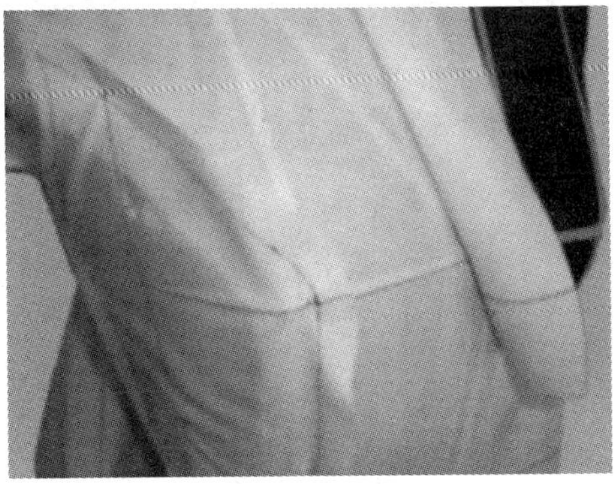

图 7-2-64

⑨ 后片坯布上人台。图 7-2-65。

⑩ 坯布后中线倾斜定好后中省量后,剪开腰围线处使腰围线下坯布丝缕垂直。上提坯布使坯布标示的腰线、臀线对齐人台标示线。图 7-2-66。

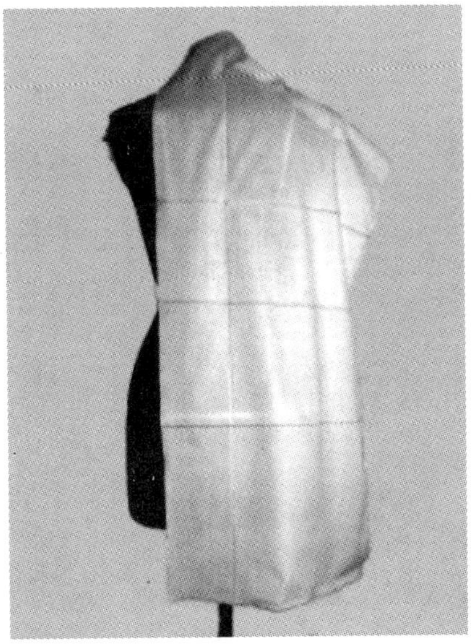

图 7-2-65

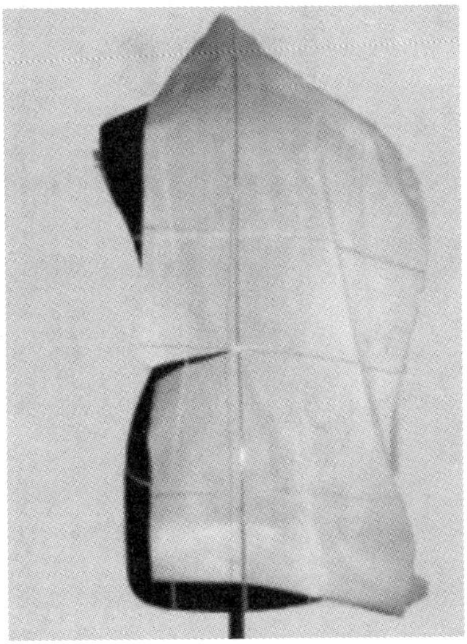

图 7-2-66

⑪ 标示胸、腰、臀的拼接位置。保持坯布与人台恰当的松量，留好缝份后剪去多余的量。图 7－2－67。

⑫ 肩部拼合。图 7－2－68。

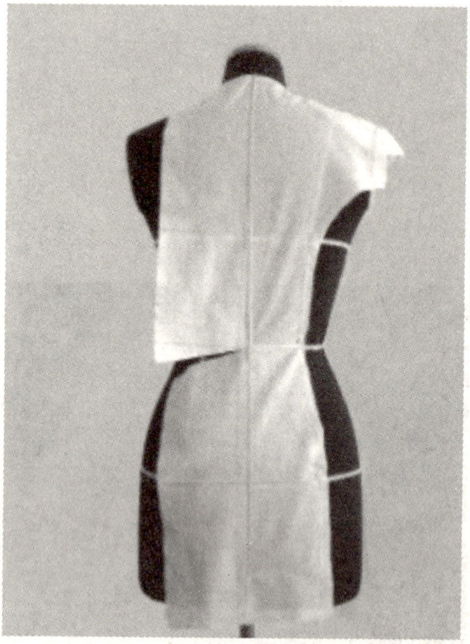

图 7－2－67

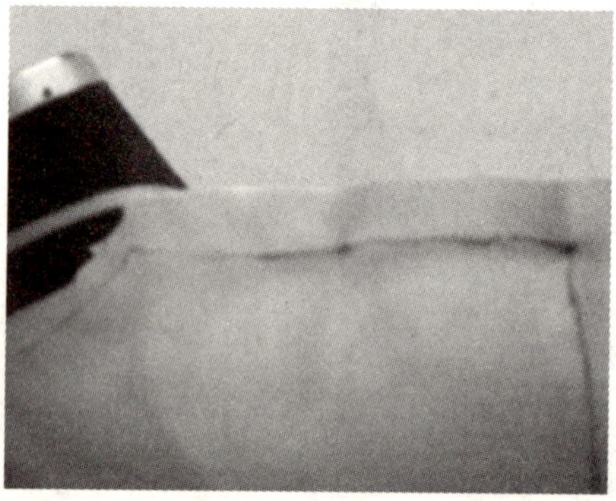

图 7－2－68

⑬～⑭ 把坯布中心线放在人台 B・P 点到侧缝 1/2 位置处，依据人台三围线调整坯布丝缕，保持坯布中心线与人台三围的垂直，标示胸、腰、臀的拼接位置。保持坯布与人台恰当的松量，留好缝份后剪去多余的量。图 7－2－69。

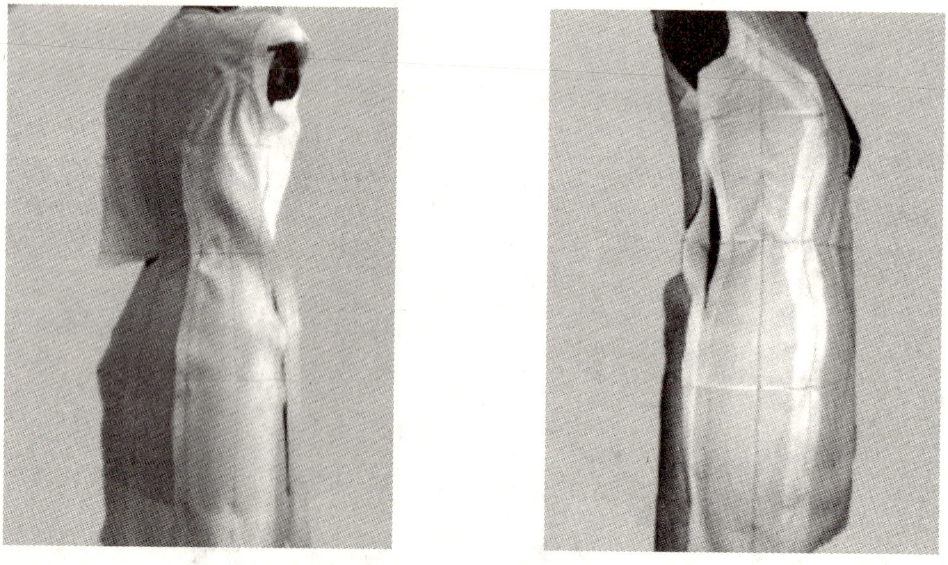

图 7－2－69

⑮ 在前片坯布上留下恰当的松量后标示领台线。图 7－2－70。

⑯ 翻折坯布后依据人台标示标出领面，留好缝份后剪去多余部分。图 7－2－71。

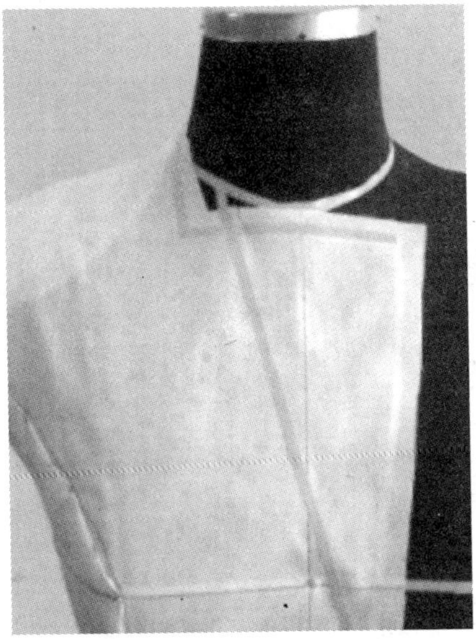

图 7－2－70

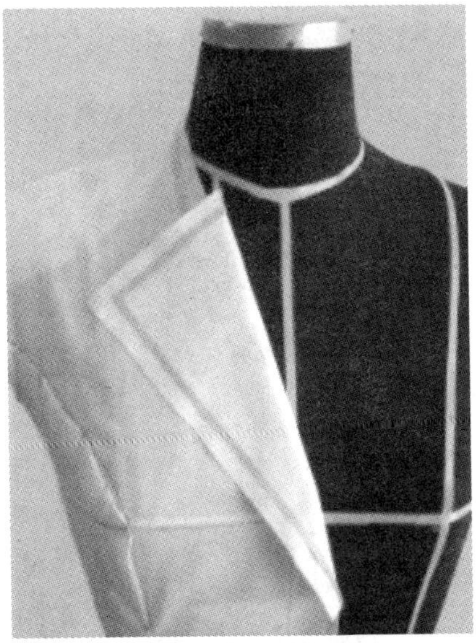

图 7－2－71

⑰ 领子坯布上人台对齐后中线。沿后中、领固定好领片。图 7－2－72。

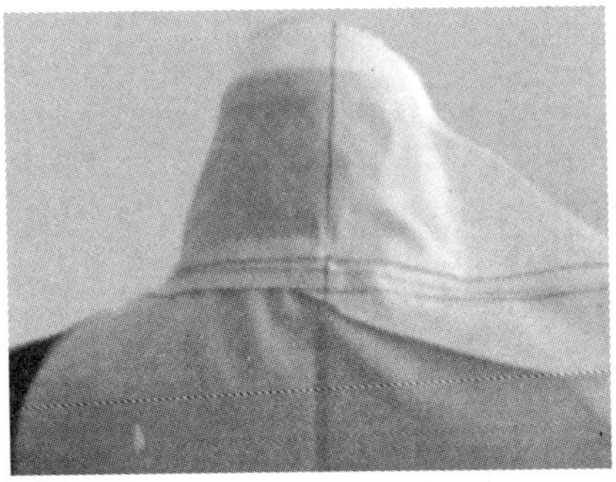

图 7－2－72

⑱ 剪开并对齐领台线。图 7－2－73。

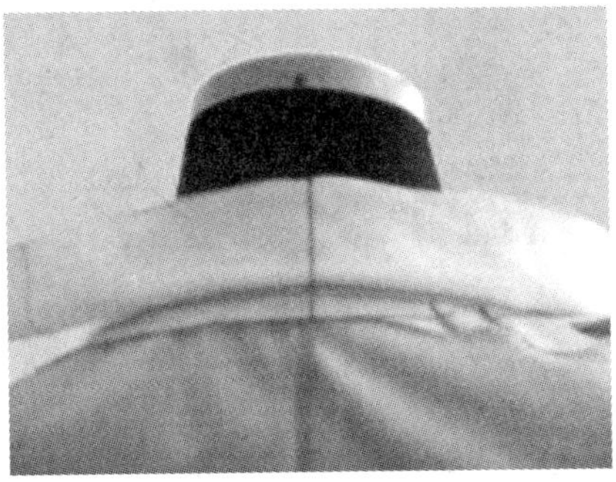

图 7－2－73

⑲ 调整领与颈的适合度。图 7-2-74。

⑳ 留好缝份,在坯布上做好标示。图 7-2-75。

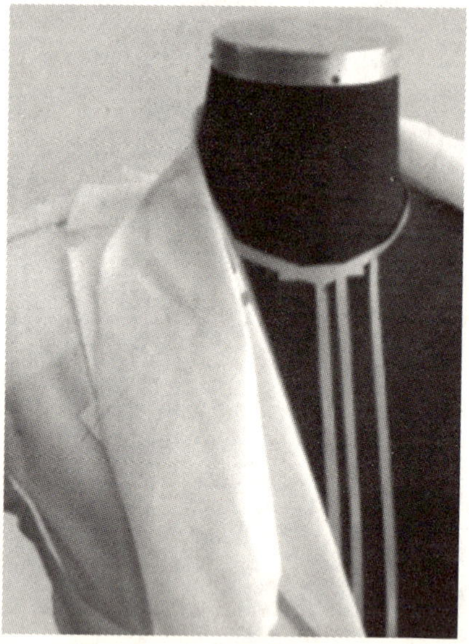

图 7-2-74

图 7-2-75

㉑ 留下恰当的领子松量后剪去多余的量。图 7-2-76。

㉒ 整理,完善。图 7-2-77。

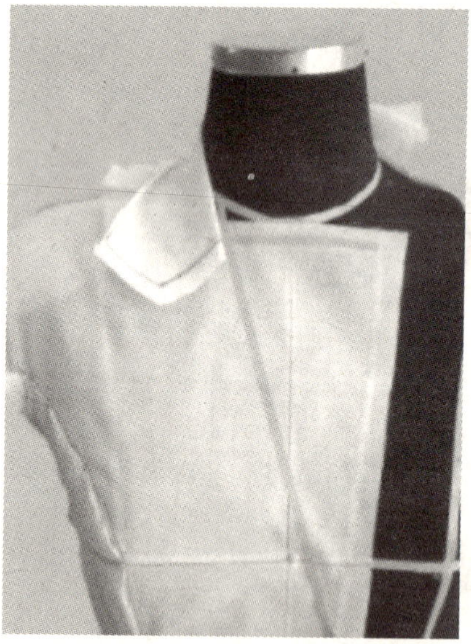

图 7-2-76

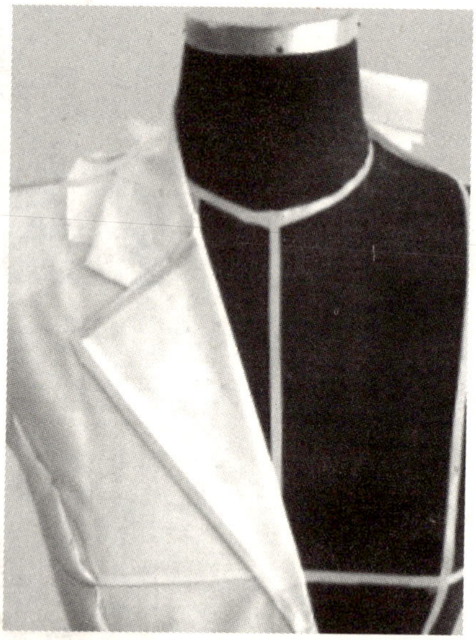

图 7-2-77

㉓～㉕ 完成外套的前、侧、后。图 7－2－78。

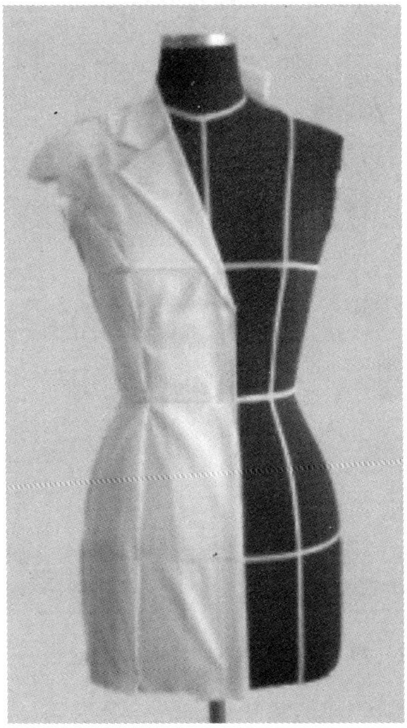

前

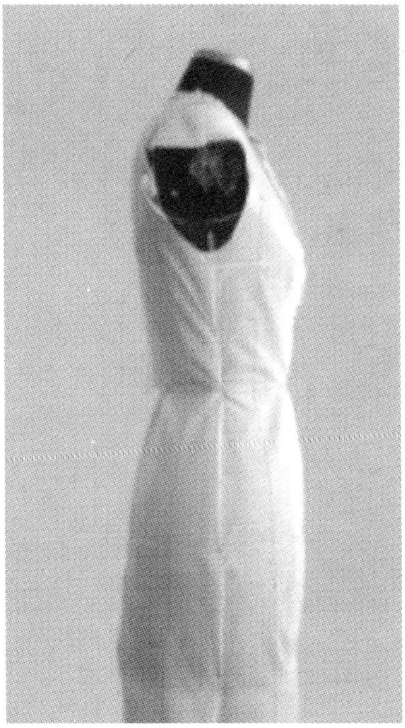

侧

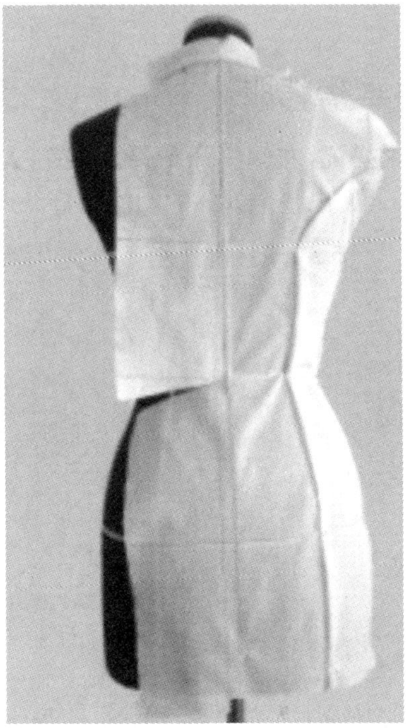

后

图 7－2－78

3）裁片展开图(图 7－2－79)

图 7－2－79

7.3　礼服的裁剪实例

7.3.1　侧缝自由垂褶礼服

款式特征:服装款式松紧搭配,左侧斜开到腰线位置,大身前后开公主线收形。右侧自由垂褶呈现长短不一的风景。突出整个款式的动静结合。

1）款式(图 7－3－1)

图 7－3－1

2）制作

（1）人台准备

在人台上标示出关键款式分割特征。图 7－3－2。

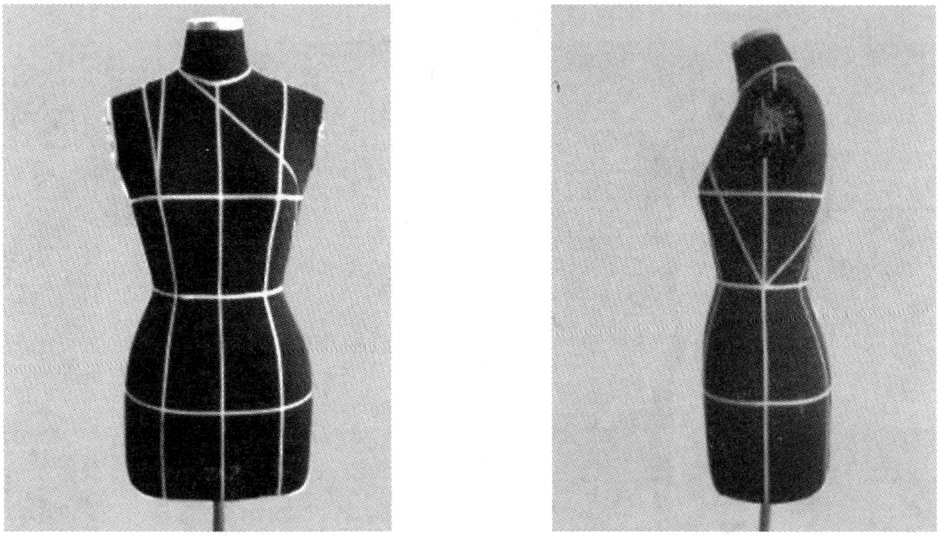

图 7－3－2

（2）操作步骤

① 依据对款式的分析选择相应大小的坯布。保持前中坯布丝缕的垂直。图 7－3－3。

② 在坯布上找出相对应人台三围标示的纬向丝缕并固定好前中、B·P 点、腰线公主分割、臀线公主分割的位置 。图 7－3－4。

图 7－3－3

图 7－3－4

③ 在坯布上标示好前中、B · P 点、腰线公主分割、臀线公主分割的位置。保持坯布与人台恰当的松量后留好缝份，剪去多余部分。图 7－3－5。

④ 依据款式用相应大小的坯布，保持坯布丝缕在 B · P 点到侧缝 1/2 处垂直人台标示的三围。图 7－3－6。

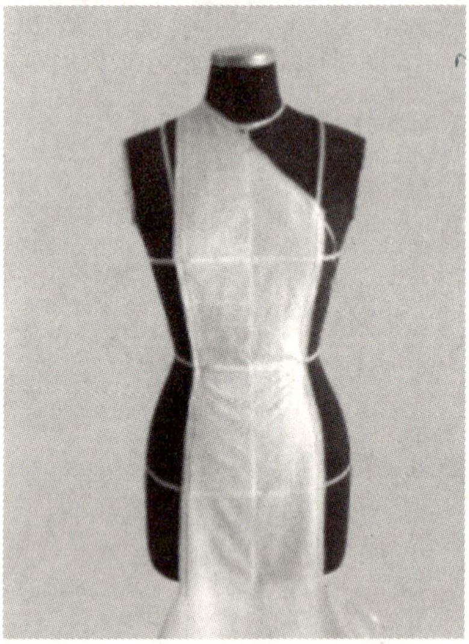

图 7－3－5

图 7－3－6

⑤ 保持坯布与人台恰当的松量后在三围处做好标示，画好拼接公主线和缝份。图 7－3－7。

⑥ 剪去多余部分。图 7－3－8。

图 7－3－7

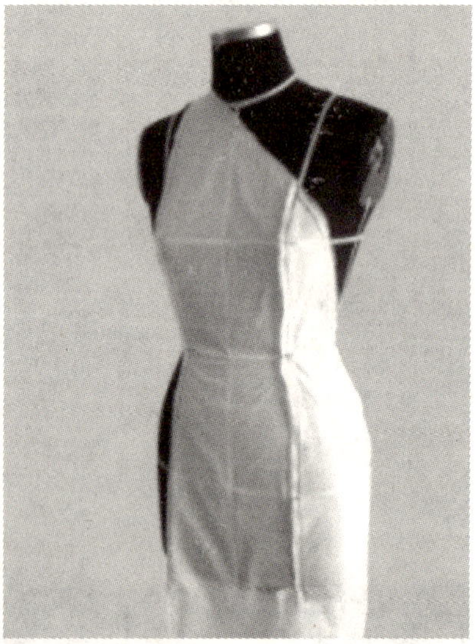

图 7－3－8

⑦ 依据款式取相应大小坯布，使坯布的中心直丝缕对齐人台的中心线。保持坯布纬向丝缕平行人台三围线。图 7－3－9。

⑧ 在坯布上标示胸围公主分割、腰公主分割、臀围线公主分割的位置。保持坯布与人台恰当的松量，画好缝份。图 7－3－10。

图 7－3－9

图 7－3－10

⑨ 剪去多余部分。图 7－3－11。

⑩ 依据款式用相应大小的坯布，保持坯布丝缕在 B·P 点到侧缝 1/2 处垂直人台标示的三围。保持坯布与人台恰当的松量后在三围处做好标示，画好拼接公主线和缝份。图 7－3－12。

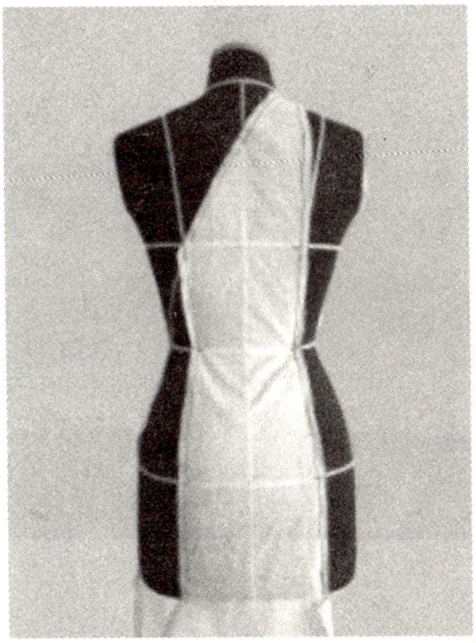

图 7－3－11

图 7－3－12

⑪ 裁去多余部分。图 7－3－13。

⑫ 侧缝与前片相接。图 7－3－14。

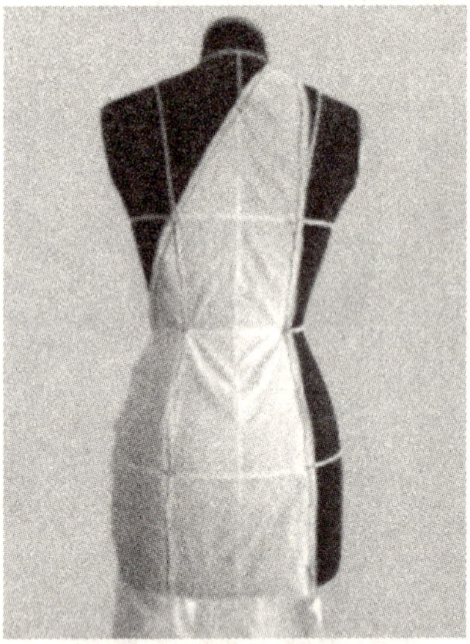

图 7－3－13

图 7－3－14

⑬ 款式右侧空域(垂褶处)。图 7－3－15。

⑭ 把坯布布幅的一角固定在 B·P 点的位置,留好缝份的量后在腰围的地方均匀地排列 5 个活褶的量,用大头针一一固定。图 7－3－16。

图 7－3－15

图 7－3－16

⑮ 依据款式取相应坯布，在肩部递增扇性排列裥位。图 7－3－17。

⑯ 整理相应缝份和松量后剪去多余部分。图 7－3－18。

图 7－3－17

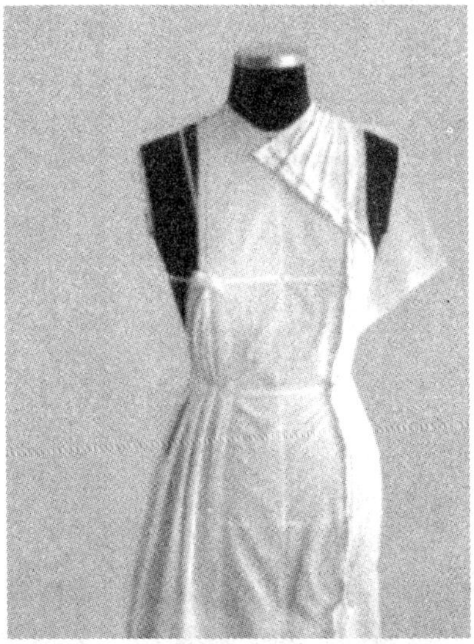

图 7－3－18

⑰ 在后肩处均匀排列 4 个裥位，留下恰当松量，修正缝份后剪去多余部分。图 7－3－19。

⑱ 把坯布布幅的一角固定在后公主线与胸围线相交的位置，留好缝份的量后在腰围的地方均匀地排列 5 个活褶的量，用大头针一一固定。图 7－3－20。

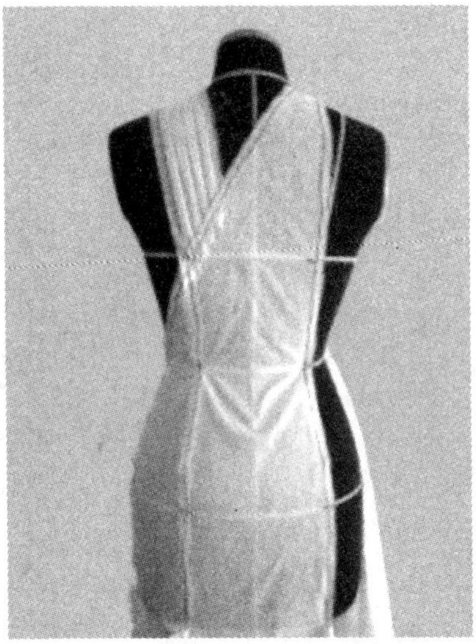

图 7－3－19

图 7－3－20

(3) 完成

在各个拼接缝处用大头针采用重叠法把衣片固定，修整整件服装的长度、松量、边缘等细节。修整后的成品。图 7－3－21。

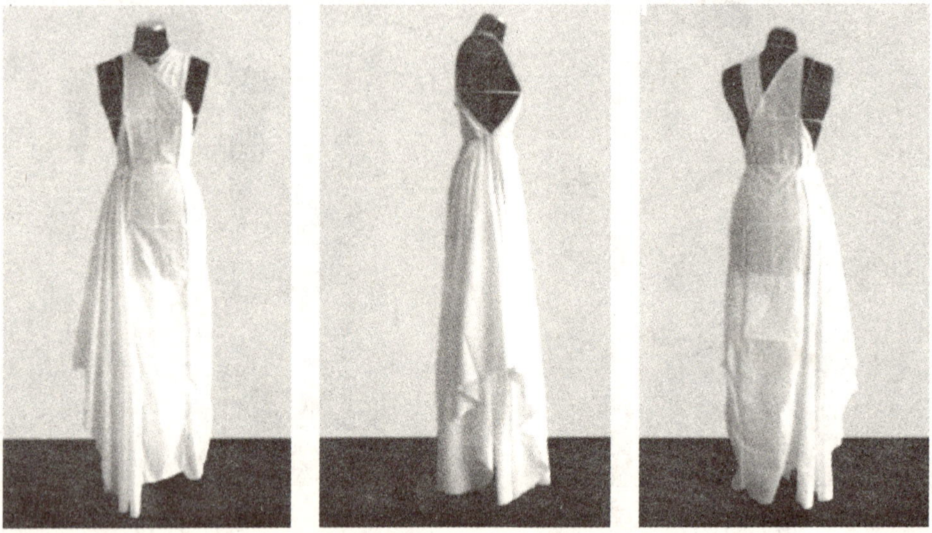

前　　　　侧　　　　后

图 7－3－21

3) 裁片展开图

(1) 合体裁片和肩带裁片。图 7－3－22。

(2) 侧缝垂褶裁片。图 7－3－23。

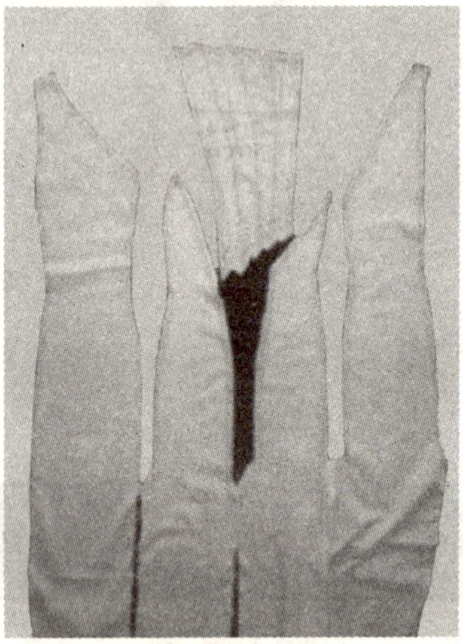

图 7－3－22

图 7－3－23

7.3.2 前胸自由垂褶礼服

款式特征：全身旗袍外轮廓，在前片2条公主线之间营造自由垂褶的立体造型空间，流线的身体曲线加以前胸位置的自由“S”形垂褶。

1）款式图(图7-3-24)

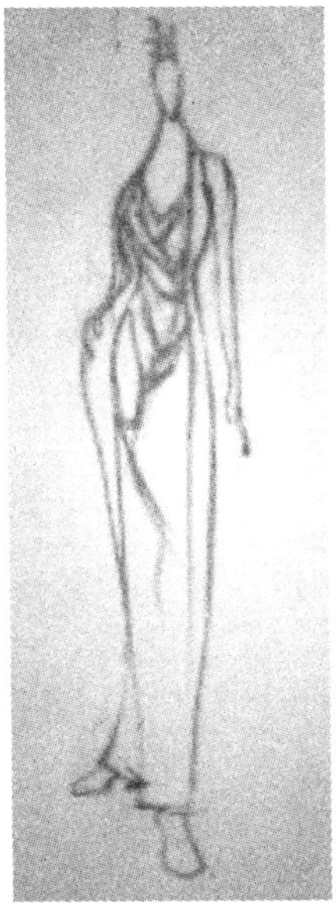

图7-3-24

2）制作

(1）人台准备

在人台前后标示出款式分割特征。图7-3-25。

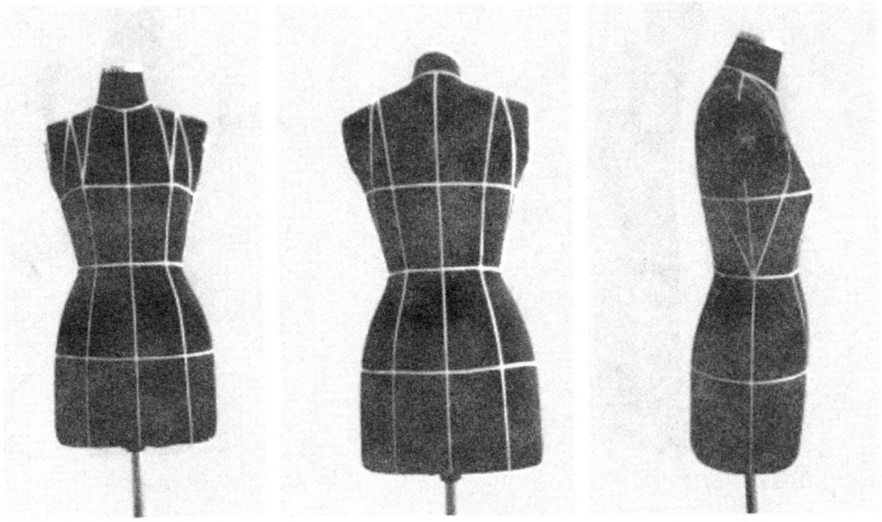

前　　侧　　后

图7-3-25

(2) 操作步骤

① 依据对款式的分析选择相应大小的坯布。在 B·P 点到侧缝 1/2 处保持坯布直丝缕的垂直。图 7-3-26。

② 在坯布上找出相对应人台三围标示的纬向丝缕并固定好 B·P 点、侧露肩与胸围线交点、腰线公主分割、臀线公主分割的位置 。图 7-3-27。

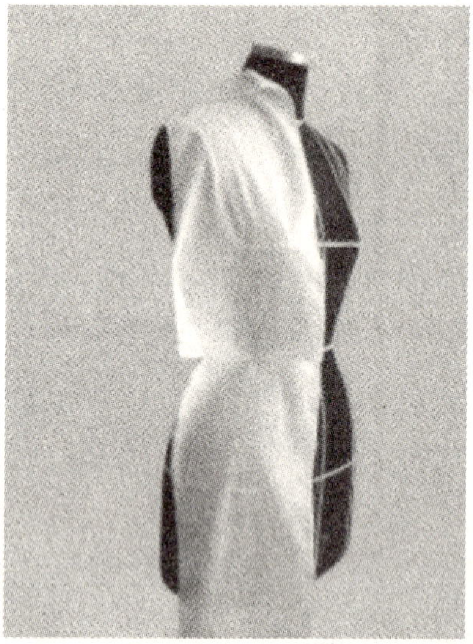

图 7-3-26

图 7-3-27

③ 保持坯布与人台恰当的松量，在坯布上标示缝份以及三围交点位置后裁去多余部分。图 7-3-28。

④ 用同样方法裁出左片。图 7-3-29。

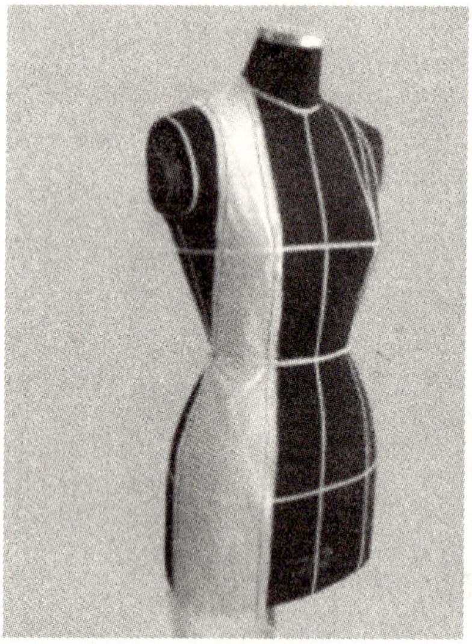

图 7-3-28

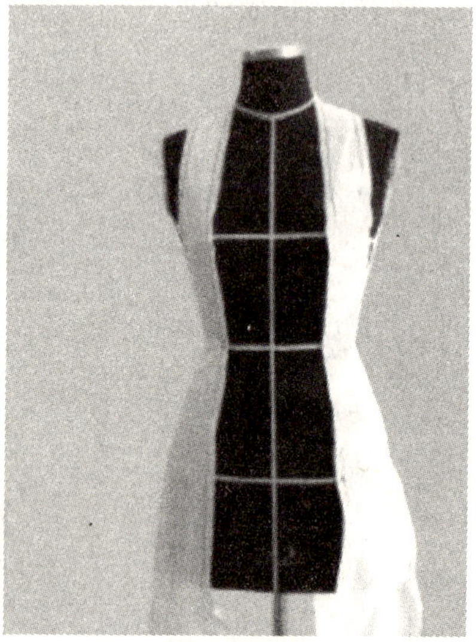

图 7-3-29

⑤ 依据款式用相应大小的坯布，保持坯布中心经向丝缕与人台后中标示线重合。图7－3－30。

⑥ 保持坯布纬向丝缕与人台三围标示线平行，恰当地捏出腰省。图 7－3－31。

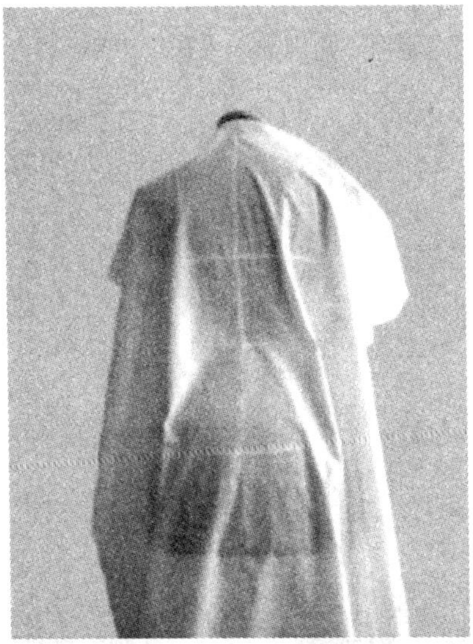

图 7－3－30

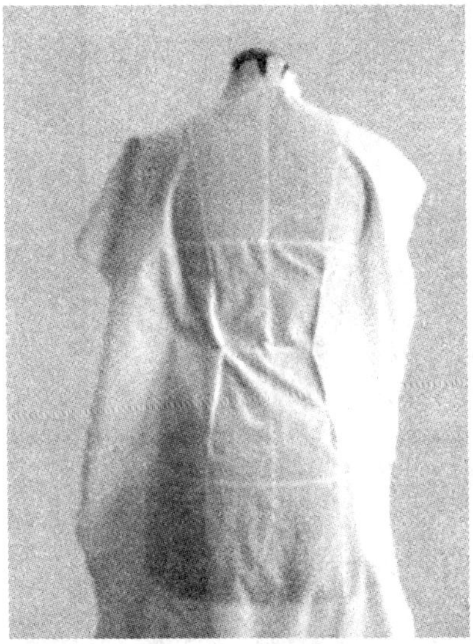

图 7－3－31

⑦ 保持坯布与人台恰当的松量后在三围处做好标示，以及省的位置和长度。留好缝份后剪去多余部分并对衣片进行调整。图 7－3－32。

⑧ 侧缝处依据款式留出。图 7－3－33。

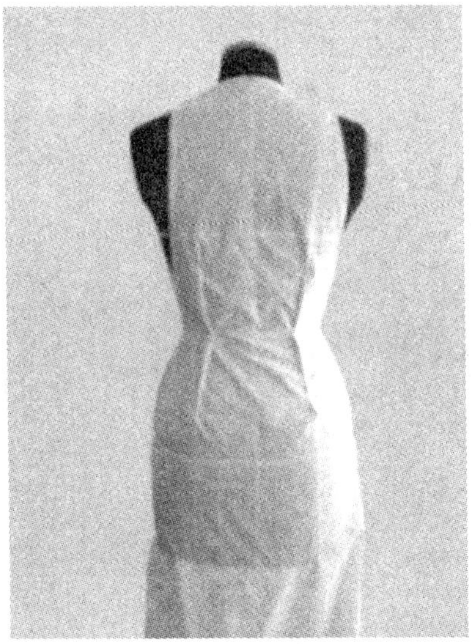

图 7－3－32

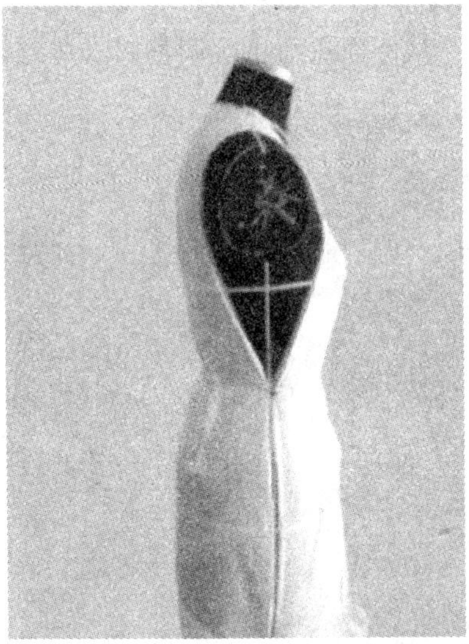

图 7－3－33

⑨ 大身合体立裁后，前胸留空装饰垂褶处。图 7－3－34。

⑩ 依据款式选取相应大小的坯布，通过调整在 B·P 点和腰线上裥量的大小变化胸口垂褶量的大小。

变化一：在 B·P 点和腰线上有较多的裥量。

① 此时垂褶的层次较多，如果处理不好会显得比较凌乱、无规则。图 7－3－35。

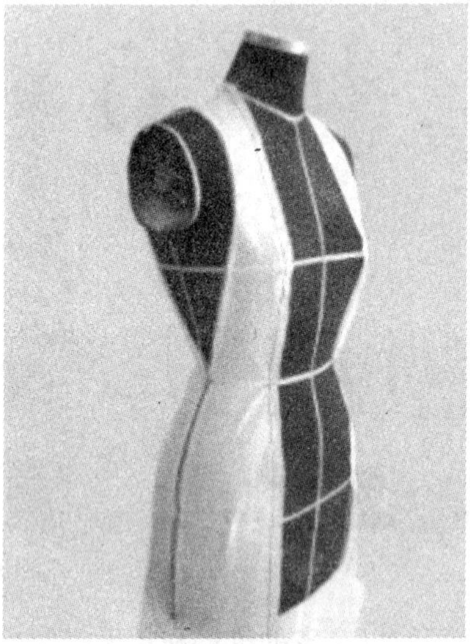

图 7－3－34

图 7－3－35

② 通过细致的调整使各处垂褶的量有规则、有层次地从上到下递减，形成一种错落有致的感觉。图 7－3－36。

③ 从侧面进行再次调整以求达到最好的效果。图 7－3－37。

图 7－3－36

图 7－3－37

④ 调整后使前胸的自由垂褶呈现出一种“S”形曲线走向的动势。图 7－3－38。

⑤ 变化一的裁片展开图。图 7－3－39。

图 7－3－38

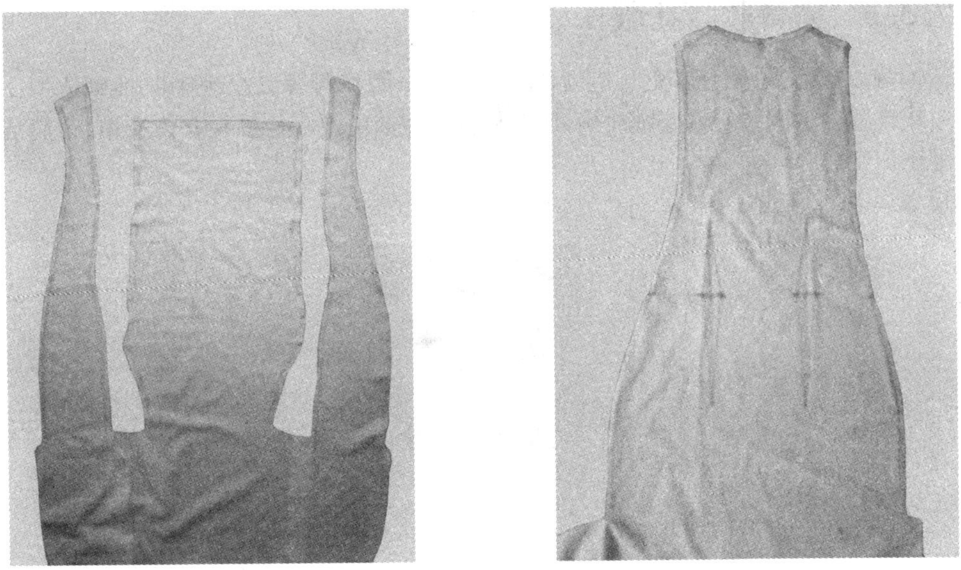

图 7－3－39

变化二:没有裥量的前胸垂褶。

① 此时垂褶量较少,变化比较简单。图 7-3-40。

② 简单调整垂褶分布。图 7-3-41。

图 7-3-40

图 7-3-41

7.3.3 露背收腰礼服

款式特征:前胸吊带合体兜肚造型,露背。收腰、臀在脚踝处呈现喇叭堆砌造型。前左右公主线位置在腰围线的地方做活裥,使布料自动在前中腰线处呈现立体造型,为简洁的整体造型添加变化。

1) 款式图(图 7-3-42)

图 7-3-42

2）制作

（1）人台准备

在人台前后标示出款式分割特征。图 7－3－43。

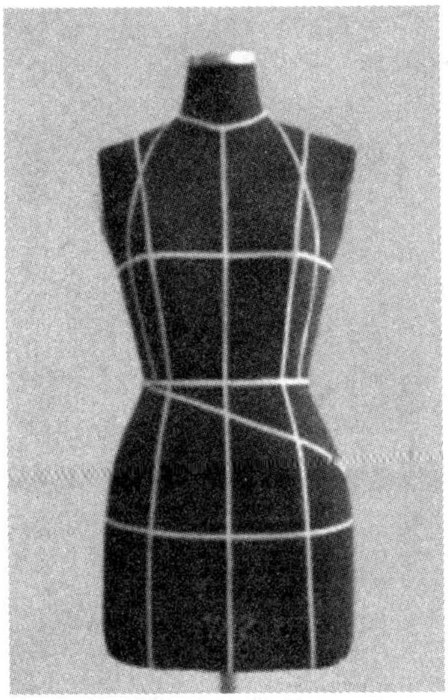

前

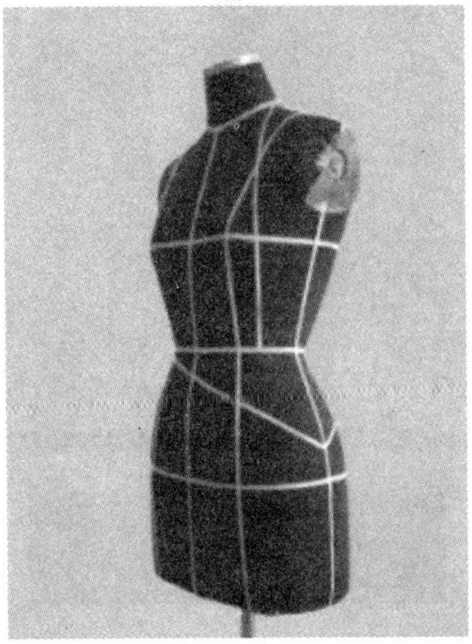

侧

图 7－3－43

（2）操作步骤

① 依据对款式的分析选择相应大小的坯布。前中线位置处保持坯布直丝缕的垂直。在坯布上找出相对应人台三围标示的纬向丝缕并固定好 B·P 点。图 7－3－44。

② 留下恰当的胸口松量后依据款式捏出胸上省。图 7－3－45。

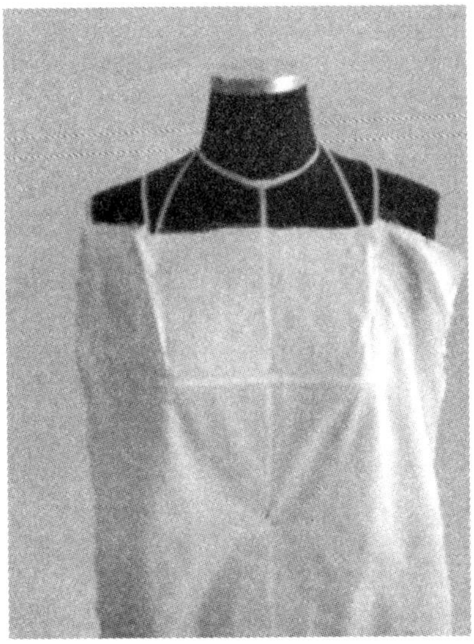

图 7－3－44

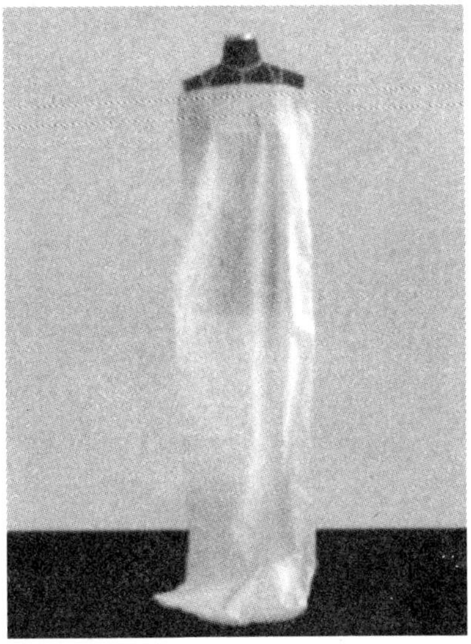

图 7－3－45

③ 调整好腰线省量，在这里做一个活裥，使腰下省呈现一种自由放松的状态。图 7－3－46。

④ 依据人台款式分割线在坯布上标示出净样线。图 7－3－47。

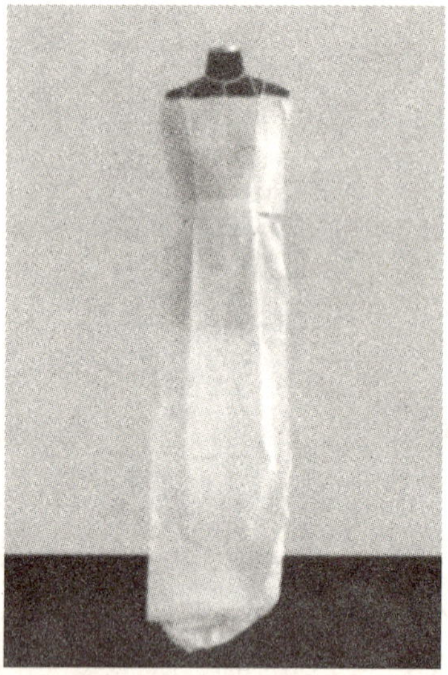

图 7－3－46

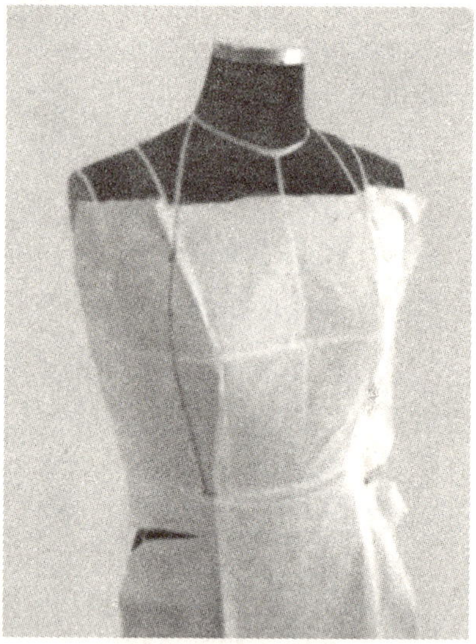

图 7－3－47

⑤ 依据款式留下恰当的松量，在胸围线、腰围线、臀围线处做好拼接标记。标示好净样线，留好缝份后裁去多余部分。图 7－3－48。

⑥ 依据款式选取恰当大小的前侧片坯布，使坯布中心丝缕在人台公主标示线到侧缝1/2处并垂直人台的腰围线、臀围线。留好恰当的松量并标示好拼接标记和缝份。图7－3－49。

图 7－3－48

图 7－3－49

⑦ 裁去多余部分。图 7－3－50。

⑧ 依据款式选取相应大小的后片坯布。保持坯布中心丝缕对齐后中线并且和腰围线、臀围线垂直。留下恰当松量和缝份并且做好拼接标记后裁去多余部分。图 7－3－51。

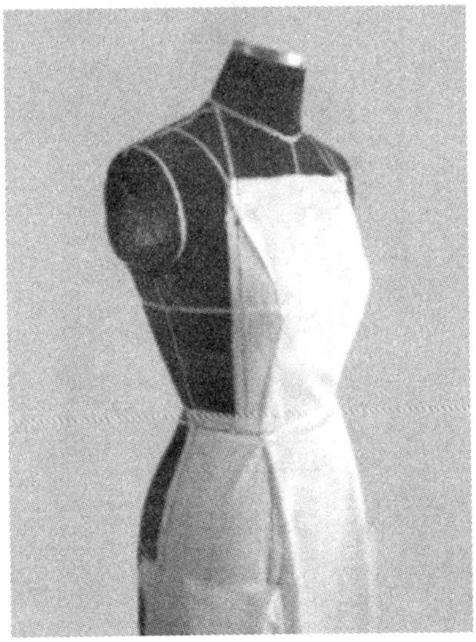

图 7－3－50

图 7－3－51

⑨ 依据款式选取相应大小的后侧缝坯布，使坯布中心丝缕在人台公主标示线到侧缝 1/2 处并垂直于人台的腰围线、臀围线。留好恰当的松量并标示好拼接标记和缝份。图7－3－52。

⑩ 整理服饰细节。图 7－3－53。

图 7－3－52

图 7－3－53

(3) 完成

① 前片款式。图 7-3-54。

② 前片腰部细节。图 7-3-55。

图 7-3-54

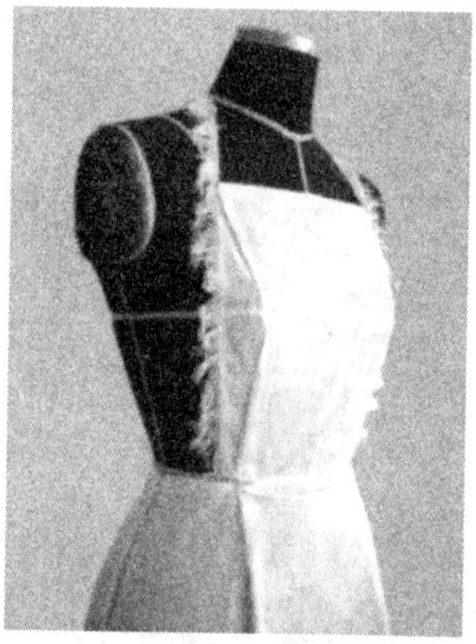

图 7-3-55

③ 侧面款式。图 7-3-56。

④ 后背款式。图 7-3-57。

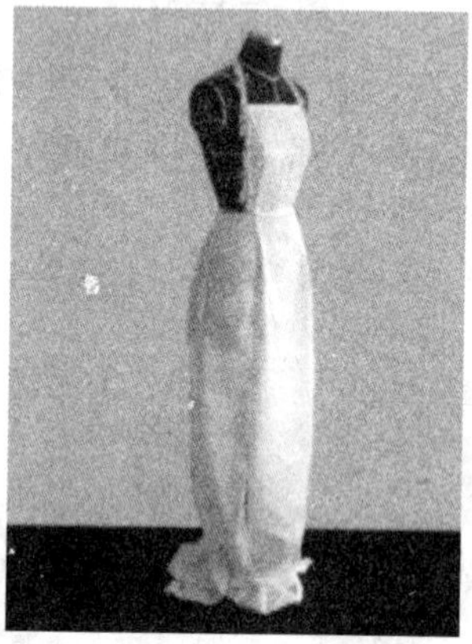

图 7-3-56

图 7-3-57

3) 裁片展开图(图 7-3-58)

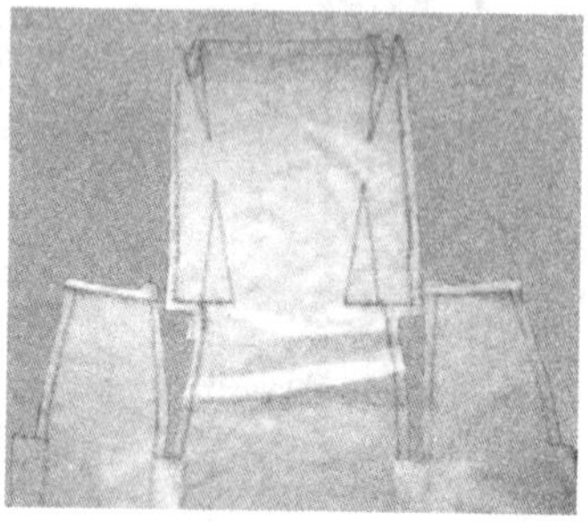

图 7-3-58

参考文献

1 (美)海轮·约瑟夫·阿姆斯特朗著. 美国经典立体裁剪提高篇. 北京:中国纺织出版社,2003

2 张文斌等编著. 服装立体裁剪. 北京:中国纺织出版社,1999

3 (日)小池千枝原著,白树敏,王凤岐编译. 文化服装讨论. 北京:中国轻工业出版社,2000

4 (日)文化服装学院编. 立体裁剪基础篇. 上海:东华大学出版社,2004

后　　记

本书的编写是针对高等职业教育的需要，力求理论与实践的有机结合，注重实用性，突出能力应用。

本书共分为七章，其中第一章、第二章、第三章、第四章由威海职业学院徐春景编写；第五章、第七章的第一节由盐城工学院孙志芹编写；第六章的第一节、第二节由苏州经贸职业技术学院李晓兵编写；第六章的第三节、第四节、第五节由江苏常州纺织服装职业技术学院丁学华编写；第七章的第二节、第三节由江阴职业技术学院的孙斌编写；参加编写的还有许崇岫。全书由威海职业学院徐春景任主编，负责统稿。

在编写中我们参考与借鉴了国内外专家和学者的著述，在此表示真诚的谢意。

由于我们的水平有限，且时间匆促，错漏和欠妥之处在所难免，敬请各位读者提出宝贵的意见。请将反馈意见发至 whxuchunjing@tom.com。

编者

2007 年 2 月